원픽! 완빵에 합격 PASS

제과제빵 기능사 필기

마이티 팡 지음

Hj 골든벨타임

머리말

누구나 「함께! 쉽게! 기분 좋게!」하는
제과기능사·제빵기능사 합격을 위해!

가장 감사한 것은 좋아하는 일을 하면서 '나눈다'는 것에 의미를 두고 있고, 즐거워하는 일은 '즐기는'것에 의미가 있습니다. 필자는 제과·제빵의 길을 걸어온 것을 "나는 매우 잘 했고 즐겁다"라고 말할 수 있습니다.

과거-현재-미래에도 제과 제품과 제빵 제품을 교육하고, 만들어 나누고, 봉사하는 즐거움은 누군가의 '베품'으로 말미암아 누군가에게는 '혜택'의 기쁨이자 사랑이 될 수 있습니다.
아무튼 필자는 마냥 즐겁습니다.

우리나라에 제과와 제빵문화가 들어온 지가 어느덧 100여 년이 넘어 눈부신 성장과 발전을 거듭하면서 하나의 베이커리 문화가 형성되었습니다.
식생활의 변화 가운데 가장 큰 쌀의 문화에서 베이커리 문화로 탈바꿈하는 경향을 확인하는 시대에 살아가고 있습니다.

제과와 제빵 산업은 외식 문화와 함께 동반 성장하는 가운데 필자는 오랜 시간을 관련 업계에 종사하면서 풍부한 산업 현장의 경험을 쌓게 되었습니다.
유치원생부터 초·중·고·대학교와 일·학습병행제 강의와 다양한 기업 강의 및 특수학급 강의를 바탕으로 집필한 본서가 합격의 지침서가 될 수 있도록 만전을 기했습니다.

응시자 모든 분들에게 합격의 영광을 안겨 주는 훌륭한 학습서가 되기를 바랍니다.
감사합니다.

2024. 2
저자 올림

차 례

공통과목

종목과목

제과·제빵기능사 필기 출제기준

[제과기능사]

직무 분야	식품가공	중직무 분야	제과·제빵	자격 종목	제과기능사	적용 기간	2023.1.1.~2025.12.31.
직무내용	과자류제품을 제공하기 위한 체계적인 기술과 생산계획을 수립하여 생산, 판매, 위생 및 관련 업무를 실행하는 직무이다.						
필기검정방법	객관식	문제수	60	시험시간	1시간		

필기과목명	문제수	주요항목	세부항목	세세항목
과자류 재료, 제조 및 위생관리	60	1. 재료 준비	1. 재료 준비 및 계량	1. 배합표 작성 및 점검 2. 재료 준비 및 계량방법 3. 재료의 성분 및 특징 4. 기초재료과학 5. 재료의 영양학적 특성
		2. 과자류 제품 제조	1. 반죽 및 반죽 관리	1. 반죽법의 종류 및 특징 2. 반죽의 결과 온도 3. 반죽의 비중
			2. 충전물·토핑물 제조	1. 재료의 특성 및 전처리 2. 충전물·토핑물 제조 방법 및 특징
			3. 팬닝	1. 분할 팬닝 방법
			4. 성형	1. 제품별 성형 방법 및 특징
			5. 반죽 익히기	1. 반죽 익히기 방법의 종류 및 특징 2. 익히기 중 성분 변화의 특징
		3. 제품저장 관리	1. 제품의 냉각 및 포장	1. 제품의 냉각방법 및 특징 2. 포장재별 특성 3. 불량제품 관리
			2. 제품의 저장 및 유통	1. 저장방법의 종류 및 특징 2. 제품의 유통·보관방법 3. 제품의 저장·유통 중의 변질 및 오염원 관리 방법
		4. 위생안전 관리	1. 식품위생 관련 법규 및 규정	1. 식품위생법 관련 법규 2. HACCP 등의 개념 및 의의 3. 공정별 위해요소 파악 및 예방 4. 식품첨가물
			2. 개인위생관리	1. 개인위생 관리 2. 식중독의 종류, 특성 및 예방 방법 3. 감염병의 종류, 특징 및 예방 방법
			3. 환경위생관리	1. 작업환경 위생관리 2. 소독제 3. 미생물의 종류와 특징 및 예방방법 4. 방충 · 방서 관리
			4. 공정 점검 및 관리	1. 공정의 이해 및 관리 2. 설비 및 기기

[제빵기능사]

직무 분야	식품가공	중직무 분야	제과·제빵	자격 종목	제빵기능사	적용 기간	2023.1.1.~2025.12.31.
직무내용	빵류 제품을 제공하기 위한 체계적인 기술과 생산계획을 수립하여 생산, 판매, 위생 및 관련 업무를 실행하는 직무이다.						
필기검정방법	객관식		문제수	60		시험시간	1시간

필기과목명	문제수	주요항목	세부항목	세세항목
빵류 재료, 제조 및 위생관리	60	1. 재료 준비	1. 재료 준비 및 계량	1. 배합표 작성 및 점검 2. 재료 준비 및 계량 방법 3. 재료의 성분 및 특징 4. 기초재료과학 5. 재료의 영양학적 특성
		2. 빵류 제품 제조	1. 반죽 및 반죽 관리	1. 반죽법의 종류 및 특징 2. 반죽의 결과 온도 3. 반죽의 비용적
			2. 충전물·토핑물 제조	1. 재료의 특성 및 전처리 2. 충전물·토핑물 제조 방법 및 특징
			3. 반죽 발효 관리	1. 발효 조건 및 상태 관리
			4. 분할하기	1. 반죽 분할
			5. 둥글리기	1. 반죽 둥글리기
			6. 중간발효	1. 발효 조건 및 상태 관리
			7. 성형	1. 성형하기
			8. 팬닝	1. 팬닝 방법
			9. 반죽 익히기	1. 반죽 익히기 방법의 종류 및 특징 2. 익히기 중 성분 변화의 특징
		3. 제품저장 관리	1. 제품의 냉각 및 포장	1. 제품의 냉각 방법 및 특징 2. 포장재별 특성 3. 불량제품 관리
			2. 제품의 저장 및 유통	1. 저장 방법의 종류 및 특징 2. 제품의 유통·보관 방법 3. 제품의 저장·유통 중의 변질 및 오염원 관리 방법
		4. 위생안전 관리	1. 식품위생 관련 법규 및 규정	1. 식품위생법 관련 법규 2. HACCP 등의 개념 및 의의 3. 공정별 위해요소 파악 및 예방 4. 식품첨가물
			2. 개인위생 관리	1. 개인위생 관리 2. 식중독의 종류, 특성 및 예방 방법 3. 감염병의 종류, 특징 및 예방 방법
			3. 환경위생관리	1. 작업환경 위생관리 2. 소독제 3. 미생물의 종류와 특징 및 예방 방법 4. 방충 · 방서 관리
			4. 공정 점검 및 관리	1. 공정의 이해 및 관리 2. 설비 및 기기

제빵 총정리

재료계량 = Measurement	믹싱 = Mixing	1차 발효 = Fermentation	성형 = Make-up
• 베이커스 퍼센트(밀가루 100%에 기준을 두고서 측정)	**⊙ 믹싱의 목적 ⊙** ① 전 재료의 혼합 ② 글루텐 형성 ③ 수화작용	**⊙ 발효를 주는 목적 ⊙** ① 반죽의 팽창 ② 향 생성 ③ 반죽(글루텐)의 숙성 • 온도 : 27℃ • 습도 : 75~80% • 시간 : 60분 전후 (처음 부피의 3~3.5배)	• 온도 : 27~29℃ • 습도 : 75%전후 • 시간 : 10~20분 전후
⊙ 이스트 ⊙ • 휴면온도 : 0~10℃ • 생육온도 : 28~32℃ • 활성온도 : 38℃ • 사멸온도 : 60℃ • 포자사멸 : 79℃ • 생식법 : 출아법 • 학명 : Saccharomyces Cerevisiae • 최적ph : ph4.5~4.9 **⊙ 적절한 물 ⊙** 아경수가 좋음 (120~180ppm) ppm단위=1/1,000,000	**⊙ 믹싱의 6단계 ⊙** 1. 픽업 단계(수화) 2. 클린업 단계(유지투입) 3. 발전단계 - 글루텐80% - 최대의 E요구량 발생 - 최대의 탄력성 4. 최종단계 - 글루텐100% - 탄력성과 신장성 증대 5. 렛다운단계 - 글루텐↓ - 탄력성↓, 신장성↑ - 몰드 전용팬 사용빵 (햄버거빵, 잉글리시머핀) 6. 브레이크다운단계 글루텐↓↓	**⊙ 생화학적 발전 ⊙** (= 숙성 = 발효) ① CO_2(탄산가스) ② Alcohol(알코올) ③ Acid(산) ④ Heat(열)	**⊙ 성형공정 5단계 ⊙** ① 분할(=dividing) • 손분할 : 무게분할 • 기계분할 : 부피분할 ② 둥글리기(=rounding) • 절단면의 점착성↓ • 표피형성→탄력유지 • 가스보유력 유지 • 글루텐 구조 재정돈 ③ 중간발효 (=Bench time) • 글루텐 조직 재정돈 • 반죽의 유연성 회복 • 신장성↑ → 밀어펴기용이 ④ 정형(=moulding) • 밀어펴기 • 접기 • 말기 • 봉하기 ⑤ 팬 넣기(=panning) • 팬 온도 : 32℃

2차 발효 = Proof	굽기 = Baking	냉각 = Cooling	포장 = Packing
• 온도 : 38℃전후 • 습도 : 80~85% • 시간 : 30~40분 전후(시간보다는 상태판단)	• 언더 베이킹(=Under Baking) 고온 단시간 → 겉 : 탄다, 속 : 덜익음 • 오버 베이킹(=Over Baking) 저온 장시간 → 수분손실률이 크다	• 온도 35~40℃로 냉각함.	
	• 당+열 → 캐러멜화(=당화) • 당 + 단백질 + 열(≒아미노산) → 메일라드 반응 = 마이얄 반응 = 아미노·카르보닐 반응 • 오븐 라이즈(=oven rise) 60℃도달전 상태 → 빵 부피가 점진적인 증가 • 오븐 스프링(=oven spring) 60℃도달이후 상태 → - 이스트 사멸 - 효소 불활성 - 처음크기의 1/3 증가 (예 : 9cm → 12cm)	⊙ **냉각방식** ⊙ • 자연 : 3~4시간 • 터널식 : 2~2.5시간 • 에어방식 : 1.5시간 ⊙ **수분함량** ⊙ • 굽기 직후 - 껍질 : 12~15% - 내부 : 42~45% • 냉각 후 전체 38%로 평형상태	

공통과목

PART 1

식품위생학

01 식품위생학 개론

01 식품위생의 정의

1. 세계보건기구(WHO)의 정의

모든 식품의 생육과 생산과 제조에서부터 최종적으로 사람에게 섭취될 때까지의 모든 단계에 있어서 식품의 안정성과 건전성 및 악화 방지를 확보하기 위한 모든 수단을 말함

2. 대한민국 "식품위생법"에서의 정의

식품과 식품첨가물, 기구와 용기, 포장을 대상으로 하는 모든 음식에 관한 위생을 말함
(단, 의약품으로 섭취하는 것은 제외함)

02 식품위생의 목적과 대상 범위

1. 식품위생의 목적

① 식품으로 인한 위해상의 위해를 방지함
② 식품 영양의 질적 향상을 도모함
③ 국민 보건 증진을 위함

2. 식품위생의 대상 범위

① 식품과 식품첨가물, 기구와 용기, 포장을 대상범위로 함
② 모든 음식물을 대상으로 하지만, 의약품으로 섭취하는 것은 제외함

3. 식품 관련 영업 부문

① 식품 제조 및 가공업
② 즉석판매제조 및 가공업
③ 식품첨가물 제조업
④ 식품운반업
⑤ 식품 소분업 및 판매업
⑥ 식품 보존업 : 식품 냉동업, 식품 냉장업, 식품 조사 처리업
⑦ 포장 용기류 제조업 및 포장류 제조업
⑧ 식품 접객업 : 일반음식점업, 휴게음식점업, 위탁급식업, 제과점업, 단란주점업, 유흥주점업

02 식품 미생물(식품과 감염병)

01 감염병 발생의 조건

① 감염원 : 병원체　② 감염경로 : 환경　③ 숙주의 감수성

02 법정 감염병

♠ 감염병 발생신고 절차 : 보건 소장, 시·도지사, 보건복지부장관

구분	특징 및 종류
제1급 감염병 (17종)	생물테러 감염병 또는 치명률이 높거나 집단 발생의 우려가 커서 발생 또는 유행 즉시 신고해야 함. 음압 격리와 같은 높은 수준의 격리가 필요한 감염병
	에볼라바이러스병, 마버그열, 라싸열, 크리미안출혈열, 남아메리카출혈열, 리프트밸리열, 두창, 페스트, 탄저병, 보툴리눔독소증, 야토병, 신종감염증후군, 중증급성호흡기증후군(SARS), 중동호흡기증후군(MERS), 동물인플루엔자인체감염증, 신종인플루엔자, 디프테리아 등
제2급 감염병 (21종)	전파 가능성을 고려하여 발생 또는 유행 시 24시간 이내에 신고해야 하고 격리가 필요한 감염병
	결핵, 수두, 홍역, 콜레라, 장티푸스, 파라티푸스, 세균성이질, 장출혈성 대장균감염증, A형 감염, 백일해, 유행성 이하선염, 풍진, 폴리오 등
제3급 감염병 (26종)	발생에 대해서 계속 감시할 필요가 있음. 발생 또는 유행 시 24시간 이내에 신고해야 하는 감염병
	파상풍, B형 감염, 일본뇌염, C형 감염, 말라리아, 레지오넬라증, 비브리오 패혈증, 발진티푸스, 발진열, 쯔쯔가무시증, 렙토스피라증, 브루셀라증, 공수병, 신증후군출혈열, 후천성 면역결핍증(AIDS) 등
제4급 감염병 (23종)	제1급~제3급까지의 감염병 외에 유행 여부를 조사하기 위해 표본 감시 활동이 필요한 감염병
	인플루엔자, 매독, 회충증, 편충증, 요충증, 간흡충증, 폐흡충증, 장흡충증, 수족구병, 임질, 클라미디아감염증 등

03 식품과 관계되는 감염병

① 경구(입)적으로 감염을 일으키는 소화기계 감염병

② 병원체가 오염된 식품, 손, 물, 곤충, 식기류 등으로부터 입을 통하여 체내로 침입함

③ 콜레라, 장티프스, 파라티프스, 디프테리아, 이질, 성홍열

04 인축 공통 감염병

1. 사람과 동물이 같은 병원체에 의하여 발생되는 질병

2. 인축 공통 감염병의 예방법

① 가축의 건강관리 및 예방 접종, 이환 동물의 조기 발견

② 이환된 동물의 판매 및 수입을 방지한다.

③ 도살장이나 우유 처리장의 검사를 철저히 한다.

3. 중요 인축 공통 감염병과 이환되는 가축

① 탄저 : 소, 말, 양 등 포유동물

② 큐열 : 쥐, 소, 양

③ 결핵 : 소, 산양

④ 돈단독 : 돼지

⑤ 야토병 : 산토끼, 양

⑥ 파상열(브루셀라 증) : 소, 돼지, 산양, 개, 닭

⑦ 살모넬라 증 : 각종 온혈 동물

05 식품과 기생충

1. 채소류를 통하여 매개되는 기생충

① 회충 : 우리나라 특히 농촌에서 감염률이 높으며 분변의 회충 수정란에 의해 약물에 저항력이 강해 소독제 등으로 쉽게 죽지 않는다.

② 구충(십이지장충) : 주로 피부를 통한 경피 감염의 하나로 경구감염도 되며 채독벌레라 한다.

③ 편충 : 동물이나 인간의 소장에서 부화해 대장에서 기생하며 장 내막에 머리를 박고 혈액이나 조직을 액화시켜 먹는다. 채찍 모양이어서 채찍이라는 뜻의 '편충(鞭蟲)'이라고 부른다.

④ 요충 : 산란장소가 항문 주위로 손가락, 침구류 등을 통해 감염되기 쉽다.

2. 육류를 통하여 감염되는 기생충

① 무구조충(민촌충) : 쇠고기 등을 가열하지 않고 먹었을 때 감염되는 기생충

② 유구조충(갈고리촌충) : 돼지고기로부터 감염되는 기생충

3. 어패류를 통하여 감염되는 기생충

① 간 디스토마 : 제1중간 숙주(왜 우렁이) → 제2중간 숙주(민물고기)

② 폐 디스토마 : 제1중간 숙주(다슬기) → 제2중간 숙주(게, 가재)

03 부패와 미생물

01 부패

1. 부패(putrefaction)의 정의

단백질 식품이 미생물에 의해 분해 작용을 받아 악취와 유해 물질을 생성하는 현상이다.

2. 변패(deterioration)의 정의

단백질 이외의 성분을 갖는 식품이 변질되는 것이다.

3. 식품이 부패하면 나타나는 현상

① 광택과 탄력이 없어진다.

② 역겨운 냄새가 난다.

③ 색깔이 어둡게 변하게 된다.

02 식품의 부패과정(원인은 혐기적 세균에 의해서 발생함)

◎ 단백질(protein) 식품으로 시작

- 펩톤(peptone)
- 폴리펩타이드(polypeptide)
- 아미노산(amino acid)
- 최종 생성 물질의 종류 4가지
  - 유화수소가스(H_2S)
  - 암모니아 가스(NH)
  - 아민(amine)
  - 메탄(methane) 생성

03 부패에 영향을 주는 5가지 요소

① 온도　② 수분 함량

③ 습도　④ 산소

⑤ 열

04 부패의 방지 대책

1. 물리적 처리에 의한 방법

(1) 건조법(drying)

수분의 수분을 감소시켜 세균의 발육저지 및 사멸하여 식품을 보존하는 방법으로 일반적으로 수분 15% 이하에서는 미생물이 번식하지 못함

① 일광건조법 : 농산물이나 해산물의 건조방법

② 고온건조법 : 90℃ 이상 고온으로 건조시키는 방법 → 산화, 퇴색하는 결점이 있다.

③ 열풍 건조법 : 가열된 공기로 건조시키는 방법으로 육류와 난류가 있다.

④ 배건법 : 직접 불로 건조시키는 방법으로 보리차와 옥수수차가 있다.

⑤ 냉동 건조법 : 냉동시켜 건조하는 방법으로 한천과 건조두부 및 당면이 있다.

⑥ 분무 건조법 : 액체를 분무하여 건조하는 방법으로 건조채소 등이 있다.

⑦ 감압 건조법 : 감압 저온으로 건조하는 방법으로 건조채소 등이 있다.

(2) 냉장 냉동법

미생물은 일반적으로 10℃ 이하에서 번식이 억제되고, -5℃ 이하에서 전혀 번식을 하지 못한다.

① 움 저장 방법 : 10℃ 유지하며 감자, 고구마, 무 등이 있다.

② 냉장 저장 방법 : 0~4℃ 범위로 보존하는 방법으로 채소, 과일류 저장하는 방법

③ 냉동 저장 방법 : -5℃ 이하로 동결시켜 부패를 방지하는 방법

(3) 가열 살균법

① 보통 세균은 70℃에서 30분 가열 살균한다.

② 포자형성 세균은 120℃에서 20분 정도(가압살균)가열하여야 살균한다.

(4) 자외선 및 방사선 이용법

① 장점 : 식품 품질에 영향을 미치지 않는다.

② 단점 : 식품 내부까지 살균할 수 없다.

2. 화학적 처리에 의한 방법

(1) 염장법

① 식품에 소금물을 침투시켜 삼투압을 이용하는 방법이다.

② 탈수 건조시켜 보존하며 동시에 미생물도 원형질 분리를 일으켜 생육을 억제시킨다.

(2) 당장법

① 50% 이상의 설탕 액에 저장하는 방법이다.

② 삼투압에 의해 일반 세균의 번식 억제로 부패세균 생육을 억제시킨다.

(3) 산 저장법

① 식초산이나 젖산을 이용하여 식품을 저장하는 방법이다.

② 유기산이 무기산보다 미생물 번식억제 효과가 크다.

(4) 가스저장법

① 식품을 탄산가스나 질소가스 속에 보존하는 방법이다.

② 호흡작용을 억제하여 호기성 부패균의 번식 저지시킨다.

(5) 훈연법

① 활엽수의 연기 중에 알데히드나 페놀과 같은 살균물질을 육질에 연기와 함께 침투시켜 저장하는 방법

② 소시지류나 햄류(육류나 어패류의 저장과 가공에 응용한다)

(6) 훈증법

훈증제(methyl bromide)로 처리하여 곤충의 충란 또는 미생물을 사멸시킨다(주로 곡류저장에 이용).

05 소독과 살균

1. 소독

① 대상 : 병원균

② 병원 미생물의 병원성을 약화시켜 감염을 없애는 조작이다.

③ 병원 미생물을 죽인다.

④ 비 병원성 미생물은 남아 있어도 무방하다는 개념이다.

2. 살균

① 모든 미생물을 대상으로 한다.

② 좋은 이익 세균은 남겨두고 안 좋은 나쁜 세균은 완전히 죽여 살균상태로 한다는 개념이다.

3. 멸균

좋은 세균과 안 좋은 세균 모두를 완전히 죽여 무균상태로 한다는 개념이다.

4. 방부

① 음식물에 미생물 번식으로 인한 부패를 방지하는 방법이다.

② 미생물의 증식을 정지시키는 것

5. 소독제로 사용되는 약품의 구비조건

① 살균력이 좋으며 있을 것

② 소량으로 효과 좋을 것

③ 용해성이 높고, 안정성이 있을 것

④ 경제적이고 사용방법이 간단할 것

⑤ 표백성이 없을 것

⑥ 부식성이 없을 것

6. 소독 및 살균 약품

① 승홍 : 0.1%용액을 사용하며 단백질과 결합 살균작용을 한다.

② 알코올 : 70% 수용액이 살균력이 가장 강함. 주로 손 소독에 사용한다.

③ 석탄산(페놀) : 3~5% 용액이 사용된다. 살균력을 보기 위한 표준시약으로 사용된다.

④ 크레졸 : 비누액을 50% 섞어 1~2% 용액을 사용 → 석탄산보다 2배의 소독력이 있다.

⑤ 역성비누 : 원액을 200~400배로 희석해 사용하여 식기 소독, 손 소독 등에 사용한다.

⑥ 과산화수소 : 3% 용액이 사용된다.

⑦ 포르말린 : 30~40% 용액을 사용, 분무기나 흡입기를 사용, 포르말린을 분무하여 가스를 발생시킴, 넓은 실내의 소독에 적합하다.

04 식중독

01 자연독에 의한 식중독

1. 테트로도톡신(tetrodotoxin)

① 어디에 있는 독소? → 복어에 있는 독소
〈복어로 테트리스하자〉
② 치사율은 어느 정도? → 60%로 동물성 자연독 중에서 가장 위험도가 높음
③ 증상은 어떻게? → 지각 이상과 호흡장애 및 운동장애
④ 독의 위치는 어디에? → 복어의 난소 부분에 가장 많음
⑤ 계절은 언제 발생? → 중독은 여름보다 겨울에 많음

2. 베네루핀(venelupin) : 모시조개와 굴의 독성성분

〈베를 탔더니 모시조개와 굴이 먹고 싶더라〉

3. 삭시톡신 : 섭조개와 대합조개의 독성성분

〈삭신이 아퍼서?? 왜?? 섭섭해서 대합실에 가서 쉬었어~~~〉

4. 무스카린 : 독버섯의 독성분

〈독버섯에 무스 발라!〉

5. 시큐톡신 : 독미나리

〈독미나리는 시큐해!〉

6. 고시폴(gossypol) : 정제가 잘못된 불순한 면실유에 독성분

〈고시원에서 면실유를 파는 거는 반칙!〉

7. 솔라닌 : 감자의 발아부분에 있는 독성성분

〈감자에 솔라닌 발라버려!〉

02 세균에 의한 식중독

1. 분류

(1) 감염형 식중독
① 식중독의 원인이 직접 세균에 의하여 발생함

② 살모넬라 중독, 장염비브리오 중독, 병원성 대장균 중독
〈살모사가 장염에 걸려 병원에 갔네〉

(2) 독소형 식중독

① 식중독의 원인이 세균이 분비하는 독소에 의해 발생함

② 보툴리누스 식중독, 포도상구균 식중독, 웰치 식중독
〈보툴 보툴, 포도 포도, 웰치 웰치 주스 마시러 가자〉

2. 살모넬라(salmonella) 식중독

① 감염형 식중독

② 인축 공통으로 발병한다.

③ 원인 : 감염된 육류 및 그 가공품과 어패류 및 그 가공품이 원인 식품

④ 감염원 : 쥐, 개, 고양이 등 애완동물 또는 야외동물이 감염원

⑤ 증상 : 발열이 특징이며 급성 위장염 증상이 나타난다.

3. 장염비브리오 식중독

① 감염형 식중독

② 특징 : 호염성 세균으로 비브리오균이 원인 세균으로 열에 약함

③ 증상 : 설사 및 구토증상이 특징

④ 원인 : 어패류 생식이 주된 원인

⑤ 집중 계절 : 여름철에 집중 발생된다.

⑥ 예방방법 : 가열처리, 조리기구와 도마 및 행주의 소독이 필요하다.

4. 포도상구균에 의한 식중독

① 원인 : 황색포도상구균에 의해 발생한다.

② 독소형 식중독으로 독소 : 장관독인 엔테로톡신(enterotoxin)이다.

③ 독소의 특징 : 열에 의해 쉽게 파괴되지 않음

④ 화농성 질환을 갖는 조리자가 조리한 식품에서 발생한다.

⑤ 우리나라에서 가장 많이 발생한다.

⑥ 잠복기 : 가장 빠른 것이 특징이다.

5. 보툴리누스(botulinus) 식중독

① 독소형 식중독으로 독소 : 신경독 종류인 뉴로톡신(nerurotoxin)이 주된 원인 독소이다.

② 성격 : 열에 아주 강하다

③ 어디에 많을까? : 통조림식품 및 햄과 소시지에서 발견된다.

④ 식중독 중 치사율 : 가장 강하다.(치사율 30%)

⑤ 증상 : 신경마비, 시력장애, 동공확대 등이 대표적인 증상이다.

03 화학물질에 의한 식중독

1. 유해 중금속으로 문제가 되는 종류

납, 비소, 구리, 주석, 수은, 아연, 안티몬, 카드뮴

2. 납(Pb)

① 경로 : 체내에 축적이 됨 → 대부분이 만성중독이다.

② 오염 : 도료, 안료, 농약 및 납관에 노출되어 발생한다.

③ 증상 : 적혈구의 혈색소 감소, 체중 감소 및 신장장해, 칼슘대사 이상, 호흡장애 유발한다.

3. 비소(As)

식품위생법상 허용량

고체 식품에는 1.5ppm, 액체 식품에는 0.3ppm 이하

4. 수은(Hg)

① 중독 : 수은제제 농약이나 유기수은이 폐수로 흘러 내려가 오염된 해산물에 의한 중독이 된다.

② 증상 : 미나마타병

5. 카드뮴(Cd)

① 식기, 기구, 용기 등에 도금되어 있는 카드뮴이 용출되어 중독된다.

② 만성 중독 증상이 됨 : 신장장애, 골연화증

③ 병명 또는 증상 : 이타이이타이병

6. 농약류에 의한 중독

① 유기 인 제제 : 파라치온, 텝(TEPP)

② 유기 염소제 : DDT, BHC

7. 유해 첨가물에 의한 중독

현재 사용이 금지되어 있다.

① 유해 표백제 : 롱가리트(rongalite), 삼염화질소

② 유해 감미료 : 싸이크라메이트(cyclamate), 둘씬(dulcin)

③ 유해 보존료 : 붕산, 포르말린

④ 유해 살균료 : 승홍수

04 알레르기성에 의한 식중독(부패성 식중독)

1. 알레르기성 식중독의 정의

세균 증식이나 세균 독소의 원인이 아닌 세균 오염에 의한 부패 산물이 원인이 되어 일어나는 식중독으로 그 증상이 알러지(Allergy)상태인 때를 말함

2. 알레르기성 식중독의 원인

부패 산물인 히스타민(Histamine)에 의해 발생함

3. 원인 식품

꽁치, 고등어, 참치 등 붉은색 어류나 그 가공품 등

4. 증상

전신에 홍조와 두드러기 현상이 나타난다.

05 식품첨가물 및 방부제

01 식품의 첨가물

1. 첨가물의 정의

식품의 제조와 식품의 가공 또는 식품의 보존을 함에 있어 식품에 첨가, 혼합, 침윤 기타의 방법에 의하여 사용되는 물질을 말한다.

2. 보존료의 정의

미생물에 의한 식품의 부패나 변질을 막기 위하여 식품에 첨가하는 하나의 물질을 말한다.

3. 식품공학적 기능에 따른 첨가물의 분류

① 식품 보존료(= 식품 방부제)
② 식품 영양 강화제
③ 식품 착색제
④ 식품 향미료
⑤ 식품 표백제
⑥ 식품 발색제
⑦ 식품 산화방지제

4. 식품 첨가물의 사용 목적

① 저장성을 높인다.
② 외관을 좋게 한다.
③ 향미와 풍미를 좋게 한다.

5. 판매가 금지가 된 식품 첨가물의 형태

① 부패(단백질 성분의 변질) 및 변패(탄수화물 성분의 변질)된 것
② 병원 미생물에 의해 오염된 것
③ 유해물질과 유독물질이 함유된 것
④ 불결한 물질의 혼입 및 첨가된 것과 이물질이 혼입 또는 첨가된 것
⑤ 중요성분 또는 영양성분의 전부나 일부가 감소되어 고유의 가치를 잃게 된 것
⑥ 유통기간이 지난 것
⑦ 포장지가 훼손 된 것

02 식품의 방부제 및 보존료

1. 방부제 및 보존료의 구비조건

① 사용하기 편리해야 한다.
② 산, 알칼리에 안전해야 한다.
③ 독성이 없거나 독성이 적어야 한다.

④ 식품과 화학 반응을 하지 않아야 한다.

⑤ 미량(작은 양)으로 효과가 있어야 한다.

⑥ 무미, 무취, 무색의 성상을 가지고 있어야 한다.

⑦ 식품의 변패 미생물에 대한 저지 효과가 커야 한다.

2. 방부제의 정의

식물의 변질이나 부패를 방지하여 식품의 신선도를 보존하는 물질을 말한다.

3. 방부제의 역할

① 정균작용 : 미생물의 발육을 억제하는 기능

② 살균작용 : 미생물을 살균시키는 살균작용 기능

③ 효소작용을 억제기능 : 식품 또는 세균이 생산하는 효소작용을 억제하는 기능

4. 중요한 방부제와 사용가능한 식품군의 종류

① 디히드로 초산(DHA) : 버터, 마가린, 치즈류

② 솔빈산 염 : 어육연제품, 식육제품, 된장, 고추장 및 장류

③ 안식향산염(벤조산, benzoic acid) : 간장 및 청량음료

④ 프로피온산 칼슘(propionic acid-Ca) : 빵류

⑤ 프로피온산 나트륨(propionic acid-Na) : 과자류

03 팽창제

1. 팽창제의 정의

빵류나 과자류를 만들 때 잘 부풀게 할 목적으로 첨가하는 물질을 말한다.

2. 천연 팽창제(Leavening agent)

효모를 이용한다.

3. 화학 팽창제(Raising agent)

① 탄산을 함유한 염류를 주로 사용한다.

② 베이킹 소다(B.S)와 베이킹 파우더(B.P)가 대표적임

4. 팽창제의 종류

① 명반 및 소명반, 암모늄 명반

② 탄산 수소 나트륨(= 중탄산 나트륨 = 중조 즉, = 베이킹 소다 : B.S)

③ 탄산 수소 암모늄(암모늄 계열)

④ 탄산 마그네슘(마그네슘 계열)

06 HACCP(위해 요소 중점 관리 기준)

01 HACCP의 개요

1. HACCP의 정의

HACCP는 위해 요소 분석(Hazard Analysis) + 중요 관리점(Critical Control Point)의 합성어로 "해썹" 또는 "위해 요소 중점 관리 기준"이라고 한다.
즉, 위해 방지를 위한 사전 예방적 식품 안전 관리 체계를 의미한다.

(1) 위해 요소 분석(Hazard Analysis)

식품 안전에 영향을 줄 수 있는 위해 요소와 이를 유발할 수 있는 조건이 존재하는지의 여부를 판별하기 위하여 필요한 정보를 수집하고 평가하는 일련의 과정이다.

(2) 중요 관리점(Critical Control Point)

위해 요소 관리 기준을 적용하여 식품의 위해 요소를 예방하거나 또는 제거하거나 허용 수준 이하로 감소시켜 당해 식품의 안전성을 확보할 수 있는 중요한 단계 및 과정이다.

위해 요소 중점 관리 기준	HACCP
HACCP 관리계획	HACCP PLAN
표준 위생 관리 기준	SSOP(Sanitation Standard Operation Procedure)
우수 제조 기준	GMP(Good Manufacturing Practices)

2. HACCP의 구성 요소

① HACCP PLAN (HACCP 관리계획)	전 생산 공정에 대해 직접적이고 치명적인 위해 요소 분석, 집중 관리가 필요한 중요 관리점 결정, 한계 기준 설정, 모니터링 방법 설정, 개선 조치 설정, 검증 방법 결정, 기록 유지 및 문서 관리 등에 관한 관리 계획
② SSOP (표준 위생 관리 기준)	일반적인 위생 관리 운영 기준, 영업자 관리, 종업원 관리, 보관 및 운송 관리, 검사 관리, 회수 관리 등의 운영 절차
③ GMP (우수 제조 기준)	위생적인 식품 생산을 위한 시설, 설비 요건 및 기준, 건물 위치, 시설 구조, 설비 구조, 재질 요건 등에 관한 기준

02 HACCP 준비의 5단계

제 1 단계 (HACCP팀 구성)	HACCP 관리 계획 개발을 주도적으로 담당할 HACCP팀을 구성한다. (최고 경영자 참여 유도, 핵심 요원 포함, 일정 수준 전문성 갖추기 등)
제 2 단계 (제품 설명서 작성)	취급하는 각 식품의 종류, 특성, 원료, 성분, 제조 및 유통 방법 등을 포함하는 제품에 대한 전반적인 취급 내용 기술
제 3 단계 (제품의 사용 용도 파악)	해당 식품의 의도된 사용 방법과 대상 소비자 파악
제 4 단계 (공정 흐름도와 평면도 작성)	업소에서 직접 관리하는 원료의 입고에서부터 완제품의 출하까지 모든 공정 단계들을 파악하여 작성하고, 각 공정별 주요 가공 조건의 개요를 기재
제 5 단계 (공정흐름도, 평면도의 작업 현장과의 일치 여부 확인)	작성된 공정 흐름도 및 평면도가 현장과 일치하는지를 검증

03 HACCP의 7원칙 설정

원칙 1	위해 요소 분석과 위해 평가
원칙 2	CCP(중요관리점) 결정
원칙 3	CCP(중요관리점)에 대한 한계 기준 설정
원칙 4	CCP(중요관리점) 모니터링 체계 확립
원칙 5	개선 조치 방법 수립
원칙 6	검증 절차 및 방법 수립
원칙 7	문서화와 기록 유지 방법 설정

PART 01

식품위생학

예상적중문제 1회

01 세균의 번식이 잘되는 식품이 아닌 것은?

① 습기가 있는 식품
② 온도가 적당한 식품
③ 영양분이 많은 식품
④ 식염의 양이 많은 것

02 냉장고의 가장 이상적인 온도는?

① 10℃ 이하 ② 10℃ 정도
③ 10℃ 이상 ④ 15℃ 이상

03 일반 세균이 번식하기 쉬운 온도는?

① 25~35℃ ② 35~45℃
③ 10~25℃ ④ 0~10℃

04 식물의 부패란 주로 무엇이 변질된 것인가?

① 당질 ② 지방
③ 단백질 ④ 비타민

해설 부패 : 단백질이 미생물에 의해 인체에 해롭게 변하는 것을 말한다.

05 식품의 냉장 효과는?

① 식품의 생화학 반응의 억제로 질이 변화되지 않는다.
② 식품의 보존을 무한히 연장할 수 있다.
③ 식품의 오염세균은 사멸시킨다.
④ 식품의 동결로 세균을 사멸시킨다.

06 대장균과 관계가 없는 것은?

① 아포형성
② 혐기성
③ 분변오염
④ 유당 발효

07 소독용 알코올의 농도로 가장 적합한 것은?

① 25% ② 50%
③ 70% ④ 100%

08 다음 열거한 물질 중 소독력이 없는 것은?

① 승홍수 ② 석탄산
③ 역성비누 ④ 중성세제

09 미생물의 생육조건과 관계가 먼 것은?

① 수분 ② 온도
③ 빛 ④ 산소

10 다음 미생물 중에서 가장 크기가 작은 것은?

① 곰팡이 ② 효모
③ 세균 ④ 바이러스

11 음료수 살균에 이용되는 것은?

① 산소 ② 수소
③ 질소 ④ 염소

정답 01 ④ 02 ① 03 ① 04 ③ 05 ① 06 ① 07 ③ 08 ④ 09 ③ 10 ④ 11 ④

12 일반적인 식품의 냉장고의 온도는?

① 0~4℃ ② 5~10℃
③ 10~15℃ ④ 15~20℃

13 미생물 발육에 필요한 최저 수분 함량은?

① 15% ② 20%
③ 25% ④ 50%

14 자외선 살균이 좋은 점이 아닌 항목은?

① 사용이 간편하다.
② 살균 효과가 크다.
③ 균에 내성을 주지 않는다.
④ 투과성이 좋다.

15 삼투압을 이용하여 식품을 저장하는 방법은?

① 염장법 ② 건조법
③ 훈연법 ④ 냉장법

해설 삼투압을 이용하여 염장법, 당장법, 산저장법으로 식품을 저장한다.

16 식품중 미생물의 번식으로 인한 부패를 방지하는 방법으로 미생물의 증식을 정지시키는 것은 무엇인가?

① 방부
② 소독
③ 멸균
④ 자외선조사

해설 • 소독 : 병원균만 죽이는 방법
• 멸균 : 병원균과 비병원균을 모두 죽이는 방법(=살균)

17 부패의 설명 중 맞는 것은?

① 함질소 유기화합물이 호기성 상태에서 분해되는 상태
② 함질소 유기화합물이 혐기성 세균에 의하여 분해되는 상태
③ 유지의 산화
④ 유지의 환원

18 식품 부패시 변하지 않는 것은?

① 탄력 ② 색
③ 광택 ④ 형태

19 부패의 물리학적 판정에 이용되지 않는 것은?

① 점도 ② 탄성
③ 색 및 전기저항 ④ 냄새

20 다음 중 식품의 부패와 관계가 없는 것은?

① 습도 ② 열
③ 기압 ④ 기온

21 식품의 부패방지와 모두 관계가 있는 사항은?

① 냉장, 가열, 중량
② 외관, 탈수, 식염첨가
③ 자외선조사, 보존료첨가, 냉동
④ 방사선, 조미료첨가, 농축

22 산패란 무엇을 의미하는가?

① 단백질의 산화
② 탄수화물의 변질
③ 유지의 산화
④ 단백질의 부패

정답
12 ① 13 ① 14 ④ 15 ① 16 ① 17 ② 18 ④ 19 ④ 20 ③ 21 ③ 22 ③

23 단백질, 지방 이외의 성분을 가진 식품이 나쁜 방향으로 변화하는 것을 무엇이라 하는가?

① 발효　　② 산패
③ 부패　　④ 변패

24 식품 변질의 원인이 될 수 없는 것은?

① 금속
② 산소
③ 효소
④ 압력

25 소독제가 갖추어야 할 조건이다. 틀린 항목은?

① 석탄산 계수가 적어야 한다.
② 부식성 또는 표백성이 없어야 한다.
③ 용해도가 높은 것
④ 방취력이 있을 것

26 효율적인 화학적 소독법과 관계가 없는 것은?

① 안정성이 높을 것
② 저렴하고 간편할 것
③ 석탄산 계수가 높을 것
④ 기름에 잘 용해 될 것

27 환자의 배설물 소독에 주로 이용되는 소독제는?

① 석탄산
② 포르말린
③ 역성비누
④ 승홍수

28 단백질 응고 또는 변성에 의한 세포기능 장해로 살균작용이 나타나는 것이 아닌 것은?

① 포르말린
② 승홍
③ 알코올
④ 과산화수소

29 다음 중 살균력이 가장 낮은 것은?

① 적외선　　② 자외선
③ 방사선　　④ 감마선

30 다음 항목 중 살균액의 농도가 잘못된 것은?

① 90% 알코올
② 3% 석탄산
③ 0.1% 승홍수
④ 0.1% 포르말린

해설 70% 알코올

31 다음 소독제 중에서 살균력을 검사할 때 표준으로 사용되는 것은?

① 석탄산　　② 알코올
③ 승홍　　④ 요오드

32 다음 내용 중에서 틀린 것은?

① 역성비누는 보통 비누와 병용해서는 안된다.
② 승홍은 객담의 소독에는 사용할 수 없다.
③ 변기 소독에는 크레졸이 적당하다.
④ 중성세제는 세정작용 이외에 살균작용도 있다.

정답 23 ④ 24 ④ 25 ① 26 ④ 27 ① 28 ④ 29 ① 30 ① 31 ① 32 ④

33 포자를 형성하는 병원균의 소독법은?

① 일광소독
② 증기 가열법
③ 간헐살균법
④ 저온살균법

34 소독의 개념을 잘 설명한 내용은?

① 모든 미생물을 전부 사멸시키는 것
② 물리 또는 화학적인 방법으로 병원균만을 사멸시키는 것
③ 미생물의 발육을 저지시켜 부패를 방지시키는 것
④ 오염된 물질을 제거하는 것

35 자외선에 의해서 살균되는 것은?

① 세균
② 효모
③ 곰팡이
④ 곰팡이와 효모

36 식기의 소독에 가장 적당한 것은?

① 역성비누
② 알코올
③ 석탄산
④ 염소수

37 식당 종업원의 손 소독제로서 가장 적당한 것은?

① 역성비누
② 승홍수
③ 중성세제
④ 크레졸 비누액

38 자외선의 내용 중에서 적당한 설명이 아닌 것은?

① 자외선 살균 효과는 식품의 표면에 국한된다.
② 자외선은 파장이 2600Å 부근이 살균효과가 좋다.
③ 자외선 조사에서 곰팡이의 포자는 비교적 저항이 강하다.
④ 자외선 살균효과는 20℃가 0℃ 보다 좋다.

해설 • 실온 20~25℃ 에서 최적
• 실온 15~35℃ 에서 큰차이 없음
• 실온 0℃ 에서는 20℃ 일때보다 60% 정도의 자외선 출력

39 병원성 세균의 오염 지표균으로 알려져 있는 균은?

① 비브리오 균 ② 유산균
③ 대장균 ④ 이질균

40 대장균이 검출되면 비위생적인 식품이라고 하는 이유는?

① 대장균은 병원성 세균이기 때문에
② 대장균은 항상 비병원성 세균과 공존하지 않기 때문에
③ 대부분 병원성 세균의 오염의 위험성을 내포하기 때문에
④ 대장균은 항상 병원성 균과 공존하기에

41 여름철 발생이 가장 적은 질병은?

① 디프테리아 ② 장티푸스
③ 이질 ④ 파라티푸스

정답 33 ② 34 ② 35 ① 36 ① 37 ① 38 ④ 39 ③ 40 ③ 41 ①

42 감염지수가 가장 낮은 질병은?

① 천연두 ② 성홍열
③ 디프테리아 ④ 소아마비

43 바이러스 병원체와 관계가 없는 것은?

① 배양이 잘 안된다.
② 일본뇌염의 병원체이다.
③ 1:1000배 현미경으로도 못 본다.
④ 기생과 증식을 위한 숙주가 필요하지 않다.

44 리켓치아에 의하여 감염되는 질병은?

① 큐(Q)열 ② 탄저
③ 비저 ④ 광견병

45 다음 질병 중 인축공통 감염병은?

① 야토병
② 콜레라
③ 디프테리아
④ 유행성 이하선염

46 다음 중 인축공통 감염병이 아닌 것은?

① 결핵, 탄저병
② 부르셀라병, 야토병
③ 콜레라, 이질
④ 돈단독, 광견병

47 우유 매개성 감염균이 아닌 것은?

① 결핵 ② 장티푸스
③ 부루셀라 ④ 장염 비브리오

해설 장염 비브리오 균은 생선을 통해 감염된다. 장염비브리오 균은 해수(3% 소금물)에서 생존할 수 있다.

48 우유에 의한 감염병균의 특징이 아닌 것은?

① 젖소의 병에서 유래한다.
② 취급 중에 외부에서 오염된다.
③ 저온균인 것도 많다.
④ 산패의 원인이 된다.

49 감염병 예방접종의 의미는?

① 가장 좋은 예방대책이다.
② 예방책으로서는 가치가 없다.
③ 전체 예방책의 일환으로 중요한 가치가 있다.
④ 급성 감염병에만 가치가 있다.

50 경구 감염병의 예방법이 아닌 것은?

① 배설물의 소각
② 약물 소독
③ 감염 경로 차단
④ 음성 비누로 세척

51 경구 감염병 중 예방접종이 가능하지 않은 것은?

① 장티푸스
② 콜레라
③ 천열
④ 급성회백수염

52 다음 감염병 중 정기 예방접종을 실시하지 아니 하는 것은?

① 백일해
② 결핵
③ 장티푸스
④ 유행성 뇌염

정답 42 ④ 43 ④ 44 ① 45 ① 46 ③ 47 ④ 48 ④ 49 ③ 50 ④ 51 ③ 52 ④

53 **감염병 유행 시 휴교 조치를 취할 수 없는 조건은?**

① 계속적인 교내 접촉이 원인이 되어 전염이 증가할 때
② 휴교로서 감염에 폭로될 가능성이 감소한다는 충분한 이유가 있을 때
③ 감염병 예방법에 규정되어 제1종 감염병 환자가 발생할 때
④ 모든 감염원인 규명에도 불구하고 계속 환자가 발생할 때

54 **급성 감염병 발생 시 병원의 임무가 아닌 것은 무엇인가?**

① 환자의 격리수용
② 환자의 신고
③ 환자의 치료
④ 퇴원환자의 추적 검사

55 **감염병 유행 양상 중 주기적으로 순환하여 변화를 가져오는 질병이 아닌 것은?**

① 장티푸스
② 백일해
③ 식중독
④ 디프테리아

해설 • 순환변화(단기변화) : 수년(2~5년)을 주기로 유행하는 경우(백일해, 홍역, 일본뇌염)
• 추세변화(장기변화) : 수십년(10~40년)을 주기로 유행하는 경우(디프테리아, 성홍열, 장티푸스)
• 계절변화 : 여름철은 소화기계, 겨울철은 호흡기계 질병 발생이 많음
• 불규칙변화 : 돌발적으로 질병 발생(주로 외래 감염병)

56 **다음 중 감염도가 낮은 질병은?**

① 홍역 ② 인플루엔자
③ 한센병 ④ 성홍열

57 **다음 중 감염병 생성 요소가 아닌 것은?**

① 병원 ② 식물
③ 공기 ④ 광선

58 **다음 중 병원소가 아닌 것은?**

① 토양 및 동물
② 물 및 식품
③ 건강 보균자
④ 불현성 환자

59 **보균자의 설명 중 옳지 않은 것은?**

① 보균자가 일생 보균자로 되는 질병은 많지 않다.
② 보균자는 회복기, 잠복기, 건강 보균자 등이 있다.
③ 보균자는 절대로 그 질병에 걸리지 않는다.
④ 증상은 없어도 균을 배출할 때 건강 보균자라 한다.

60 **공중 보건상 감염병 관리면에서 제일 어렵고 중요한 것은?**

① 동물 병원소
② 환자
③ 보균자
④ 토양

정답 53 ③ 54 ④ 55 ③ 56 ③ 57 ④ 58 ② 59 ③ 60 ③

PART 01 식품위생학

예상적중문제 2회

01 다음 보균자 중 감염병 관리하기에 가장 어려운 사람은 누구인가?

① 병후 보균자 ② 잠복기 보균자
③ 건강 보균자 ④ 회복기 보균자

02 병후 보균자로서 감염력이 있는 것은?

① 디프테리아 및 세균성 이질
② 천연두
③ 홍역
④ 소아마비

03 잠복기 질병과 관계있는 질병은 어느 것인가?

① 유행성 이하선염 ② 급성 회백수염
③ 장티푸스 ④ 결핵

해설 유행성이하선염은 2~3주의 잠복기간이 있다.

04 이환된 환자에 대하여 감염병의 전파를 막는 방법 중 옳지 않은 것은?

① 격리, 치료
② 환경적인 요소개선
③ 예방접종 강행
④ 보건교육

05 노로 바이러스에 대한 설명으로 틀린 것은?

① 이중 나선 구조 RNA 바이러스이다.
② 사람에게 급성 장염을 일으킨다.
③ 오염 음식물을 섭취하거나 감염자와 접촉하면 전염된다.
④ 환자가 접촉한 타월이나 구토물 등은 바로 세탁하거나 제거해야 한다.

해설 유행성 바이러스성으로 노로 바이러스 입자는 정이십면체 모양을 가지고 있다.

06 다음 감염병 중 간접 전파방법으로 전염되는 것은?

① 홍역 ② 장티푸스
③ 한센병 ④ 인플루엔자

07 기계적 전파방법으로 질병을 매개하는 곤충은?

① 모기 ② 이
③ 파리 ④ 벼룩

08 다음 중 액체 또는 분비물로 균이 배출되는 질병은 어느 것인가?

① 폐렴
② 유행성 이하선염
③ 장티푸스
④ 한센병

09 식품은 감염병 생성 과정에서 무슨 역할에 속하는가?

① 병원소 ② 비활성 매개체
③ 개달물 ④ 병원체

정답 01 ③ 02 ① 03 ① 04 ③ 05 ① 06 ② 07 ③ 08 ② 09 ②

10 인축 공통 감염병이 아닌 것으로 묶인 것은?

① 콜레라, 이질
② 콜레라, 이질, 탄저병
③ 돈단독, 이질, 광견병
④ 탄저병, 결핵

11 다음 중에서 서로 관련이 없는 것끼리 연결된 것은?

① 결핵-소
② 탄저-소, 말, 돼지
③ 돈단독-돼지
④ 야토병-소

해설 야토병 : 야생토끼, 다람쥐, 양 등에 의해 감염된다.

12 다음 중 인축공통 감염병인 것은?

① 콜레라, 결핵
② 장티푸스, 공수병
③ 이질, 야토병
④ 탄저, 돈단독

13 사람에게는 열병, 동물에게는 유산을 일으키는 인축공통 감염병은?

① 탄저 ② 파상열
③ 야토병 ④ Q열

14 다음 중 복어의 중독 원인 물질은?

① 엔테로 톡신(enterotoxin)
② 테트로도 톡신(tetrodotoxin)
③ 삭시톡신(saxitoxin)
④ 시큐톡신(cicutoxin)

15 복어의 독성분이 가장 많이 들어 있는 곳은?

① 간
② 난소, 고환
③ 지느러미
④ 근육

16 다음 중 섭조개, 대합 조개의 독성분은?

① 콜린(choline)
② 솔라닌(solanin)
③ 삭시톡신(saxitoxin)
④ 무스카린(muscarine)

해설 솔라닌 : 감자싹 / 무스카린 – 독버섯

17 다음 중에서 독버섯의 독성분은?

① 에르고 톡신(ergotoxin)
② 솔라닌(solanin)
③ 무스카린(muscarine)
④ 베네루핀(venerupin)

18 다음 중 서로 관계가 없는 항목은?

① 삭시톡신-섭조개
② 솔라닌-감자의 싹
③ 무스카린-버섯
④ 베네루핀-복어

해설 복어 : 테트로도 톡신(복어의 생식기에 존재)

19 식중독 발생 시 발생보고 의무자는?

① 환자
② 발견자
③ 보호자
④ 의사

정답 10 ① 11 ④ 12 ④ 13 ② 14 ② 15 ② 16 ③ 17 ③ 18 ④ 19 ④

20 다음 중 감염형 식중독에 속하는 것은?

① 포도상구균 식중독
② 살모넬라 식중독
③ 보툴리누스 식중독
④ 아리조나 식중독

해설 • 감염형 : 살모넬라, 장염비브리오, 병원성 대장균등
• 독소형 : 포도상구균, 보툴리누스균, 웰치균등

21 병원성 대장균의 특성으로 맞지 않는 것은?

① 경구적으로 감염된다.
② 급성 위장염을 일으킨다.
③ 비전염성이다.
④ 분변 오염의 지표가 된다.

22 장염비브리오 균에 관한 설명으로 잘못된 것은?

① 급성 위장염
② 호염성 세균
③ 어패류로부터 감염
④ 독소형 식중독균

23 비브리오 균의 형태는?

① 구상 ② 간상
③ 콤마상 ④ 나선상

24 다음 중에서 바이러스의 특성이 아닌 것은?

① 여과성 미생물이다.
② 항생제에 대한 감수성이 없다.
③ 숙주에 대한 특이성을 갖는다.
④ 인공배지에서 생장한다.

25 다음 중 세균에 의한 경구감염병은?

① 콜레라 ② 유행성 간염
③ 소아마비 ④ 전염성 설사

26 경구 감염병 대책은 다음 중 무엇인가?

① 감염원 대책 ② 감염경로 대책
③ 숙주 대책 ④ 이상 모두

27 경구 감염병의 감염원 대책으로서 가장 중요한 것은?

① 환자의 조기발견 및 격리
② 예방 주사 실시
③ 식기소독
④ 파리 구제

28 경구 감염병 환자 발생 시 우선적으로 취하지 않아도 될 사항은?

① 환자격리 ② 우물소독
③ 변기소독 ④ 예방접종

29 다음 중 보균자 색출이 중요한 질병관리 대책이 되는 것은?

① 세균성 이질 ② 장티푸스
③ 탄저병 ④ 성홍열

30 식품을 매개로 해서 이환하는 감염병 중 환자나 보균자의 분변 외에 그 소변으로부터도 전염될 수 있는 것은?

① 장티푸스
② 콜레라
③ 적리(이질)
④ 디프테리아

정답
20 ② 21 ③ 22 ④ 23 ③ 24 ④ 25 ① 26 ④ 27 ① 28 ④ 29 ② 30 ①

31 장티푸스의 발생을 막기 위한 중요한 조치는?

① 환경위생의 철저
② 예방접종
③ 보건교육
④ 구충

32 이질에 대해서 틀린 것은?

① 법정 감염병이다.
② 예방으로는 손을 깨끗이 씻는 것이 좋다.
③ 이질균은 분변에 배설된다.
④ 예방에는 항생물질을 내복하는 것이 좋다.

해설 이질은 2급 법정 감염병이다.

33 수인성 감염병이 아닌 것은?

① 장티푸스
② 콜레라
③ 페스트
④ 세균성 이질

34 수인성 감염병의 특징이라고 할 수 없는 것은?

① 잠복기가 짧고 치명률이 높다.
② 폭발적인 환자 발생한다.
③ 성과 연령에 무관하다.
④ 계절과 관련되지 않는 경우가 있다.

35 수인성 감염병의 특징이라고 할 수 없는 것은?

① 폭발적 발생
② 2차 감염환자 발생
③ 높은 치명률
④ 유행지역의 한정

36 수인성 감염병의 매체가 아닌 것은?

① 원충(protozoa)
② 바이러스(virus)
③ 세균(bacteria)
④ 조류(algae)

37 다음에서 수인성 감염병이 아닌 것은?

① 장티푸스
② 이질
③ 전염성 간염
④ 결핵

38 수인성 감염병이 아닌 것은?

① 장티푸스
② 이질
③ 콜레라
④ 발진티푸스

39 수인성 질병의 특징이 아닌 것은?

① 발생범위가 오염된 물을 취급한 구역과 같다.
② 연령과 관계없이 발생한다.
③ 주 증상이 신경계로 나타난다.
④ 원인이 되는 급수를 중지하면 발생률이 감소한다.

정답 31 ① 32 ④ 33 ③ 34 ① 35 ③ 36 ④ 37 ④ 38 ④ 39 ③

40 상수도 시설이 잘 되면 발생이 크게 감소할 수 있는 감염병은?

① 디프테리아, 백일해
② 장티푸스, 이질
③ 발진열, 이질
④ 뇌염, 홍역

41 다음 중에서 독소형 식중독에 속하는 것은?

① 보툴리누스 식중독
② 비브리오 식중독
③ 살모넬라 식중독
④ 대장균성 식중독

해설 독소형 식중독 : 포도상구균, 보툴리누스균, 웰치균 등

42 살모넬라 식중독의 중요한 감염원은?

① 채소 ② 계란
③ 식육 ④ 생선

43 살모넬라 식중독의 중요한 감염 매체가 아닌 것은?

① 쥐
② 바퀴
③ 진드기
④ 고양이

44 살모넬라 식중독의 발병은?

① 동물에만 발병된다.
② 유아에게만 발병된다.
③ 인축 공통으로 발병된다.
④ 인체에만 발병된다.

45 다음 식중독 중에서 발열이 심하게 나타나는 것은?

① 포도상구균 식중독
② 살모넬라 식중독
③ 보툴리누스 식중독
④ 비브리오 식중독

46 다음 중에서 장염 비브리오 균의 특징이 아닌 것은?

① 그람 음성 무포자 간균이다.
② 편모를 갖고 있지 않다.
③ 운동성이 있다.
④ 호염성이다.

47 우리나라에서 가장 많이 발생하는 식중독은?

① 보툴리누스 식중독
② 포도상구균 식중독
③ 살모넬라 식중독
④ 비브리오 식중독

48 다음 식중독 중 조리사의 곪은 상처와 같은 관계가 있는 것은?

① 포도상구균 식중독
② 살모넬라 식중독
③ 보툴리누스 식중독
④ 비브리오 식중독

해설 황색포도상구균이 많다.

정답 40 ② 41 ① 42 ③ 43 ③ 44 ③ 45 ② 46 ② 47 ② 48 ①

49 식중독 중에서 잠복기가 가장 짧은 것은?

① 비브리오 식중독
② 살모넬라 식중독
③ 포도상구균 식중독
④ 보툴리누스 식중독

50 포도상 구균 식중독과 관련이 깊은 것은 무엇인가?

① 독소형 식중독
② 어패류 중독
③ 통조림 식품
④ 소의 유방염

51 다음 중 포도상 구균 식중독의 특징이 아닌 것은?

① 엔테로톡신에 의한 독소형이다.
② 잠복기는 1~6시간으로 급격히 발병한다.
③ 열이 38℃ 이상으로 발열을 일으킨다.
④ 사망률이 비교적 낮다.

52 다음 중 포도상 구균 식중독과 관계가 적은 것은?

① 치명률이 낮다.
② 조리인의 화농균이 원인이 된다.
③ 잠복기는 보통 3시간이다.
④ 균이나 독소는 80℃에서 30분이면 사멸 파괴된다.

53 다음 중 포도상 구균 식중독과 관계가 없는 것은?

① 잠복기가 1~2일이다.
② 사망률이 낮다.
③ 균으로부터 발생된 독소가 원인이다.
④ 위장 증상을 나타낸다.

54 보툴리누스 식중독의 원인균 설명으로 틀린 것은?

① 호기성이다.
② 편성 혐기성 균이다.
③ 내열성이다.
④ 토양 중에 분포한다.

55 다음 세균성 식중독중 치명률이 가장 높은 것은?

① 살모넬라 중독
② 포도상 구균 중독
③ 보툴리누스 중독
④ 장염 비브리오 중독

56 통조림 병조림과 같은 밀봉식품의 부패로 올 수 있는 식중독은?

① 살모넬라 중독
② 보툴리누스 중독
③ 포도상 구균 중독
④ 웰치균 중독

정답
49 ③ 50 ① 51 ③ 52 ④ 53 ① 54 ① 55 ③ 56 ②

57 **다음 중 보툴리누스 식중독의 주요 증상은?**

① 위장계 증상
② 신경계증상, 시각이상, 연하곤란
③ 심한 발열
④ 구기, 구토, 오한

58 **세균성 식중독의 특징이 아닌 것은?**

① 균과 독소의 양에 따라 발생
② 원인 식품의 섭취로 인한다.
③ 면역성이 없다.
④ 푸토마인(ptomine) 중독이라 한다.

59 **세균성 식중독의 특성이 아닌 것은?**

① 미량의 균으로 발병되지 않는다.
② 2차 감염이 거의 발생하지 않는다.
③ 잠복기간이 경구 감염병에 비하여 길다.
④ 균의 증식을 막으면 그 발생을 예방할 수 있다.

60 **세균성 식중독 및 그 원인세균에 관한 다음 글 중 틀린 것은?**

① 포도상 구균에 의한 식중독은 포도상 구균의 엔테로톡신(enterotoxin)에 의해서 일어난다.
② 보툴리누스균에 의한 식중독은 독소형 식중독에 대표적인 것이다.
③ 살모넬라 식중독은 포도상 구균에 의한 식중독이며 일반적으로 잠복기가 짧다.
④ 장염 비브리오는 일반적으로 세균에 의하여 식염 농도가 높은 환경에서 더 발육, 증식한다.

정답

57 ② 58 ④ 59 ③ 60 ③

PART 01

식품위생학

예상적중문제 3회

01 다음 중 카드뮴에 의한 병명은?

① 미나마타병
② 탄저병
③ 브루셀라병
④ 이타이이타이병

해설 • 카드뮴 : 이타이이타이병
• 수은 : 미나마타병

02 카드뮴에 대한 설명 중 틀린 것은?

① 아연과 공존하여 용출하면 위험성이 크다.
② 알카리성 식품에는 사용할 수 없다.
③ 알루미늄 용제에 사용한다.
④ 내수성이 좋으므로 도금으로 사용한다.

03 기구, 용기 또는 포장 제조용 금속에 함유되어 있으면 안되도록 규정된 유해금속은?

① 안티몬
② 아연
③ 주석
④ 카드뮴

04 다음 중 화학적 식중독의 원인이 아닌 것은?

① 오염으로 첨가되는 유해물질
② 대사 과정중 생성되는 독성물질
③ 방사능에 의한 오염
④ 식품 제조중 혼입 되는 유해물질

05 다음 중 화학적 식중독의 가장 현저한 증상은?

① 구토 ② 고열
③ 설사 ④ 경련

06 다음 중 화학적 식중독에서 나타나지 않는 증상은?

① 고열
② 복통
③ 설사
④ 구토

07 화학 물질에 의한 식중독의 원인이 아닌 것은?

① 메탄올
② 농약
③ 불량 첨가물
④ 엔테로 톡신

08 메틸 알코올의 중독 증상이 아닌 것은?

① 실명 ② 두통
③ 환각 ④ 구토

09 다음 중 시신경과 밀접한 관계가 있는 중독성분은?

① 메틸 알코올
② 파라티온
③ 청산
④ 수은

정답 01 ④ 02 ② 03 ④ 04 ② 05 ① 06 ① 07 ④ 08 ③ 09 ①

10 대부분의 식중독 세균 및 독소는 열에 약하므로 가열에 의해 예방이 가능하다. 그러나 가열하여도 식중독의 예방을 기대할 수 <u>없는</u> 균은?

① 장염 비브리오균
② 병원성 대장균
③ 살모넬라균
④ 포도상 구균

해설 포도상 구균의 독성분은 엔테로 톡신이다.

11 채소류를 매개로 해서 감염되는 기생충은?

① 간디스토마
② 폐디스토마
③ 광절열두조충
④ 회충

12 회충알을 사멸시킬 수 있는 능력이 가장 강한 것은?

① 건조 ② 저온
③ 빙결 ④ 일광

13 구충(십이지장충)의 감염은?

① 피부감염
② 음식물에 오염되어 감염
③ 경구적 감염
④ 경구적 감염, 피부감염

14 채독증의 원인이 되는 기생충은?

① 구충
② 회충
③ 편충
④ 동양모양선충

15 다음 기생충질환 중 우리나라에서 감염률이 가장 높은 것은?

① 십이지장충
② 회충
③ 편충
④ 동양모양선충

16 청정 채소를 바르게 설명한 것은?

① 화학비료로 재배한 채소
② 세척한 채소
③ 분뇨로 재배한 채소
④ 중성세제로 깨끗이 씻은 채소

17 기생충과 중간숙주와의 관계가 <u>틀린</u> 것은?

① 무구조충 – 소
② 유구조충 - 돼지
③ 광절열두조충 – 양
④ 간흡충 – 민물고기

18 간디스토마에 감염될 수 있는 경우는?

① 공기 전파
② 채소 생식
③ 민물고기를 요리한 도마
④ 왜우렁이 생식

19 다음 중 간디스토마의 가장 큰 유행지역은?

① 한강 상류
② 금강 유역
③ 낙동강 유역
④ 섬진강 유역

정답 10 ④ 11 ④ 12 ④ 13 ④ 14 ① 15 ③ 16 ① 17 ③ 18 ③ 19 ③

20 간디스토마의 제1중간 숙주가 되는 것은?

① 쇠우렁이
② 붕어
③ 가재
④ 모래무지

21 간디스토마의 제2중간 숙주는?

① 참붕어 ② 가재
③ 쇠우렁이 ④ 다슬기

22 민물붕어가 제2중간 숙주인 기생충은?

① 폐흡충
② 간흡충
③ 요충
④ 횡천 구충

23 폐디스토마의 제1중간 숙주는?

① 가재 ② 어류
③ 다슬기 ④ 돼지

24 폐디스토마의 제2중간 숙주는?

① 가재
② 뱀
③ 참붕어
④ 모래무지

25 폐디스토마와 관계 깊은 것은?

① 어패류 및 가재
② 육류 및 난류
③ 채소 및 과실류
④ 곤충 및 곰팡이

26 폐디스토마의 설명 중 틀린 것은?

① 제1중간 숙주는 게나 가재이다.
② 인간의 소장에서 탈낭한다.
③ 최종적으로 인간의 폐에서 기생한다.
④ 제2중간 숙주에서는 피낭유충으로 기생한다.

해설 제1중간숙주는 다슬기, 제2중간숙주는 게나 가재이다.

27 돼지고기 생식으로 감염될 수 있는 기생충은?

① 무구조충 및 열두조충
② 유구조충 및 선모충
③ 십이지장충 및 회충
④ 유구조충 및 무구조충

해설 • 소고기 : 무구조충 또는 민촌충
• 돼지고기 : 유규조충 또는 갈고리촌충

28 돼지고기를 생식하거나 불충분하게 가열 조리하여 먹음으로써 감염되는 기생충 질환은?

① 유구조충
② 무구조충
③ 간디스토마
④ 회충

29 쇠고기를 생식함으로써 감염되는 기생충 질환은?

① 유구 조충
② 무구 조충
③ 선모충
④ 톡소 플라스마

정답 20 ① 21 ① 22 ② 23 ③ 24 ① 25 ① 26 ① 27 ② 28 ① 29 ②

30 **유구 조충(갈고리촌충)과 무구 조충(민촌충)의 감염 방지법은?**

① 육류의 충분한 가열
② 패류의 생식 금지
③ 야채의 세척
④ 붕어의 생식금지

31 **다음 문장 중 내용이 틀린 것은?**

① 식품 취급자의 검변을 하는 것은 살모넬라, 이질 등의 보균자를 알아내는 것이다.
② 발열이나 설사가 날 때 항생물질을 먹고 의사에게만 보이는 것이 좋다.
③ 손가락에 화농성 질환이 있을 때에는 조리에 종사할 수 없다.
④ 달걀도 살모넬라 중독의 원인이 되므로 주의하지 않으면 안된다.

32 **세균성 식중독에 있어 다음의 연결이 잘못된 것은?**

① 살모넬라균 - 잠복기는 1~6시간
② 포도상 구균 - 엔테로톡신
③ 보툴리누스균 - 독소형 식중독
④ 장염 비브리오균 – 3% 식염 농도 생육 가능

33 **다음 중 세균성 식중독을 예방하는 방법이 아닌 것은?**

① 식품의 저온(냉장)보존
② 신선한 재료의 사용
③ 위생 곤충의 구제
④ 플라스틱제품의 식기를 사용하지 않는다.

34 **세균성 식중독을 방지하는 방법은 여러 가지가 있다. 다음 중 가장 중요하다고 생각되는 것은?**

① 신선한 재료를 사용하여 조리한다.
② 위생 곤충을 구제한다.
③ 식품을 저온(냉장)으로 보존한다.
④ 조리 기구를 깨끗하게 한다.

35 **다음 중에서 원인 식품별로 본 식중독 발생건수가 가장 많은 것은?**

① 어패류 및 그 가공품
② 채소류 및 그 가공품
③ 난류 및 그 가공품
④ 과자류

36 **세균성 식중독이 경구 감염병과 다른 점은?**

① 발병후에 면역이 생긴다.
② 경구 감염병 보다 많은 양의 균으로 발병한다.
③ 잠복기가 길다.
④ 2차 감염이 잘 일어난다.

37 **LD_{50} 이란?**

① 실험 동물의 50%가 사망할 때의 양을 말한다.
② 실험 동물 50마리를 죽이는 양을 말한다.
③ 실험 동물 50kg을 죽이는 양을 말한다.
④ 수명이 절반으로 줄어드는 양을 말한다.

정답 30 ① 31 ② 32 ① 33 ④ 34 ③ 35 ① 36 ② 37 ①

38 일본에서 발생한 미나마타병의 원인이 된 금속은?

① 비소
② 구리
③ 카드뮴
④ 수은

39 다음 중 미나마타병의 유래는?

① 공장 폐수 오염
② 화산오염
③ 방사능 오염
④ 세균 오염

40 급성 수은 중독의 제일 중요한 증상은?

① 구내염
② 청력 장해
③ 보행 장해
④ 치통

41 다음 중 서로 관련이 없는 것은?

① 참게 - 폐흡충
② 붕어 - 간흡충
③ 개구리- 아니사키스(anisakis)
④ 돼지 - 유구 조충

42 바다 생선회를 먹고 감염될 수 있는 기생충은?

① 무구 조충
② 유극알 구충
③ 아나사티스(anisakis)
④ 페디스토마

43 가재의 생즙을 짜서 약으로 복용하였다면 이로 인해 감염될 수 있는 기생충은?

① 페디스토마
② 간디스토마
③ 편충
④ 촌충

44 다음 중 채소류에 의해 매개가 되는 기생충이 아닌 것은?

① 회충 ② 요충
③ 갈고리 촌충 ④ 편충

45 식품과 함께 존재하는 위생해충과 거리가 먼 것은?

① 식성의 범위가 광범위하다.
② 수분이 적은 식품에 생육한다.
③ 성충의 수명이 짧고 증식률이 줄어든다.
④ 폐쇄적인 서식환경을 좋아한다.

46 진드기의 번식 조건 3요소로 구성된 항목은?

① 수분, 영양, 온도
② 일광, 온도, 영양
③ 영양, 수분, 일광
④ 수분, 온도, 일광

47 식품 첨가물의 사용목적이 아닌 것은?

① 외관을 좋게 한다.
② 향기와 풍미를 높게 한다.
③ 영양물질로 사용된다.
④ 저장성을 높인다.

정답
38 ④ 39 ① 40 ① 41 ③ 42 ③ 43 ① 44 ③ 45 ③ 46 ① 47 ③

48 **식품 첨가물에 관한 다음 글 중 틀린 것은?**

① 병조림 식품에 합성착색료가 되어 있는 경우는 라벨에 표시되어야 한다.
② 합성살균료는 독성이 강하므로 식품에 첨가하는 것은 일체 허락되지 않는다.
③ 합성착향료는 착향이 목적이지만 어떤 식품에 첨가해도 좋다.
④ 사카린은 사용기준이 설정되어 있다.

49 **식품 첨가물에 대한 설명 중 옳지 않은 것은?**

① 천연물보다 화학 합성품이 안정하다.
② 화학 합성품은 허가 없이 사용할 수 없다.
③ 천연물은 불순하나 위험성은 적다.
④ 화학 합성품이 우수하나 규제가 심하다.

50 **식품 첨가물에는 화학적 합성품과 그렇지 않은 것의 두 종류가 있는데 이들에 대한 위생상 규제에 대하여 옳게 설명한 것은?**

① 화학적 합성품인 식품첨가물에 대한 규제가 더 엄중하다.
② 양쪽이 모두 비슷한 정도의 규제를 받는다.
③ 화학적 합성품이 아닌 식품첨가물은 전혀 규제를 받지 않는다.
④ 화학적 합성품이 아닌 식품첨가물에 대한 규제가 더 엄중하다.

51 **식품 첨가물 사용에 있어서 유의할 점이 아닌 것은?**

① 라벨
② 허용량
③ 순도
④ 포장

52 **다음 중 우리나라의 식품첨가물 공전을 옳게 설명한 것은?**

① 대한 약전의 별명이다.
② 식품첨가물의 제조법을 기재한 것이다.
③ 나라에서 정한 식품첨가물의 기준과 규격을 수록한 것이다.
④ 외국에서 사용되고 있는 식품첨가물의 목록이다.

53 **식품첨가물의 제품검사 대상품목이 아닌 것은?**

① 영양 강화식품
② 타알색소과 그것을 주성분으로 하는 제제
③ 산화방지제
④ 제조품목 허가 후 2년 이내에 생산되는 신개발품

54 **다음은 판매 등이 금지된 식품 또는 첨가물이다. 관계없는 항목은?**

① 부패 또는 변태되었거나 미숙한 것
② 보사부령을 정하여진 화학적 합성품
③ 유해 또는 유독물질이 함유되었거나 부착된 것
④ 불결하거나 이물이 혼입 또는 첨가된 것

정답

48 ② 49 ① 50 ① 51 ④ 52 ③ 53 ③ 54 ②

55 식품위생법에서 말하는 규격에 대한 설명 중 가장 적합한 것은?

① 규격이란 식품용기의 크기를 말한다.
② 규격이란 식품첨가물의 보존에 필요한 주의 사항이다.
③ 규격이란 식품첨가물 등의 제조, 사용, 기타의 방법에 대하여 공중보건상 필요로 하는 최저 요구이다.
④ 규격이란 식품첨가물 등의 순도, 성분 등에 대한 공중위생상 필요로 하는 최저한의 요구이다.

56 식품첨가물 공정에 수록되어 있는 것 중 사용기준이 정하여진 것이 있다. 그 이유로서 옳은 것은?

① 생리작용 등으로 보아 사용되는 식품의 종류와 양을 한정하기 위함.
② 안정성이 크므로 안심하고 사용할 수 있기 때문
③ 식품에 대한 보존효과가 우수하기 때문
④ 경제적으로 싸고 식품제조상 이점이 있기 때문

57 다음 화합물 중 살균료로서 허용되어 있는 식품첨가물은?

① 크레졸
② 승홍
③ 하라존
④ 차아염소산나트륨

58 다음 중에서 살균제로 사용할 수 없는 것은?

① 표백분
② 차아염소산
③ 벤조산(안식향상)
④ 할라존

59 방부제를 가장 잘 설명한 것은?

① 식품에 발생하는 해충을 멸살시키는 약제
② 식품의 변질 및 부패를 방지하고 영양가와 신선도를 보존하는 약제
③ 곰팡이의 발육을 억제시키는 약제
④ 식품 중의 부패세균이나 감염병의 원인균을 사멸시키는 약제

60 방부제의 이상적 조건이 아닌 것은?

① 무미, 무취이고 식품에 의하여 변화를 받지 않을 것
② 미량으로 효력이 있고 내열성이며 사용하기 쉽고 구하기 쉬울 것
③ 독성이 아주 낮을 것
④ 식품의 액성에 따라 작용이 선택적일 것

정답
55 ④ 56 ① 57 ④ 58 ③ 59 ② 60 ④

공통편

PART 2

영양학

01 탄수화물(Carbohydrates)

01 탄수화물(당질)의 정의

① 탄소(C), 수소(H), 산소(O) 등의 3가지 원소로 구성된 유기화합물이다.

② 탄소(C)와 물(H_2O)의 일정 비율로 된 화합물($Cn(H_2O)n$)로 표시한다.

③ 수소(H)와 산소(O)의 비율이 2:1로 구성되어 있다.

④ 탄수화물 1g은 4Cal의 열량을 낸다.

⑤ 에너지를 가지고 있다.

02 탄수화물의 분류

단당류		과당류 (Oligosaccharides)	다당류 (Polysaccharides)
5탄당(pentose)	6탄당(hexose)		
아라비노오(arabinose) 크실로오스(xylose) 리보오스(ribose)	포도당(glucose) 과당(fructose) 갈락토오스(galactose) 만노오스(mannose) 탈로오스(tallose) 소르보오스(sorbose)	2당류($C_{12}H_{22}O_{11}$) 자당(sucrose) 유당(lactose) 맥아당(maltose) 3당류($C_{18}H_{32}O_{16}$) 라피노오스(raffinose)	전분 펜토산($C_5H_8O_4$)n 아라반(araban) 크실란(xylan) 헥소산($C_6H_{10}O_5$)n 이눌린(inulin) 셀룰로오스

1. 단당류(Monosaccharide)

더 이상 가수분해가 이루어질 수 없는 당이 1개인 당류를 정의한다.

(1) 포도당(glucose)

① 환원당

② 분자식 : $C_6H_{12}O_6$

③ 전분의 가수분해로 얻을 수 있다.

④ 상대적 감미도 : 75

⑤ 자연계에 가장 널리 분포되어 있는 다당류의 기본적인 구성분자로 광학적 우선성(右旋性)이므로 덱스트로오스(dextrose)라고도 한다.

- 포도 등 과실에 분포
- 포유동물 혈액 속에 혈당으로 0.1% 함유

- 전분과 글리코겐을 가수분해 하면 포도당 생성
- 포도당의 중합체는 전분과 글리코겐이 있음
- 설탕, 맥아당, 유당의 구성단이 됨

(2) 과당(fructose)

① 환원당 좌선성(左旋性)이므로 레불로오스(levulose)라고도 한다.

② 분자식 : $C_6H_{12}O_6$

③ 좌선성(左旋性)이므로 레뷸로오스(levulose)라고도 한다.

④ 이눌린의 가수분해, 설탕의 가수분해로 얻을 수 있다.

⑤ 상대적 감미도 : 175

- 식물의 즙액이나 과실 중에 존재한다.
- 당류 중에서 감미가 가장 강하다.
- 설탕(자당)과 이눌린의 구성 성분 당이다.
- 이눌린(inulin)을 가수분해하면 과당이 생성된다.
- 당 중에서 과포화되기 쉽고 조해성이 가장 크다.

(3) 갈락토오즈(galactose)

① 환원당

② 분자식 : $C_6H_{12}O_6$

③ 포유동물의 젖에서만 존재한다.

④ 우유 중의 유당을 분해하여 얻을 수 있다.

- 젖당(유당)의 구성성분이 되는 당이다.
- 우뭇가사리(한천)의 주성분이다.
- 인체의 뇌와 신경조직에 존재한다.

(4) 만노오즈(mannose)

① 식물의 경엽 등에서 발견

② 고구마의 곤약(konjak) 성분이 되는 당이다.

③ 자연계에 유리 상태로 존재하지 않는다.

④ 생체내에서 혈청단백질과 결합하여 알부민 등의 단백질 구성성분이다.

2. 2당류(Disaccharide)

단당류가 2개가 결합되어 이루어진 당류

(1) 설탕(자당 또는 서당, sucrose)

① 비환원당

② 분자식 : $C_{12}H_{22}O_{11}$

③ 사탕수수, 사탕무로부터 얻는 2당류 중 가장 중요한 자원이다.

④ 인벌타제(Invertase)라는 효소에 의해 포도당과 과당으로 분해한다.

⑤ 다른 설탕류와 구분되는 단어로 "자당" 또는 "서당"이라고도 한다.

⑥ 상대적 감미도 : 100

- 포도당과 과당이 중합하여 이루어진 2당류이다.
- 사탕수수의 줄기와 사탕무우의 뿌리에 15% 함유되어 있다.
- 가수분해 효소(sucrase)에 의해 포도당과 과당으로 가수분해된다.
- 용융점인 160℃이상에서 갈변화되어 캬라멜(caramel)을 만들고, 과자, 약식 등 식품가공에 이용한다.

(2) 맥아당(엿당, maltose)

① 환원당

② 분자식 : $C_{12}H_{22}O_{11}$

③ 전분이 분해되어 생산되는 2당류이다.

④ 말타아제(maltase)라는 효소에 의해 2개의 포도당으로 분해한다.

⑤ 전분에 작용하는 알파 아밀라아제(α-amylase)와 베타 아밀라아제(β-amylase)에 의해 생성한다.

⑥ 발효과정을 거치는 감주의 주요 당이다.

⑦ 상대적 감미도 : 32

- 맥아(엿기름)와 같은 발아 종자에 존재한다.
- 포도당이 두 분자 중합되어 이루어진 당이다.
- 가수분해 효소인 말타아제(maltase)에 의하여 두 분자의 포도당이 생성된다.

(3) 유당(젖당, lactose)

① 환원당

② 분자식 : $C_{12}H_{22}O_{11}$

③ 락타아제(lactase)라는 효소에 의해 포도당과 갈락토오스로 분해한다.

④ 포유동물의 젖 중에 자연 상태로 존재한다.

⑤ 유산균에 의해 유산(乳酸 : lactic acid)을 생성하여 유산균 음료의 특유한 맛과 향을 나타낸다.

⑥ 제빵용 이스트에는 없다.

⑦ 체내 칼슘(Ca)의 흡수와 이용을 돕는 당이다.

⑧ 상대적 감미도 : 16

- 물에 잘 녹지 않는다.
- 감미가 가장 적은 당이다.
- 포유동물의 젖에 존재하는 당이다.
- 포도당과 갈락토오스가 중합되어 이루어진 당이다.
- 체내의 칼슘(Ca)의 흡수와 이용을 돕는 당이다.
- 대장 내에서 내산성 세균 즉, 유산균을 자라게 하여 정장작용을 한다.
- 가수분해 효소 락타아제(lactase)에 의해 포도당과 갈락토오스를 생성한다.

※ 상대적 감미도 : 단맛의 정도

과당 175〉전화당 135〉자당 100〉포도당 75〉맥아당 34≥갈락토오스≥32〉유당 16

3. 다당류(Polysaccharide) : 당이 많이 결합되어 있는 당류

(1) 전분(녹말, starches)

	포도당단위구조	요오드 반응	찹쌀	멥쌀, 녹말	메밀	노화도 퇴화도
아밀로오스	직쇄구조 알파-1, 4-결합	청색	0%	20%	100%	빠르다
아밀로펙틴	측쇄구조 알파-1, 6-결합	적자색	100%	80%	0%	느리다

① 식물성 다당류이다.(곡류와 감자 등에 함유되어 있음)

② 감자 전분의 입자가 가장 크다.

③ 요오드 반응은 파란색(청색)을 낸다.

④ 포도당(glucose)이 중합되어 이루어진 다당류이다.

⑤ 아밀로오스(amylose)와 아밀로펙틴(amylopectin)의 두 가지 성분으로 나눈다.

⑥ 아밀라아제(amylase)에 의해 가수분해되면 최종 생산물로 포도당을 생산한다.

⑦ 일반적으로 녹말은 아밀로오스 20 : 아밀로펙틴 80의 비율이나, 찹쌀은 100% 아밀로펙틴으로 구성

1) 전분의 분자구조

전분은 "아밀로오스"와 "아밀로펙틴"의 2가지 기본 형태로 되어 있다.

① 아밀로오스(amylose)

- α-1, 4-결합으로 연결, 직쇄결합
- 요오드 용액에 의해 청색 반응
- 포도당 단위가 직쇄로 연결(분자량 80,000~320,000)
- 베타 아밀라아제에 의해 거의 완전히 맥아당으로 분해

- 쉽게 퇴화하고 침전하는 경향이 있다.

② 아밀로펙틴(amylopectin)

- α-1, 4와 α-1, 6결합으로 연결, 측쇄결합
- 요오드 용액에 의해 적자색 반응
- 포도당 단위가 측쇄로 연결(분자량 1,000,000이상)
- 베타 아밀라아제에 의해 약 52%까지만 분해
- 퇴화의 경향이 적다.

※ 함유비율 : 보통의 곡물은 아밀로오스가 17~28%(대략 20%)이고 나머지가 아밀로펙틴(대략 80%)이다.

찹쌀이나 찰옥수수는 아밀로펙틴이 100%이다.

⑥ 젤라틴화(Gelatinization)

- 전분 입자는 실온 이하의 온도에서 사실상 불용성이다.
- 전분은 수분 존재 하에 온도가 높아지면 팽윤되어 "풀"이 된다.
  풀이 되는 현상을 젤라틴화 또는 호화라 한다.
- 전분의 호화온도는 종류에 따라 다르며, 밀가루와 감자 전분은 56~60℃, 옥수수 전분은 80℃에서 호화되기 시작(알파-전분 상태)한다.
- 팽윤제(swelling agents)라 불리는 것은 어떠한 염과 알칼리는 호화점을 낮추어 실온에서도 물리적인 에너지만 가하여도 팽윤이 일어나게 한다.

⑦ 퇴화(Retrogradation)

- 전분용액이 희석, 농축, 냉각 등으로 아밀로오스 분자가 분리되어 침전을 형성하거나 망상조직이 형성되어 물리적으로 불안정한 상태가 되는 현상을 "퇴화"라 한다.
- 빵과 케이크가 딱딱해 지는 현상을 "노화"라 한다.전분의 퇴화가 큰 원인이 된다.
- 퇴화는 아밀로오스 농도가 높을 때, pH7 근처에서, 중합도가 균일할 때(중합도 150~200), 아밀로오스 분자로부터 물을 끌어 낼 무기물이 존재할 때 빨리 일어난다.
- 유화제는 전분 입자안의 직선형 분자와 나선형 복합물을 만들어 입자로부터의 이동을 방지하여 노화를 지연시키나 측쇄를 가진 전분에는 영향을 줄 수 없어서 노화는 계속된다.
- 빵 제품의 노화는 오븐에서 나오자마자 시작된다.
  -18℃ 이하에서는 노화가 거의 정지한다.
  냉장온도인 -7℃~10℃에서 노화가 가장 빨리 진행된다.

2) 노화지연 방법

① 냉동 저장(-18℃ 이하)한다.

② 포장 관리한다.

③ 유화제 사용한다.

④ 양질의 재료 사용한다.

⑤ 적정한 공정 관리한다.

* 재가열(재호화) : 가열처리방법(예 : 토스트)으로 다시 알파화시켜 먹는 방법이 있다.

(2) 글리코겐(glycogen)

① 동물성 저장 다당류로서 간이나 근육에 존재한다.

② 포도당의 중합체이다.

③ 요오드 반응은 엷은 갈색이다.

④ 냉수에 녹는다.

(3) 셀룰로오스(섬유소, cellulose)

① 식물 세포막의 주성분인 다당류이다.

② 소화 효소에 의해 가수분해 되지 않는다.

(4) 이눌린(inulin)

① 돼지감자, 우엉 등에 존재하는 다당류이다.

② 과당(fructose)의 중합체이다.

(5) 한천(agar)

① 홍조류인 우뭇가사리에 존재하는 다당류이다.

② 젤(gel)화 되는 성질이 있어 양갱 제조 및 제과 원료로 사용한다.

(6) 펙틴(pectin)

① 사과, 딸기 등에 존재하는 다당류이다.

② 잼, 젤리 제조 등에 이용된다.

02 지방질(Fats)

01 지방의 정의

① 글리세롤과 지방산의 화합물 ② 열량원으로서 1g은 9Cal의 열량을 냄
③ 물에 녹지 않고 에테르, 벤젠 등 유기 용매에 잘 녹음

02 필수 지방산

① 인체 내에서 합성이 불가능한 지방산 ② 필수적으로 식품에서 섭취하여야 함
③ 부족 시는 신체의 성장 정지 및 피부병 유발
④ 리놀레산(linolec acid), 리놀렌산(linolenic acid), 아라키돈산(arachidonic acid)

03 지방질의 기능

① 에너지(열량) 공급 ② 피하지방을 구성하여 체온을 보존함
③ 지용성 비타민의 흡수에 도움
④ 중요한 인체의 장기를 외부의 충격으로부터 보호(완충작용)

04 지방질의 분류

1. 포화도에 따른 분류

(1) 포화지방산
① 지방산을 구성하는 탄소와 탄소 사이의 결합이 단일결합으로 이루어진 지방산
② 탄소의 수가 증가 할수록 융점이 높아짐
③ 팔미트산(palmitic acid), 스테아르산(stearic acid) 등이 있음

(2) 불포화 지방산
① 지방산을 구성하는 탄소와 탄소 사이의 결합이 2중 결합으로 이루어진 지방산
② 불포화도가 증가 할수록 융점은 낮아짐
③ 올레산(oleic acid), 리놀레산(linolec acid), 리놀렌산(linolenic acid), 아라키돈산(arachidonic acid) 등이 있음

2. 화학적 구성에 따른 분류

(1) 단순지방(단순지질) : 유지는 글리세롤 1분자와 지방산 3분자로 결합된 단순 지방임

(2) 복합지방(복합지질)
① 단순 지질에 따른 성분이 결합된 것임
② 인산이 결합된 복합지질을 인지질이라고 하며, 유화제로 사용되는 레시틴(lecithin)이 있다.

03 유지(Fats and Oils)

유지는 자연계에 있는 대단히 중요한 유기화합물의 하나로 물에 불용성이며, 글리세린과 고급 지방산과의 에스텔, 즉 화학적으로는 트리글리세라이드(Triglycerides)라 한다.
지방(Fats)과 기름(Oils)이란 용어는 근본적으로 다른 구성의 물질이 아니고 평상 온도에 대한 물리적 상태로 구별하는 말이다.

01 지방산과 글리세린

1. 글리세린(glycerine)

① 무색, 무취, 감미를 가진 시럽과 같은 액체로 비중은 물보다 크다.
② 3개의 수산기(-OH)를 가지고 있어 글리세롤(glycerol)이라고도 하며 물에 녹는다.(물과 친한 성질)
③ 분자식 : C3 H5(OH)3
④ 지방의 가수분해로 얻는다.
⑤ 수분 보유력이 커서 식품의 보습제로 이용한다.
⑥ 물-기름 유탁액에 대한 안정기능이 있어 크림을 만들 때 물과 지방의 분리를 억제한다.
⑦ 향미제의 용매로 널리 사용되는 한편 식품의 윤기를 좋게 하고, 독성이 없는 극소수 용매중의 하나로 케이크 제품에는 1%미만에서 2%까지 사용한다.

2. 지방산(fatty acids)

지방산은 지방 전체 분자량의 94% 내지 96%를 구성하고 있으며, 그 분자의 반응부분이 되기도 한다.
가장 보편적인 지방산은 끝에 1개의 카복실기(-COOH)가 붙어 있는 지방족화합물로 이소발레린산을 제외하고는탄소 수가 4에서 26에 달하는 짝수이다.

(1) 포화지방산

① 단일 결합만으로 이루어진 지방산으로 지방산 사슬의 탄소 원자가 2개의 수소원자와 결합한 지방산이다. (CH_2 : 메틸렌 그룹)
② 탄소 원자수가 증가함에 따라 융점(melting point)과 비점(boiling point)이 높아진다.

③ 대표적인 포화지방산

- 뷰티린 산(C_3H_7COOH) : 우유지방
- 카프로인 산($C_5H_{11}COOH$) : 우유지방, 코코넛, 야자씨
- 미리스틴 산($C_{13}H_{27}COOH$) : 우유지방, 넛메그 지방
- 팔미트 산($C_{15}H_{31}COOH$) : 라드, 소기름, 야자유, 코코아버터, 많은 식물성 기름
- 스테아린 산($C_{17}H_{35}COOH$) : 천연 동·식물성유

③ 분자식 : $C_n H_{2n+1} COOH$

(2) 불포화지방산

① 지방산 사슬의 탄소원자가 2개의 수소원자를 갖지 못하여 탄소와 탄소사이에 2중 결합(double bond)을 지닌 지방산

② 2중 결합의 수가 많을수록, 탄소수가 작을수록 융점이 낮아진다.

③ 대표적인 불포화지방산

- 올레 산($C_{17}H_{33}COOH$) : 우유지방, 라드, 소기름, 올리브유, 땅콩기름
  * 2중 결합이 1개
- 리놀레 산($C_{17}H_{31}COOH$) : 식물성 유지에 다량 함유
  * 2중 결합이 2개
- 리놀렌 산($C_{17}H_{29}COOH$) : 아마인유와 같은 건성유의 주성분
  * 2중 결합이 3개
- 아라키돈산($C_{19}H_{31}COOH$)
  * 2중 결합이 4개

〈주요 지방의 지방산 구성비〉

지방의 종류	포화지방산 비율(%)	불포화지방산 비율(%)
우유지방	57.5	42.5
코코넛유	91.2	8.8
야자인유	80.8	19.2
코코아버터	59.8	40.2
라드	41.5	58.5
면실유	27.2	72.8
대두유	11~20	83~90
낙화생유	21.7	78.3

02 지방의 화학적 반응

1. 가수분해

(1) 유지는 물의 존재 하에 가수분해 되면 모노, 디 글리세라이드와 같은 중간 산물을 생성하고 마지막에는 지방산 3분자와 글리세린 1분자가 된다.

(2) 유지 —가수분해→ {유리지방산1, 모노글리세라이드} —가수분해→ 유리지방산2, 디글리세라이드 —가수분해→ 유리지방산3, 글리세린

유지 → (MG :모노글리세라이드) → (DG : 디글리세라이드) → (TG : 트리글리세라이드)

(3) 유리지방산 함량이 높아지면 튀김기름은 거품이 많아진다.

발연점(연기가 나기 시작하는 온도)이 낮아진다.

2. 산화

(1) 유지가 대기 중의 산소와 반응하는 것을 자기산화(Autoxidation)라 한다.

(2) 산화기작

(3) 산화과정중의 과산화수화물은 무미, 무취이지만 이것은 불안정하여 길이가 짧은 알데히드나 산으로 분해되어 냄새가 나게 된다.(산패이취)

(4) 산화에 영향을 주는 요인(Lundberg)

① 2중 결합의 수가 많을수록 多

② 불포화도가 높을수록 多

③ 부산화제(금속, 자외선, 생물학적 촉매)

④ 온도

* 과산화수화물 → 과산화물(산패속도가 급격히 빨라짐)

* 향의 환원, 에스텔화, 검화 등 여러 가지 반응이 있다.

03 지방의 안정화

1. 항산화제

① 산화적 연쇄반응을 방해함으로 유지의 안정 효과를 갖게 하는 물질

② 항산화제의 대부분은 1개 또는 그 이상의 수산기(-OH)가 붙어 있는 환상구조를 가진 석탄산 계통의 화합물

③ 식품 첨가용 항산화제에는 비타민E, 프로필 갈레이트, BHA, NDGA, BHT 등이 있다.

④ 비타민 C, 구연산, 주석산, 인산을 포함하는 산화합물은 그 자신만으로는 별 효과가 없지만 항산화제와 병용하면 지방의 안정성을 높여주므로 이들을 "보완제"라 한다.

⑤ 지방산 에스텔의 유리기는 석탄산으로부터 수소원자를 쉽게 받음으로 안정화 되어 연쇄반응을 중지한다. 그러나 항산화제는 지방 안정화 과정에서 자신이 소모되기 때문에 무

한정으로 산화를 방지하지는 못한다.

⑥ 천연 원유(原油)에는 상당량의 항산화제 물질이 함유되어 있으나 정제 중에 대부분이 제거된다.

2. 수소첨가

① 지방산의 2중 결합에 수소를 촉매적으로 부가시켜 불포화도를 감소한다.

② 수소 첨가기작

③ 불포화도가 감소되어 포화도가 높아지므로 융점이 높아지고 단단해진다. 그래서 유지의 수소첨가를 "경화"라 한다.

* 유지의 안정성을 측정하기 위한 방법 : 활성산소법(AOM), 순간 안정성 시험, 샬 테스트 등이 사용되고 있다. 이는 온도 등을 높여 유지의 산패를 가속하는 방법이다.

04 제과용 유지의 특성

1. 향 미

① 유지 제품별로 특유의 향미가 있어야 하나 온화해야 한다.

② 튀김이나 굽기 과정을 거친 후에 냄새가 환원되지 않아야 좋다.

2. 가소성(plasticity)

① 유지가 고체 모양을 유지하는 성질로, 낮은 온도에서 너무 단단하지 않으면서 높은 온도에서도 너무 부드러워지지 않는 것을 "가소성 범위"가 넓다고 한다.

② 파이용 마가린이 대표적인 제품이다.

③ 단단한 정도는 온도, 고형질 입자의 크기, 결정체의 모양, 결정의 강도, 고체-액체의 비율 등에 의해 영향을 받는다.

3. 유리지방산가

① 유지가 가수분해된 정도를 알 수 있는 지수로도 사용한다.

② 1g의 유지에 들어 있는 유리지방산을 중화하는데 필요한 수산화칼리의 mg수로 정의되고, 결과는 %로 표시한다.

③ 튀김 기름에 유리지방산이 많아지면 낮은 온도에서 연기가 난다.

4. 안정성

① 저장기간이 긴 제품(예 : 쿠키)에 사용하는 유지의 제일 중요한 특성은 안정성이 높은 유지를 선택한다.

5. 색

① 버터, 마가린, 식용유, 라드 등은 고유의 색을 가져야 한다.

② 쇼트닝은 순수한 백색(Lovibond 색가로 2.0 이하)

③ 원유, 결정 입자의 크기, 공기 또는 질소의 함유량, 템퍼링, 정제 등에 영향을 받는다.

6. 기능성

① 빵·과자 제품의 부드러움을 나타내는 "쇼트닝가"를 의미한다.

② 표준 크래커나 파이 껍질의 강도를 측정하는 쇼트 미터(Baiey Shortmeter)로 측정한다.

7. 크림가

① 유지가 믹싱 조작 중 공기를 포집하는 능력을 말한다.

② 크림법을 사용하는 케이크와 크림 제조에 중요한 기능을 한다.

8. 유화가

① 유지가 물을 흡수하여 보유하는 능력을 말한다.

② 일반 쇼트닝은 자기 무게의 100~400%를 흡수하며, 유화 쇼트닝은 800%까지 흡수한다.

③ 많은 유지와 액체 재료(물, 계란, 우유 등)를 사용하는 제품에 특히 중요한 기능으로 고율배합 케이크와 파운드 케이크 제조 및 크림 제조 시 중요한 기능이다.

04 단백질

01 단백질의 정의

① 세포의 원형질을 구성하는 생명유지의 필수 영양소이다.
② 탄소(C), 수소(H), 산소(O), 질소(N) 원소로 구성되어 있다.
③ 특히, 질소(N)는 평균 16% 함유되어 있다.
④ 단백질의 기본 구성단위는 아미노산이며 수백, 수천 개의 아미노산 중합체가 단백질이다.

02 단백질의 화학적 성질에 따른 분류

1. 단순 단백질

가수분해로 알파 아미노산이나 그 유도체만이 생성되는 단백질이다.

(1) 알부민(albumin)
① 물이나 묽은 염류 용액에 녹고 열과 강한 알코올에 응고된다.
② 흰자, 혈청, 우유, 식물조직

(2) 글로불린(gloabulin)
① 물에 불용성 묽은 염류 용액에 가용성, 열 응고된다.
② 계란, 혈청, 대마씨, 완두

(3) 글루테닌
① 중성 용매에 불용성 묽은 산·염기에 가용성, 열 응고된다.
② 곡식의 낟알에만 존재, 밀의 '글루테닌'

(4) 글리아딘
① 물에 불용성 묽은 산과 알카리에 가용성, 강한 알코올에 용해된다.
② 밀의 '글리아딘', 옥수수의 '제인', 보리의 '호르데인'

(5) 글루텔린(glutelin)
(6) 프롤라민(prolamine)
(7) 알부미노이드(albuminoid)
① 중성 용매에 불용성

② 동물의 결체 조직인 인대, 건(腱), 발굽 등에 존재한다.

③ 분해되어 콜라겐(젤라틴이 됨)과 케라틴이 된다.

(8) 히스톤

① 물이나 묽은 산에 용해, 암모니아에 침전, 열에 응고되지 않는다.

② 동물의 세포에만 존재, 핵단백질, 헤모글로빈을 만든다.

2. 복합단백질

아미노산에 다른 물질이 결합된 단백질

① 카제인(casein) : 우유단백질로서 인(P) 함유한 인단백질

② 헤모글로빈(hemoglobin) : 혈액단백질로서 철(Fe)을 함유한 색소단백질

③ 인슐린(insulin) : 아연(Zn) 함유한 금속 단백질

복합 단백질의 종류	주요기능
핵 단백질	세포의 활동을 지배하는 세포의 핵을 구성하는 단백질 RNA, DNA와 결합하며 동식물의 세포에 존재
당 단백질	탄수화물과 단백질이 결합된 화합물 동물이의 점액성 분비물, 연골 등에 존재(mucin과 mucoid)
인 단백질	유기 인과 단밸질이 결합 우유의 카제인, 노른자의 오보비테린
크로모 단백질	발색단(發色團)을 가진 단백질 화합물 포유류 혈관, 무척추 동물 혈관, 녹색식물에 존재 헤모글로빈, 헤마틴, 엽록소
레시틴 단백질	인산 화합물인 레시틴과 결합된 단백질
지단백질	지방산과 결합된 단백질
금속 단백질	철, 망간, 구리, 아연 등과 결합된 단백질

3. 유도단백질

천연 단백질이 효소나 산, 알칼리, 열 등 적절한 작용제에 의한 부분적인 분해로 얻어지는 제1차 분해산물, 제2차 분해산물을 말한다.

유도단백질	주요기능
메타프로테인	제1차 산물로 물에는 불용성, 묽은 산과 알칼리 용액에는 가용성이다.
프로테오스	메타보다 가수분해가 더 많이 진행된 분해산물로 수용성이나 열에 응고되지 않는다.
펩톤	가수분해가 상당히 진행되어 분자량이 적은 분해산물로 실제적으로 교질성도 없다.
펩티드	2개 이상의 아미노산 화합물, 비교적 적은 분자량을 가지고 있다.

03 단백질의 영양학적 분류

1. 완전 단백질

① 정상적인 성장과 체중증가

② 필수 아미노산이 충분히 함유되어 있는 단백질

③ 우유 : 카제인(casein)

④ 계란 : 알부민(albumin)

⑤ 대두 : 글리시닌(glycinin)

2. 불완전 단백질

① 동물의 성장지연 및 체중 감소

② 필수 아미노산 함량이 부족한 단백질

③ 뼈 : 젤라틴(gelatin)

④ 옥수수 : 제인(zein)

04 필수아미노산

① 인체 내에서 합성이 불가능하며 반드시 식품에서 섭취하여야 함

② 류신(leucine), 발린(valine), 라이신(lysine), 이소류신(isoleucine), 트립토판(tryptophan), 트레오닌(threonine), 메치오닌(methionine), 페닐알라닌(phenylalanine)

③ 아동은 필수 아미노산 8종에 히스티딘(histidene)이 추가됨

05 단백질의 기능

① 체조직의 합성과 보수 및 성장

② 효소, 호르몬, 항체 등의 형성

③ 혈장단백질 및 혈색소 형성

④ 1g은 4Cal의 열량을 공급

06 단백질의 필요량

① 1일 체중 1Kg 당 1g이 필요함

② 한국인 성인 남자의 권장량 75g, 성인 여자의 권장량 60g 이며, 임신부는+30g, 수유부는 +20g으로 1일 80~90g이 권장량임

③ 단백질 결핍증

㉠ 체중감소, 피로, 성장정지, 부종, 저항력 약화

㉡ 개발도상국(아프리카 등)에서 결핍증 카시오카(kwashiorkor) 발생됨

05 무기질(미네랄 : Mineral)

01 무기질의 기능

① 체조직의 형성
② 수분과 산, 염기의 평형 조절함
③ 효소나 호르몬 같은 물질을 합성하여 생체작용을 조절함
④ 근육의 이완 및 수축작용을 용이하게 함

02 무기질의 분류

① 다량 무기질(다량 원소) : 칼슘(Ca), 인(P), 황(S), 칼륨(K), 나트륨(Na), 염소(Cl), 마그네슘(Mg)
② 미량 무기질(미량 원소) : 철(Fe), 요오드(I), 불소(F), 아연(Zn), 코발트(Co), 구리(Cu)

03 칼슘(Calcium, Ca)

① 인체내 무기질 중 가장 많음(성인 약 1kg)
② 골격 및 치아와 같은 경조직 형성 : 인산칼슘($Ca_3(PO_4)_2$)과 인산마그네슘($Mg_3(PO_4)_2$)
③ 체액의 알칼리성 유지
④ 혈액응고 작용
⑤ 근육의 흥분 억제
⑥ 시금치 등에 들어 있는 수산 등은 칼슘의 흡수를 저해함
⑦ 결핍증 : 구루병, 골다공증, 골연화증, 경련성 마비
⑧ 젖산과 결합되어 젖산칼슘이 되면 흡수가 좋음
⑨ 인(P)과의 비가 1:1일 때, 가장 흡수가 좋음
⑩ 곡류나 두류에 포함된 피틴산과 결합하여 물에 녹지 않고, 흡수 방해됨
⑪ 고단백질 식사에서 흡수가 좋아지며, 특히 리신(lysine) 이나 알기닌(arfinine)이 많으므로 흡수가 좋음

04 무기질별 기능 및 결핍증

무기질	기능	결핍증	식품원
1. 칼슘	골격형성	구루병, 골다공증, 골연화증	생선, 우유, 해조류
2. 철	조혈작용	빈혈	야채, 해조, 조개류
3. 요오드	갑상선 호르몬(티록신) 합성	갑상선종	해조류
4. 구리	철의 흡수와 운반	악성빈혈	야채, 조개류, 동물 간
5. 불소	치아건강	충치	해조류
6. 코발트	적혈구 형성	빈혈	야채류, 동물의 간
7. 아연	인슐린 합성에 관여	발육장해, 탈모증상	곡류, 야채
8. 망간	발육에 관연	생장장해, 생식작용 불능	야채, 두류

06 비타민

01 비타민의 분류

1. 지용성 비타민

① 기름과 유지 용매에 용해 됨

② 섭취량이 포화상태 이상 되면 체내에 저장 축정됨

③ 체외로 배출되지 않음

④ 결핍증상이 서서히 나타남

⑤ 전구체가 존재함

⑥ 비타민 A, D, E, K

2. 수용성 비타민

① 물에 용해됨

② 필요량 이상 섭취 시 체외로 방출됨

③ 쉽게 소변으로 방출됨

④ 매일 필요량을 공급 못하면 결핍증세가 비교적 쉽게 나타남

⑤ 일반적으로 전구체가 존재하지 않음

⑥ 비타민 C, B_1, B_2, B_6, B_{12}, 나이아신, 판토텐산, 엽산

02 중요한 비타민의 기능과 결핍증

비타민	기능	결핍증	식품원
1. 비타민A	① 시홍(rhodopsin) 생성 ② 상피조직의 형성과 보수	야맹증, 상피조직의 각질화, 안구건조증	간, 난황, 황록색 채소
2. 비타민D	① 자외선에 의해 피하에서 합성 ② 칼슘과 인의 흡수 촉진 ③ 골격의 석회화	구루병, 골다공증, 골연화증	어유, 간유, 난황
3. 비타민K	① 혈액응고 작용 ② 프로트롬빈 합성	혈액응고 결여로 출혈	녹색 채소와 난황
4. 비타민C	① 성장에 필수적 ② 열, 산화에 불안정 ③ 저장 시 쉽게 파괴됨	저항력 감소 및 괴혈병	딸기, 감귤류, 간

07 효소(Enzyme)

01 효소의 분류 및 특수성

1. 산화 환원 효소(Oxidoreductase)

① 산화 환원 반응을 촉매하는 효소 ② 과산화물 분해효소

2. 전이 효소(Transferase) : 관능기의 전이를 촉매하는 효소

3. 가수분해 효소(Hydrolase)

정의 : 물을 가하여 화학 결합을 파괴하는 반응으로 가수분해반응을 촉매하는 효소이다.
소화효소는 모두 가수분해효소에 속한다.

① 당질(탄수화물) 가수분해효소 : 아밀라아제(amylase)
② 단백질 가수분해 효소 : 프로테아제(protease), 펩신(pepsin), 트립신(trypsin) 등
③ 지방질 가수분해 효소 : 리파아제(lipase)

4. 탈이 효소 : 비가수분해 효소로 화학기의 이탈반응을 촉매하는 효소
5. 합성 효소(Ligase) : 화학결합을 형성하는 반응을 촉매하는 효소
6. 이성화 효소(Isomerase) : 이성화 반응을 촉매하는 효소

02 작용기질에 따른 분류

1. 탄수화물 분해효소(Carbohydrases)

분해효소	분해효소 종류	주요기능
다당류 분해효소	셀룰라제 (Cellulases)	섬유소를 용해하거나 분해한다. 맥아분, 목재 파괴 박테리아나 곰팡이에 존재한다.
	이눌라제 (Inulases)	돼지감자 등의 이눌린을 과당으로 분해한다. 땅속줄기와 뿌리 식물에 존재한다.
	아밀라아제 (Amylases)	전분 또는 간장의 글리코겐을 가용성 전분이나 덱스트린으로 전환시키는 "액화 작용"과 맥아당으로 전환시키는 "당화 작용" 디아스타제 또는 알파 아밀라아제, 베타 아밀라아제라고도 하며, 침에 있는 효소를 '프티알린'이라 한다. 맥아추출물, 밀가루, 침(프티알린), 박테리아와 곰팡이 등에 존재
2당류 분해효소	인벌타제 (Invertase)	설탕을 포도당과 과당으로 분해, 제빵용 이스트, 췌액, 장액에 존재

분해효소	분해효소 종류	주요기능
	말타제(Maltase)	맥아당을 2분자의 포도당으로 분해, 제빵용 이스트, 췌액, 장액에 존재
	락타제 (Lactases)	유당을 포도당과 갈락토오스로 분해, 췌액과 장액에 존재, 제빵용 이스트에는 없음
산화효소	찌마제(Zymase)	포도당, 과당과 같은 단당류를 알코올과 이산화탄소로 분해
	퍼옥시다제 (Peroxidase)	카로틴 계통의 황색 색소를 무색으로 산화시키며 대두 등에 들어 있다.

2. 단백질 분해 효소(Peroxidase Enzymes)

분해효소 종류	주요기능
프로테아제(Proteases)	단백질을 펩톤, 폴리펩티드, 아미노산으로 전환시키는 효소 밀가루, 발아중의 곡식, 곰팡이류 등에 존재
펩신	위액에 존재
트립신	췌액에 존재
렌닌	단백질을 응고시키며, 반추위 동물의 위액에 존재
펩티다제(peptidases)	펩티드를 분해하여 아미노산으로 전환시키는 효소 췌액에 존재
에렙신	위액에 존재

3. 지방 분해 효소(Esterases)

① 리파아제

② 지방을 글리세롤과 지방산으로 전환시키며, 이스트, 밀가루, 장액 등에 존재한다.

③ 스테압신 : 췌장에 존재

03 효소의 성질

1. 선택성

(1) 절대적 선택성 : 어느 특정한 기질만 공격할 수 있는 능력을 말한다.

(2) 상대적 선택성 : 서로 관련된 기질의 어느 특정한 형태의 반응에만 작용한다.

(3) 공간적 선택성

① 입체 선택성이라고도 한다.

② 한 화합물의 2개 입체 이성체 중 하나에만 반응하는 능력이다.

(4) 효소 –기질 + 물 =효소 + 산물A + 산물B

효소와 기질은 마치 열쇠와 자물쇠의 관계와 같다.

2. 온도의 영향

(1) 효소는 일종의 단백질이므로 열에 의해 변성되기도 하고 파괴되기도 한다. 온도가 낮으면 촉매 반응속도가 0이 된다.

(2) 적정 온도 범위 내에서 온도 10℃ 상승에 따라 효소 활성은 약 2배로 증가

(3) 최적 온도 수준을 넘으면 반응속도는 감소된다. 지나치게 고온이 되면 효소 자체의 단백질 변성에 의해 불활성이 되며, 온도를 다시 낮추어도 원래의 활성을 회복하지 못한다.

3. pH의 영향

(1) pH가 달라지면 효소의 활성도가 달라진다.

(2) 같은 효소라도 그 작용기질에 따라 적정 pH도 달라진다.

(3) 몇 가지 가수분해 효소의 적정 pH

효소	기질	적정 pH
펩신	계란 알부민	1.5
펩신	글루타밀타이로신(글루타민 합성효소)	4.0
유레아제	맥아당	7.0
유레아제	요소	6.4~6.9
췌장 아밀라아제	전분	6.7~6.9
맥아 아밀라아제	전분	4.5
알지나제	알진	9.5~9.9

04 아밀라아제

아밀라아제는 배당체 결합을 분해하는 가수분해 효소로써 자연계에 널리 분포되어 많은 동물의 조직, 고등식물, 곰팡이류, 박테리아류 등에 존재한다.

1. 베타 아밀라아제(Beta-Amylase) = 당화효소 = 외부 아밀라아제

(1) 전분의 알파-1, 4 결합을 공격하여 맥아당을 생성한다. = 당화효소

(2) 알파-1, 6 결합에 작용하지 못한다. = 외부 아밀라아제

(3) 손상된 전분과 덱스트린에서 맥아당을 직접 생성시킨다.

2. 알파 아밀라아제(Alpha-Amylase) = 액화효소 = 내부 아밀라아제

(1) 전분은 덱스트린으로 전환된다. = 액화효소

(2) 아밀로오스와 아밀로펙틴 사슬의 내부결합을 가수분해 = 내부 아밀라아제

(3) 천연 상태의 전분에 직접 작용하여 전분을 쉽게 액화된다.

3. 곰팡이류 아밀라아제와 박테리아류 아밀라아제

(1) 아밀라아제의 공급원이 다르면, 온도와 pH에 따라 그 활성도 다르게 된다.

(2) 공급원에 따라 열 안정성이 다르다.

(열안정성 : 박테리아류 〉 맥아류 〉 곰팡이류)

∵ 밀가루 전분의 호화온도가 60~75℃이므로 알파-아밀라아제에 대한 덱스트린 형성이 과도하면 빵의 속이 찐득거리므로 곰팡이류 아밀라아제가 안정적이다.

온도℃	효소활성(%)		
	곰팡이류	밀맥아류	박테리아류
65	100	100	100
70	52	100	100
75	3	58	100
80	-	25	92
85	-	1	58
90	-	-	22
95	-	-	8

05 중요한 가수분해 효소

1. 탄수화물의 분해효소

소화기관 위치	소화효소	다당류 및 이당류	분해	단당류 형태
타액	아밀라아제(amylase), 프티알린(ptyalin)	전분	▶	맥아당
췌액	아밀라아제(amylase), 아밀롭신(amylopsin)	전분 분해	-	-
장액	수크라아제	설탕	▶	포도당 + 과당
	말타아제	맥아당	▶	포도당 + 포도당
	락타아제	유당	▶	포도당 + 갈락토오즈

2. 지질의 분해효소

① 위액

② 췌액 : 리파아제(lipase) : 지방의 가수분해 → 글리세롤 1분자+지방산 3분자

③ 장액

3. 단백질의 분해효소

① 위액 : 펩신(pepsin)은 단백질 소화효소

② 췌액 : 트립신(trypsin)은 단백질 소화효소

08 소화와 흡수

01 소화효소의 부위별 소화작용 및 기구

적용부위	효소명	분비선(소재)	기질	작용(생성물질)
구강	프티알린	타액선(타액)	가열전분	덱스트린, 맥아당
위	펩신 리파아제 레닌	위산(위액)	단백질 지방 우유	
십이지장, 소장	트립신	췌장(췌액)	단백질 펩톤	프로테오즈 폴리펩타이드
	키모트립신		펩톤	폴리펩타이드
	엔테로키나아제	장액		트립신의 부활작용
	펩티다아제	췌액, 장액	펩타이드	디펩타이드
	디펩티다아제		디펩타이드	아미노산
	아밀롭신	췌액	전분	맥아당
	슈크라아제 인벌타아제		자당	포도당, 과당
	말타아제	췌액, 장액	맥아당	포도당
	락타아제		유당	포도당, 갈락토오즈
	스텝압신 리파아제	췌액 장액	지방	지방산, 글리세롤

02 영양소별 소화율

1. 단당류의 흡수속도

갈락토오스(115) > 포도당(100) > 과당(44)

2. 영양소중 수용성 성분(당질, 단백질, 수용성 비타민)은 장관의 융모에 있는 모세혈관에서 흡수되어 정맥, 문맥, 간장에 이르러 순환되고
지용성 성분(지방, 지용성 비타민)은 유미관으로 흡수되어 소장 임파관, 흉관, 정맥을 거쳐 심장에 이르러 전신에 순환된다.

PART 02

영양학

예상적중문제 1회

01 다음 당류 중에서 단당류에 속하는 것은?

① 포도당　② 유당
③ 맥아당　④ 설탕

해설 • 단당류 : 포도당, 과당, 갈락토오즈 외
• 이당류 : 맥아당, 자당, 유당 외
• 다당류 : 전분, 덱스트린, 셀룰로오스, 펙틴 외

02 글리코겐(glycogen)은 어떤 영양소가 체내에 저장된 것인가?

① 단백질　② 지방질
③ 무기질　④ 탄수화물

03 탄수화물이 체내에서 주로 하는 작용은?

① 혈액형성　② 근육형성
③ 열량공급　④ 골격구성

04 글리코겐 함량이 가장 많이 들어 있는 곳은?

① 혈액　② 신장
③ 근육　④ 간

해설 사용되지 않은 포도당은 글리코켄의 형태로 근육(1%)과 간(4%)에 저장된다.

05 소화가 되어 포도당 만이 생성되는 영양소는 어느 것인가?

① 전분　② 한천
③ 펙틴　④ 설탕

06 당질이 혈류 내에 존재하는 형태는?

① 포도당　② 과당
③ 갈락토오스　④ 만노오스

해설 전분의 분해 과정
• 전분 → 덱스트린 → 맥아당 → 포도당

07 당질의 체내 저장 형태는?

① 포도당　② 설탕
③ 전분　④ 글리코겐

08 사람이 섬유소(셀룰로오스)를 소화시키지 못하는 이유는?

① 인슐린 부족　② 아미노산 부족
③ 열량부족　④ 효소부족

해설 섬유소(셀룰로오스)의 분해효소는 셀룰라이제이다.

09 단당류 중에서 단맛이 가장 강한 것은?

① 포도당　② 설탕
③ 과당　④ 맥아당

해설 상대적 감미도
• 과당〉전화당〉자당〉포도당〉맥아당≧갈락토오스〉유당

10 다음 중에서 단당류가 2개 결합된 2당류에 속하는 것은?

① 포도당　② 맥아당
③ 과당　④ 갈락토오스

정답 01 ① 02 ④ 03 ③ 04 ④ 05 ① 06 ① 07 ④ 08 ④ 09 ③ 10 ②

11 간이나 근육에 저장되는 당질은?

① 설탕 ② 한천
③ 글리코겐 ④ 포도당

12 당질의 대사에 관계하는 호르몬으로 혈당치를 저하하는 작용을 하는 것은?

① 인슐린
② 아드레날린
③ 갑상선호르몬
④ 뇌하수체 전엽 호르몬

해설 인슐린은 혈액의 당질 성분을 근육으로 보내 혈액의 당을 낮추는 역할을 한다. 반대로 글루카곤은 혈액의 당을 올려준다.

13 혈당(혈액중에 들어 있는 포도당)의 함량은 통상 어느 정도가 정상인가?

① 0.1% ② 0.5%
③ 1% ④ 10%

14 글리코겐으로 저장되고 남은 탄수화물은 체내에서 어떤 형태로 변하는가?

① 모두 배설된다.
② 계속 당류로 혈액에 존재한다.
③ 체지방으로 변하여 저장된다.
④ 단백질로 화하여 이용된다.

해설 탄수화물은 포도당으로 분해되고, 사용하지 않은 포도당은 글리코켄이라는 다당류의 형태로 근육과 간에 저장된다.

15 사과 등에 많이 들어 있는 펙틴(pectin)은 무슨 영양소인가?

① 탄수화물 ② 지방
③ 단백질 ④ 아미노산

16 유당(lactose)의 구성 당은 무엇 무엇인가?

① 포도당 + 포도당
② 포도당 + 과당
③ 포도당 + 갈락토오스
④ 포도당 + 만노오스

17 혈당량이 얼마 이상이면 비정상이 되어 당뇨병이 발생되는가?

① 100mg/dl ② 120mg/dl
③ 160mg/dl ④ 180mg/dl

18 다음 탄수화물 중에서 인체에 분해효소가 없어서 소화시킬 수 없는 당류는?

① 맥아당 ② 설탕
③ 유당 ④ 섬유소

19 장내에서 세균의 발육을 왕성하게 하여 장에 좋은 영향 즉, 정장작용을 하는 당류는?

① 설탕 ② 맥아당
③ 유당 ④ 포도당

20 다음 중 식이성 섬유소(kietary fiber)가 아닌 것은?

① 셀룰로오스 ② 이눌린
③ 한천 ④ 펙틴

21 과당(fructose)이 가장 많이 포함되어 있는 것은?

① 포도즙 ② 벌꿀
③ 파이즙 ④ 레몬즙

정답 11 ③ 12 ① 13 ① 14 ③ 15 ① 16 ③ 17 ④ 18 ④ 19 ③ 20 ② 21 ②

22 다음 식품중 전분을 가수분해 시켜서 만든 것은?

① 감주 ② 밤
③ 빵 ④ 펙틴

23 멥쌀과 찹쌀의 차이점 중 틀린 것은?

① 멥쌀에는 아밀로오스(amylose)와 아밀로펙틴(amylopectin)으로 구성되어 있으며, 찹쌀은 100% 아밀로펙틴으로 되어 있다.
② 멥쌀보다 찹쌀이 아밀로오스(amylose) 함량이 많다.
③ 멥쌀보다 찹쌀이 점도가 크다
④ 멥쌀보다 찹쌀이 용해도가 낮다.

24 전분의 호화와 관계가 가장 적은 것은?

① 전분의 종류
② 수분의 함량
③ 전분의 분자량
④ 염류의 첨가

해설 호화 : β전분에 수분과 열이 더해져 α전분의 형태로 바뀌는 것이다. 반투명한 콜로이드 형태가 된다. 맛과 소화력도 좋아진다.

25 수분은 소화기관중 어디에서 흡수되는가?

① 위 ② 소장의 상부
③ 소장의 하부 ④ 대장

26 소화와 흡수 등에 가장 영향을 크게 미치는 요소는?

① 신경 관계 ② 음식의 온도
③ 운동 상태 ④ 단백질의 함량

27 지방은 가수분해하면 무엇과 무엇이 생기는가?

① 글리세롤 + 스테롤
② 글리세롤 + 지방산
③ 글리세롤 + 왁스
④ 글리세롤 + 아미노산

해설 지방을 가수분해하면 3개의 지방산과 1개의 글리세롤이 생성됩니다.

28 지방은 어느 경로를 통하여 흡수 운반되는가?

① 문맥
② 정맥
③ 동맥
④ 림프관

29 필수지방산이 아닌 것은?

① 올레산
② 리놀레산
③ 리놀렌산
④ 아라키돈 산

30 담낭에서 분비되는 담즙의 기능은?

① 지방의 응고
② 지방의 유화
③ 지방의 흡수
④ 아미노산의 흡수

31 지방의 기능과 관계가 먼 것은?

① 공복감의 해소 즉, 포만감을 준다
② 체온의 손실을 방지한다.
③ 지용성 비타민의 흡수를 돕는다
④ 일반적으로 고혈압을 저하시킨다.

정답 22 ① 23 ② 24 ③ 25 ④ 26 ① 27 ② 28 ④ 29 ① 30 ② 31 ④

32 **다음 중에서 인산을 함유하는 인지질은 어느 것인가?**

① 레시틴(lecithin)
② 올레산(oleic acid)
③ 스테아르산(stearic acid)
④ 콜레스테롤(cholesterol)

33 **지방의 연소와 합성이 이루어지는 장기는?**

① 소장 ② 췌장
③ 위장 ④ 간

34 **사용하고 남은 지방이 저장되는 장소가 아닌 것은?**

① 피하 ② 근육
③ 간 ④ 골수

35 **다음 중 체내에 있는 체지방의 기능이 아닌 것은?**

① 열량원으로 쓰인다.
② 장기를 보호한다.
③ 체온을 유지 시킨다.
④ 혈액순환을 돕는다.

36 **다음 중 콩기름 채유 시 부산물로서 얻어지는 것으로써 유화제로 주로 사용되는 인지질은?**

① 글리세롤 ② 레시틴
③ 스쿠알렌 ④ 스테롤

37 **식물성 유지가 동물성 유지보다 산패가 되지 않고 안정한 이유는?**

① 식물성 유지는 불포화 지방산이 많다.
② 동물성 유지는 상온에서 고체이다.
③ 식물성 유지에는 천연 항산화제가 들어 있어서 이다.
④ 동물성 유지는 포화지방산 함량이 많아서 이다.

38 **다음 중 포화 지방산인 것은?**

① 올레산
② 스테아르산
③ 리놀레산
④ 아라키돈산

해설 • 포화자방산 : 팔미트산, 스테아르산, 뷰티프산 등
• 불포화지방산 : 올레산, 리놀레산, 리놀렌산, 아라키돈산 등

39 **불포화 지방산의 설명으로 맞지 않는 것은?**

① 일반적으로 상온에서 액체이다
② 융점이 포화지방산 보다 낮다.
③ 분자내에 2중 결합이 없다.
④ 부족되면 성장이 정지된다.

40 **다음 식품 중에서 유지함량이 가장 많은 것은?**

① 참기름 ② 버터
③ 치즈 ④ 우유

41 **여러 종류의 지질 중에서 일반적으로 흔히 먹는 영양성분은?**

① 콜레스테롤 ② 인지질
③ 당지질 ④ 중성지방

정답
32 ① 33 ④ 34 ④ 35 ④ 36 ② 37 ③ 38 ② 39 ③ 40 ① 41 ④

42 지방을 섭취했을 때 인체에서의 흡수율은?

① 100% ② 98%
③ 95% ④ 90%

해설 영양소 흡수율
• 탄수화물 98%, 지방 95%, 단백질 92%

43 필수 지방산을 가장 많이 함유하고 있는 식품은?

① 버터 ② 마가린
③ 쇠기름(우지) ④ 콩기름(대두유)

44 다음 중 불포화 지방산이 아닌 것은?

① 올레산(oleic acid)
② 리놀레산(linoleic acid)
③ 리놀렌산(linolemic acid)
④ 팔미트산(palmitic acid)

45 다음 설명 중 옳지 않은 항목은?

① 필수지방산 결핍은 성장 정지, 생식 기능 장애 등을 일으킨다.
② 지방은 탄소수가 증가하면 물에 녹기 쉽고 융점이 낮아진다.
③ 유지를 가수분해하면 글리세롤과 지방산으로 된다.
④ 레시틴(lecithin)은 인지질로서 복합지질에 속한다.

46 다음 중 비누화(검화=알칼리 가수분해)될 수 없는 지질은?

① 콜레스테롤
② 중성지방
③ 인지질
④ 유지

47 유지의 융점에 대한 설명으로 틀린 항목은?

① 저급 지방산이 많은 유지일수록 융점은 낮아진다.
② 포화지방산이 많은 유지일수록 융점은 높아진다.
③ 고급 지방산이 많은 유지일수록 융점은 높아진다.
④ 불포화지방산이 많은 유지일수록 융점은 높아진다.

48 유지의 발연점에 영향을 미치는 인자가 아닌 것은?

① 유지의 용해도
② 유지중의 유리지방산 함량(산가)
③ 유지의 장기간 사용에 의한 혼합 이물질의 존재
④ 노출된 유지의 표면적

49 다음 중에서 유지의 산패와 직접적인 관계가 없는 것은?

① 산소 ② 전기
③ 수분 ④ 열

해설 튀김 기름의 4대 적
• 1. 공기(산소)/ 2.수분 / 3. 열 / 4. 이물질

50 불포화 지방산중 설명으로 틀린 것은?

① 동물성 지방보다 식물성 지방에 함량이 많다.
② 포화지방산보다 일반적으로 융점이 높다.
③ 필수지방산은 모두 불포화 지방산이다.
④ 상온에서 일반적으로 액체이다.

정답 42 ③ 43 ④ 44 ④ 45 ② 46 ① 47 ④ 48 ① 49 ② 50 ②

51 지방의 소화와 흡수를 돕는 것은?

① 비타민D
② 스테로이드
③ 위액
④ 담즙

52 지방을 소화시키는 효소는?

① 리파제 ② 펩신
③ 아밀라아제 ④ 레닌

해설 지방분해 효소 : 리파아제, 스테압신

53 콜레스테롤 함량이 가장 많은 식품은?

① 계란 노른자 ② 생선
③ 콩 ④ 우유

54 스테아르산(stearic acid)은 다음 중 어디에 속하는가?

① 필수 지방산
② 포화 지방산
③ 불포화 지방산
④ 필수 아미노산

55 인지질에 대하여 잘못 말한 것은 어느 것인가?

① 복합 지질의 일종이다.
② 레시틴(lecithin)은 인지질이다.
③ 주로 에너지의 공급원이다.
④ 뇌, 신경조직의 구성성분이다.

56 다음 소화액 중에서 소화 효소를 갖고 있지 않은 것은?

① 췌장액 ② 타액
③ 위액 ④ 담즙

해설 담즙은 쓸개즙이라고도 한다. 간에서 만들고 쓸개에서 저장되어 사용된다. 지방을 유화시켜 소화를 돕는다.

57 담즙은 어떤 영양소의 소화와 관계가 깊은가?

① 당질
② 지방질
③ 단백질
④ 무기질

58 식용유지로서 갖추어야 할 특징은?

① 불포화도가 낮을 것
② 융점이 낮을 것
③ 융점이 높을 것
④ 불포화도 및 융점이 모두 높을 것

59 마요네즈는 유지의 어떤 성질을 이용한 것인가?

① 검화 작용
② 유화 작용
③ 산화 작용
④ 환원 작용

해설 마요네즈의 재료인 노른자에는 천연유화제 레시틴이 존재한다.

60 단백질은 무엇으로 구성되어 있는가?

① 글리세롤
② 포도당
③ 지방산
④ 아미노산

해설 단백질은 아미노산의 펩타이드결합으로 구성된다.

정답 51 ④ 52 ① 53 ① 54 ② 55 ③ 56 ④ 57 ② 58 ② 59 ② 60 ④

영양학

02 예상적중문제 2회

01 단백질을 영양학적으로 이야기 했을 때 완전단백질이란 뜻은?

① 소화 흡수가 완전히 이루어질 수 있는 단백질
② 성장과 생명유지에 관여 하는 단백질
③ 순전히 아미노산만으로 구성되어 있는 단백질
④ 모든 아미노산을 골고루 함유하고 있는 단백질

해설 단백질의 영양학적 분류
- 완전 단백질 : 우유(카제인), 계란(알부민), 콩(글리시닌), 고기(미요신)
- 부분적 완전 단백질 : 밀(글루테닌), 보리(호르데인), 쌀(오리제닌)
- 불완전 단백질 : 뼈(젤라틴), 옥수수(제인)

02 자연 식품 중에서 단백가가 100인 것은?

① 우유 ② 계란
③ 쇠고기 ④ 생선

해설 • 단백가 : 단백질의 영양적 가치를 나타낸다.
- 식품 중에서 단백가가 '100'인 자연 식품은 계란이며, 이 계란 단백질을 기준으로 닭고기 87, 돼지고기 85. 소고기 및 우류 80, 생선류 70, 콩(대두) 50, 곡류 30 등의 단백가를 나타낸다.

03 우유 중에 가장 많이 들어 있는 단백질은?

① 카제인(casein)
② 콜라겐(collagen)
③ 미요신(myosin)
④ 알부민(albumin)

04 단백질의 인체 내에서 평균 흡수율은?

① 90% ② 92%
③ 95% ④ 98%

해설 영양소 흡수율은 탄수화물(98%), 지방(95%), 탄수화물(92%)이다.

05 단백질의 역할이 탄수화물이나 지방과 다른 것은 특별히 다음 중 무슨 원소를 갖고 있기 때문인가?

① 산소 ② 탄소
③ 수소 ④ 질소

06 체내에서 일단 사용된 단백질은 어떤 경로를 밟아 배설되는가?

① 호흡 ② 대변
③ 소변 ④ 땀

07 다음 물질 중 단백질의 대사 배설물은?

① 아세톤 ② 요소
③ 요산 ④ 피루브산

08 두 가지 식품을 섞어서 음식을 만들었을 때 단백질의 상호 보조 효력이 가장 큰 것은 어느 것인가?

① 쌀과 보리
② 밀가루와 옥수수
③ 우유와 빵
④ 쌀과 옥수수

해설 단백질의 영양학적 분류

정답 01 ④ 02 ② 03 ① 04 ② 05 ④ 06 ③ 07 ② 08 ③

- 완전 단백질 : 우유, 계란, 콩, 고기
- 부분적 완전 단백질 : 밀, 보리, 쌀
- 불완전 단백질 : 뼈, 옥수수

09 성인이 필요이상의 단백질을 섭취하였다면 어떻게 되는가?

① 연소하여 에너지(열량)을 발생한다.
② 단백질로 체내에 저장된다.
③ 대변으로 배설된다.
④ 지방질로 변화된다.

10 위에서 분비된 위액에 존재하는 단백질 분해 요소는?

① 펩신 ② 스테압신
③ 트립신 ④ 에립신

11 다음 중에서 복합단백질로 인단백질인 것은?

① 카제인 ② 알부민
③ 미오신 ④ 케라틴

12 다음 아미노산 중에서 감칠맛을 내어 조미료로 사용되는 아미노산은?

① 라이신(lysine)
② 알기닌(alginine)
③ 메치오닌(methionin)
④ 글루탐산(glutamic acid)

13 다음 중 식품과 그에 합류된 단백질이 옳게 연결되지 않은 것은?

① 밀-글루테닌(glutenin)
② 옥수수-제인(zein)
③ 근육-미오신(myosin)
④ 우유-알부민(albumin)

해설 • 우유 : 카제인(casein)
• 계란 : 알부민(albumin)

14 단백질이 응고 되는 등 변성이 되어 나타나는 현상 중 틀린 항목은?

① 점도가 증가한다.
② 용해도가 감소한다.
③ 응고 또는 침전된다.
④ 거품이 발생하지 않는다.

15 다음 중에서 단백질 분해 효소가 아닌 것은?

① 파파인(papain)
② 리파아제(lipase)
③ 펩신(pepsin)
④ 브로멜린(bromelin)

해설 지방 분해효소 : 리파아제, 스테압신

16 단백질이 소화되었을 때 최종적으로 생산되는 것은?

① 지방산
② 글리세린
③ 포도당
④ 아미노산

17 밀과 같은 식물성 단백질에서 특히 부족되기 쉬운 아미노산은 어느 것인가?

① 라이신(lysine)
② 메치오닌(methionine)
③ 트립토판(tryptophan)
④ 티로신(tyrosine)

정답 09 ① 10 ① 11 ① 12 ④ 13 ④ 14 ④ 15 ② 16 ④ 17 ①

18 단백질에 관한 설명이다. 틀린 것은?

① 단백질은 가수분해되면 아미노산으로 된다.
② 단백질은 질소를 대략 16% 함유하고 있다.
③ 카제인은 단순 단백질이다.
④ 필수 아미노산을 골고루 함유하면 완전 단백질이다.

19 단백질이 다른 영양소와 달리 인체에서 대사과정 중 유해물질을 많이 생성하는 이유는?

① C를 함유하기 때문
② H를 함유하기 때문
③ S를 함유하기 때문에
④ N을 함유하기 때문

20 탄수화물, 지방, 단백질이 체내에서 연소하여 각각 4, 9, 4Kcal의 열량을 발생하는데 이것을 무슨 열량가라고 하는가?

① 생리적 열량가
② 인체 열량가
③ 활동 열량가
④ 실제 열량가

21 다음 중에서 생명을 유지하기 위한 기초대사(기초 신진 대사, BMR)에 속하지 않는 것은?

① 호흡 작용
② 소화 작용
③ 순환 작용
④ 배설 작용

22 인체내에서 사용하고 남은 당질 성분은 주로 어떤 물질로 우리 몸에 저장되는가?

① 글리코겐
② 단백질
③ 체지방
④ 전분

해설 탄수화물은 분해되어 포도당으로 사용되고, 남은 포도당은 인체의 근육과 간 등에 글리코겐이라는 다당류로 저장된다.

23 생리적 열량가(Kcal)는?

① 탄수화물 4, 지방 9, 단백질 4
② 단백질 4, 지방 4, 탄수화물 9
③ 탄수화물 4, 단백질 9, 지방 4
④ 탄수화물 4, 지방 4, 단백질 4

해설 1Kcal = 1Cal = 1000cal

24 과한 체중을 줄이려고 할 때 가장 적당한 운동은 무엇인가?

① 걷기(시간당 8.5Km)
② 수영
③ 달리기
④ 자전거 타기

25 기초대사량을 올바르게 설명한 것은?

① 하루에 소모되는 전체 열량
② 잠잘 때 소모되는 열량
③ 안정된 자세로 정신운동을 할 때 필요한 열량
④ 혈액 순환, 호흡 작용 등 무의식적인 생리 현상에 소모되는 열량

정답 18 ③ 19 ④ 20 ① 21 ② 22 ① 23 ① 24 ① 25 ④

26 노동시 대사에 필수적으로 필요한 무기질은?

① 칼슘 ② 인
③ 염분 ④ 철분

27 임신, 출산을 많이한 부인에게 흔히 볼 수 있는 칼슘 결핍증은?

① 구루병 ② 골연화증
③ 괴혈병 ④ 골다공증

28 칼슘을 이용하기 쉽게 많이 함유하고 있는 식품은?

① 생선 ② 우유
③ 채소 ④ 쇠고기

29 충치 예방에 효과가 있는 무기질은?

① 불소 ② 염소
③ 아연 ④ 코발트

30 우리 체내에서 가장 많이 갖고 있는 무기질은 어느 것인가?

① 인(P) ② 철(Fe)
③ 칼슘(Ca) ④ 나트륨(Na)

31 칼슘의 흡수 및 침착에 관계가 깊은 비타민은?

① 비타민 A ② 비타민 B_1
③ 비타민 C ④ 비타민 D

32 다음 중에서 시금치에 들어 있는 성분으로 칼슘 흡수를 방해하는 것은?

① 호박산 ② 수산
③ 구연산 ④ 젖산

해설 수산은 옥살산(Oxalic acke)이라고도 한다. 장에서 옥살산은 칼슘과 결합하여, 칼슘의 흡수를 막는다. 신장결석의 75% 정도를 만들고 있다.

33 근육의 탄력성 또는 신경자극 전달을 촉진시켜주는 무기질은?

① 나트륨(Na) ② 칼륨(K)
③ 마그네슘(Mg) ④ 칼슘(Ca)

34 우유가 동물성 식품인데도 불구하고 알칼리성 식품에 속하는 것은 무슨 원소 때문인가?

① 칼슘 ② 탄소
③ 수소 ④ 유황

35 다음 무기질 중에서 혈액응고와 관계가 깊은 무기질은?

① 나트륨 ② 칼슘
③ 철 ④ 마그네슘

해설 비타민 K의 결핍시 혈액의 응고가 잘 되지 않는다.

36 식품에 들어 있는 원소 중에서 산 생성 원소는 어느 것인가?

① 인 ② 칼슘
③ 나트륨 ④ 칼륨

37 체내에 있는 철분이 주로 하는 일은?

① 골격 형성
② 수분 평형
③ 근육 긴장
④ 산소 운반

정답
26 ③ 27 ④ 28 ② 29 ① 30 ③ 31 ④ 32 ② 33 ④ 34 ① 35 ② 36 ① 37 ④

38 다음 중에서 뼈의 발육과 관계가 없는 것은?

① 칼슘　② 인
③ 비타민 D　④ 철

39 우리의 몸에서 철분을 가장 많이 가지고 있는 부분은?

① 근육　② 혈액
③ 효소　④ 세포질

40 빈혈증에 치료와 관계가 없는 영양소는?

① 단백질　② 지방
③ 철　④ 코발트

41 세포핵의 성분으로 완충제 역할을 할 수 있는 무기질은?

① 칼슘　② 인
③ 철　④ 마그네슘

42 인체 내에서의 구리의 기능에 대하여 옳게 설명한 것은?

① 헤모글로빈의 형성과 숙성을 돕는다.
② 산소를 운반 한다.
③ 철분의 운반을 돕는다.
④ 비타민 C의 흡수를 돕는다.

43 요오드(I)는 체내에서 어떤 작용을 하는가?

① 인슐린을 구성하여 혈당을 조절한다.
② 효소를 형성하여 노화과정을 촉진한다.
③ 티록신(갑상선 호르몬)을 구성하여 기초대사에 관계한다.
④ 아드레날린을 형성하여 혈당조절에 관여한다.

해설 인슐린을 구성하는 무기질은 아연(Zn)이다.

44 갑상선 호르몬은 체내에서 어떤 작용을 하는가?

① 기초대사를 조절한다.
② 신경자극을 전달한다.
③ 소화액 분비를 촉진 시킨다.
④ 생식기능을 조절한다.

45 갑상선 비대에 의한 갑상선종은 어느 지역에서 발생하는가?

① 해안을 접하고 있는 지역
② 토양에 철분 함량이 부족한 지역
③ 토양에 요오드 함량이 부족한 지역
④ 토양에 칼슘 함량이 부족한 지역

46 조혈에 관계가 있으며 적혈구내에 존재하는 무기질은?

① 구리　② 아연
③ 코발트　④ 철

47 결핍되었을 때 악성 빈혈 증세를 나타내는 무기질은?

① 요오드　② 철
③ 구리　④ 코발트

48 클로로필(엽록소)의 구성 성분으로 되는 무기질은?

① 칼슘
② 마그네슘
③ 망간
④ 구리

정답 38 ④　39 ②　40 ②　41 ②　42 ①　43 ③　44 ①　45 ③　46 ④　47 ④　48 ②

49 췌장 호르몬인 인슐린과 관계가 깊은 무기질은?

① 요오드　② 망간
③ 아연　④ 구리

50 다음 중에서 나트륨이 하는 일이 아닌 것은?

① 삼투압을 조절한다.
② 혈액 순환을 촉진시킨다.
③ 산과 알칼리의 평형을 조절한다.
④ 체내의 수분을 조절한다.

51 다음 무기질 중에서 알칼리 생성원소가 아닌 것은?

① 나트륨　② 마그네슘
③ 염소　④ 칼슘

52 다음 무기질 중에서 산을 생성하는 원소는?

① 칼슘　② 황
③ 칼륨　④ 나트륨

53 산성식품에 속하는 것은?

① 대두, 채소
② 버섯, 우유
③ 육류, 해조류
④ 육류, 어패류

54 다음 무기질 중에서 인체에 불필요한 것은?

① 코발트　② 납
③ 구리　④ 아연

55 비타민에서 국제단위(I.U)를 제정하여 사용하는 것은?

① 비타민 B_1　② 비타민 C
③ 비타민 D　④ 비타민 E

56 빛에 의하여 가장 손실이 큰 비타민은?

① 비타민 A　② 비타민 B_1
③ 비타민 B_6　④ 비타민 B_{12}

57 다음 중에서 수용성 비타민인 것은?

① 비타민 A　② 비타민 B_1
③ 비타민 D　④ 비타민K

58 다음 중에서 지용성 비타민인 것은?

① 비타민 A　② 비타민 B_1
③ 비타민 B_2　④ 비타민 C

59 비타민D의 공급원이 될 수 있는 식품은?

① 당근　② 시금치
③ 버섯　④ 대두

해설 비타민 D는 우유나 유제품, 간유, 고등어, 연어, 계란 노른자, 버섯 등의 음식물을 통해 흡수된다.

60 다음과 같은 직업을 갖는 사람들 중 비타민 D 결핍증에 걸리기 쉬운 사람은?

① 광부　② 농부
③ 목수　④ 사무원

해설 비타민 D는 음식물을 통해 흡수 되거나 체내에서 자연 합성되기도 한다. 비타민 D 전구체로 우리 몸에 저장된 콜레스테롤과 에르고스테롤이 있다.

정답
49 ③　50 ②　51 ③　52 ②　53 ④　54 ②　55 ③　56 ③　57 ②　58 ①　59 ③　60 ①

PART 02 영양학

예상적중문제 3회

01 지용성 비타민의 설명으로 옳지 않은 것은?

① 기름과 유기 용매에 녹는다.
② 과잉 섭취된 것은 체내에 저장된다.
③ 필요량을 매일 먹지 않으면 결핍증이 곧 나타난다.
④ 결핍 증세가 아주 서서히 나타난다.

해설 수용성비타민 : 물에 녹는다.
- 사용후 남은 비타민 배출된다.
- 결핍증은 천천히 나타난다.

지용성비타민 : 기름에 녹는다.
- 사용후 남은 비타민 축적된다.
- 결핍증은 빠르게 나타난다.

02 소장에서 흡수될 때 비타민 D와 같은 지용성 비타민은 어떤 영양소와 같은 경로를 통하여 흡수되는가?

① 당질　② 지방질
③ 단백질　④ 무기질

03 다음 중에서 비타민A 의 결핍증과 관계가 없는 것은?

① 안구건조증
② 구루병
③ 야맹증
④ 상피세포 각질화

04 결핍에 의하여 시홍 형성이 안되어 야맹증을 유발시키는 비타민은?

① 비타민 A　② 비타민 C
③ 비타민 E　④ 비타민 K

05 비타민 D의 주된 기능은?

① 철분의 흡수 촉진
② 칼슘과 인의 흡수 촉진
③ 적혈구의 형성
④ 비타민 C의 흡수 촉진

06 다음 사항 중 연결이 잘못 된 것은?

① 비타민B_1 – 각기병 – 쌀겨, 돼지고기
② 비타민A – 상피세포 각질화 – 버터, 녹황색 채소
③ 비타민C – 괴혈병 – 신선한 과일, 채소
④ 비타민D – 발육부진 – 간유

07 다음 연결 중 맞지 않는 항목은?

① 비타민 B_1 – 당질 대사
② 비타민 B_{12} – 코발트(Co)함유
③ 비타민 A – 지질의 흡수
④ 비타민 K – 혈액의 응고

08 비타민 C의 결핍증과 관계가 없는 것은?

① 잇몸의 부종 및 출혈
② 상처치료의 회복 지연
③ 신경 쇠약 및 불면증
④ 치아의 탈락 및 골절

정답 01 ③　02 ②　03 ②　04 ①　05 ②　06 ④　07 ③　08 ③

09 비타민 B_{12}의 주된 생리작용은?

① 적혈구의 조성
② 철분의 산화
③ 아미노산의 합성
④ 당질의 대사

10 다음 중에서 비타민의 기능이 아닌 것은 어느 것인가?

① 대사촉진
② 호르몬의 분비 촉진 및 억제
③ 조효소의 성분
④ 체온조절

11 비타민 A의 가장 좋은 급원 식품은?

① 당근 ② 시금치
③ 우유 ④ 쇠간

12 다음 중 열에 가장 안정한 비타민은?

① 비타민 A
② 비타민 C
③ 비타민 E
④ 비타민 K

13 쌀 등에 강화시켜 강화미에 이용할 수 있는 비타민은?

① 비타민 A ② 비타민 B_1
③ 비타민 B_2 ④ 비타민 D

14 비타민 A의 체내 저장량이 가장 많은 것은?

① 신장 ② 간
③ 근육 ④ 혈액

15 비타민의 설명으로 적합하지 못한 것은?

① 측정단위는 보통 그람(gram)으로 사용한다.
② 사람은 비타민을 합성하지 못한다.
③ 생명현상에 절대적으로 필요하다.
④ 지용성 비타민은 비타민 A, D, E, K 등 이다.

16 비타민 중에서 과잉 섭취에 의해 과잉증을 나타낼 수 있는 것은?

① 비타민 B_1
② 비타민 B_2
③ 비타민 C
④ 비타민 D

해설 지용성 비타민은 인체에 축적되고, 수용성 비타민은 소변으로 배출된다.

17 비타민 E가 인체 내에서 주로 하는 작용은?

① 근육의 건강 유지
② 뇌의 정상 유지
③ 혈액의 형성
④ 산화 방지

해설 비타민 E 는 토코페롤이라 부르고, 쥐의 생식과 산화 등에 관여한다.

18 비타민 C의 생리작용과 관계가 없는 것은?

① 결체 조직의 재생
② 질병에 대한 저항력
③ 당질의 대사
④ 모세혈관의 힘 유지

정답
09 ① 10 ④ 11 ④ 12 ① 13 ② 14 ② 15 ① 16 ④ 17 ④ 18 ③

19 비타민C가 가장 많이 함유되어 있는 식품은?

① 풋고추 ② 사과
③ 미역 ④ 양배추

20 결핍에 의해 각기병을 유발시키는 비타민은?

① 비타민 A ② 비타민 B_1
③ 비타민 B_2 ④ 비타민 K

21 임산부나 노인에게 문제되는 골다공증 예방에 가장 좋은 식품은?

① 간 ② 우유
③ 과일 ④ 콩

22 다음 비타민 중에서 1일 권장량이 가장 많은 비타민은?

① 비타민 A ② 비타민 B
③ 비타민 C ④ 비타민 K

23 소화 흡수율이 가장 높은 영양소는?

① 당질 ② 지방질
③ 단백질 ④ 무기질

24 다음 소화흡수에 대한 설명으로 적합하지 못한 것은?

① 알코올은 주로 위에서 흡수된다.
② 수분은 주로 대장에서 흡수된다.
③ 소화율이 높은 순위는 단백질, 지방, 당질 순이다.
④ 지질이 흡수되려면 글리세롤과 지방산으로 분해되어야 한다.

25 대장의 작용에 대해 잘못 설명된 것은?

① 섬유소가 가수분해 된다.
② 수분이 흡수된다.
③ 음식물의 부패와 발효가 일어난다.
④ 대장에는 장내 세균이 존재한다.

25 단백질의 소화흡수는 주로 어디서 일어나는가?

① 위
② 소장의 상부
③ 소장의 중간부위
④ 소장의 하부

27 지방의 소화 흡수의 설명으로 적합하지 못한 것은?

① 위에서 정체하는 시간이 길다.
② 주로 위에서 상당부분이 분해된다.
③ 담즙에 의해 유화지방으로 되어 소화가 용이하게 된다.
④ 췌액의 리파아제에 의해 분해되며 소장에서 95%가 흡수된다.

28 밀가루에 설탕과 우유를 섞어 빵을 만들어 먹었다면 소장에서 흡수될 수 있는 단당류의 종류는?

① 포도당, 포도당
② 과당, 갈락토오스
③ 포도당, 과당
④ 포도당, 과당, 갈락토오스

29 다음 중 단백질의 소화효소는?

① 아밀라아제 ② 셀룰라아제
③ 리파아제 ④ 펩신

정답
19 ① 20 ② 21 ② 22 ③ 23 ① 24 ③ 25 ① 26 ② 27 ② 28 ④ 29 ④

30 단백질의 소화에 대한 기술로서 틀린 항목은?

① 위에서 펩신이 분비되어 단백질을 소화시킨다.
② 소장에서는 단백질의 가수분해 효소는 전혀 분비되지 않는다.
③ 단백질을 구강내에서는 전혀 소화하지 않는다.
④ 췌장에서 트립신이 분비되어 단백질을 소화시킨다.

31 단당류의 흡수 경로 중 맞는 것은?

① 유미관→가슴관→대정맥→염통
② 유미관→문맥→대정맥→염통
③ 모세혈관→가슴관→대정맥→염통
④ 모세혈관→문맥→대정맥→염통

32 체내에서 수분의 기능이 아닌 것은?

① 영양소의 운반 ② 체온의 조절
③ 신경자극 전달 ④ 노폐물의 운반

33 물은 성인 체중의 몇%를 차지하는가?

① 약 70% ② 약 60%
③ 약 50% ④ 약 40%

34 다음 중에서 연결이 잘못된 것은?

① 아밀라아제-전분
② 프티알린-단백질
③ 리파아제-지방
④ 펩신-단백질

해설 • 프티알린은 소화기관 중 입에서 분비된다.
• 전분 분해효소 이며, 타액아밀라아제라고 한다.

35 효소의 특징에 대한 설명 중 옳지 않은 것은?

① 효소가 반응하는 데는 최적의 온도가 있다.
② 효소는 기질(반응물질)에 대한 특이성을 갖는다.
③ 효소의 반응은 반응 억제물질과 활성물질이 있다.
④ 효소는 무기촉매와 같은 특성을 갖는다.

36 식소다를 넣고 빵을 만들 때 찐빵이 누런색으로 변하는 까닭은?

① 효소적 갈변
② 비효소적 갈변
③ 플라본 색소가 알칼리에 의해 변색
④ 가열에 의한 변색

37 기본적인 맛이 아닌 것은?

① 단맛
② 신맛
③ 짠맛
④ 매운맛

38 다음 맛 성분 중 혀의 앞부분에서 가장 강하게 느껴지는 것은?

① 단맛 ② 쓴맛
③ 짠맛 ④ 신맛

39 온도가 낮아질수록 맛의 저하가 심한 것은?

① 단맛 ② 쓴맛
③ 짠맛 ④ 신맛

정답 30 ② 31 ④ 32 ③ 33 ② 34 ② 35 ④ 36 ③ 37 ④ 38 ① 39 ②

40 혀에서 미각이 가장 예민한 온도는?

① 10℃ ② 20℃
③ 30℃ ④ 40℃

41 10%의 설탕 용액에 0.1%의 소금 용액을 첨가하였을 때의 맛의 변화는?

① 짠맛의 증가
② 단맛의 증가
③ 단맛의 감소
④ 짠맛의 감소

42 다음 식품 중에서 진용액인 것은 어느 것인가?

① 생계란 ② 우유
③ 소금물 ④ 간장

해설 • **진용액** : 직경 1㎛ 이하의 작은 분자나 이온이 용해 되어 있는 용액으로, 여과지나 반투막을 통과한다.
- 소금물, 설탕물 등이 속한다.

• **교질용액(콜로이드용액)** : 직경 1㎛~0.1μ 크기 입자가 분산된 용액으로 여과지만 통과한다.
- 비눗물, 먹물 등이 속한다.

43 우유는 무슨 용액으로 형성되어 있는가?

① 진용액
② 교질용액
③ 소수성용액
④ 진용액과 교질용액

44 표면장력을 증가시키는 물질은?

① 전분 ② 설탕
③ 산 ④ 우유

45 전분의 입자가 가장 큰 것은?

① 옥수수 ② 감자
③ 밀 ④ 쌀

46 다음 중에서 아밀로펙틴 함량이 가장 많은 것은?

① 감자 ② 옥수수
③ 찹쌀 ④ 밀

해설 찹쌀과 찰옥수수는 아밀로펙틴이 100%이다.

47 맥아당이 비교적 많이 함유되어 있는 식품은?

① 우유 ② 설탕
③ 꿀 ④ 감주

48 우유로부터 제품이 될 수 없는 것은?

① 버터
② 치즈
③ 마요네즈
④ 요구르트

해설 마요네즈는 식용유와 계란 노른자을 원료로 한다.

49 다음 중 단당류가 아닌 것은?

① 포도당
② 과당
③ 갈락토스
④ 유당

50 다음 중 환원당이 아닌 것은?

① 유당 ② 맥아당
③ 설탕 ④ 과당

정답 40 ③ 41 ② 42 ③ 43 ④ 44 ② 45 ② 46 ③ 47 ④ 48 ③ 49 ④ 50 ③

51 다음 중 단당류인 것은?

① 과당 ② 맥아당
③ 설탕 ④ 유당

52 다음 중 포도당이 한 분자도 들어 있지 않은 것은?

① 설탕 ② 맥아당
③ 유당 ④ 과당

53 다음 중 상대적 감미도가 가장 큰 당은?

① 과당 ② 설탕
③ 포도당 ④ 맥아당

해설 상대적 감미도
- 과당〉전화당〉자당〉포도당〉맥아당≥갈락토오스〉유당

54 다음의 가수분해산물이 잘못 연결된 것은?

① 설탕→포도당 + 과당
② 전분→포도당 + 과당
③ 맥아당→포도당 + 포도당
④ 유당→포도당 + 갈락토오즈

55 일반적으로 물엿에 들어 있지 않은 성분은?

① 포도당 ② 설탕
③ 맥아당 ④ 덱스트린

해설 물엿은 전분을 가수분해 해서 얻어진다.

56 당류의 일반적인 성질과 거리가 먼 것은?

① 용해성 ② 가소성
③ 캐러멜화 반응 ④ 갈변반응

57 다음 당 중 재결정이 잘 되는 것은?

① 과당 ② 자당
③ 포도당 ④ 유당

58 물 100g에 설탕 200g을 녹이면 당도는 약 얼마인가?

① 27% ② 47%
③ 67% ④ 87%

해설 200/(100+200) = 200/300 = 0.666

59 아밀로펙틴에 대한 설명으로 틀린 것은?

① 요오드 용액에 의하여 적자색 반응
② 베타 아밀라아제에 의한 소화는 약 52%까지로 제한
③ 아밀로오스 보다 분자량이 크다.
④ 퇴화의 경향이 크다.

60 아밀로오스에 대한 설명으로 틀린 것은?

① 요오드 용액에 의하여 적자색 반응
② 베타 아밀라아제에 의해 거의 맥아당으로 분해
③ 직쇄구조로 포도당 단위가 알파-1.4결합으로 되어 있다.
④ 퇴화의 경향이 빠르다

해설 아밀로오즈와 아밀로펙틴 특징
- 아밀로오즈 : α-1,4 결합(직쇄결합)
  노화 반응속도가 빠르다.
  요오드에 청색반응
- 아밀로펙틴 : α-1,4, α-1,6결합(측쇄구조)
  노화 속도가 느리다.
  요오드에 적색반응

정답 51 ① 52 ④ 53 ① 54 ② 55 ② 56 ② 57 ④ 58 ③ 59 ④ 60 ①

공통편

PART 3

재료과학

01 기초과학

01 물리 화학적 시험

1. 반죽의 물리적 시험

밀가루의 혼합, 흡수, 발효 및 산화특성을 기록할 수 있도록 고안된 감도 높은 많은 기계가 개발되면서 반죽의 물리적 성질을 객관적으로 측정하고 있다.

(1) 믹소 그래프(Mixograph)

① 온습도 조절장치가 부착된 고속기록 장치가 있는 믹서

② 반죽의 형성 및 글루텐 발달 정도를 기록

③ 밀가루의 단백질 함량과 흡수의 관계를 기록

④ 혼합시간, 믹싱의 내구성을 판단할 수 있음

(2) 패리노 그래프(Farinograph)

① 고속 믹서내에서 일어나는 물리적 성질을 "파동곡선 기록기"로 기록

② 흡수율, 믹싱 내구성, 믹싱 시간 등을 판단

③ 곡선이 500B.U에 도달하는 시간, 떠나는 시간 등으로 밀가루의 특성을 알 수 있다.

(3) 레-오 그래프(Rhe-O-graph)

① 반죽이 기계적 발달을 할 때 일어나는 변화를 도표에 그래프로 나타낼 수 있는 기록형 믹서

② 믹싱 시간은 단백질 함량, 글루텐 강도, 반죽에 들어간 여러 가지 재료에 영향을 받는다.

③ 밀가루의 흡수율 계산에 적격

(4) 익스텐시 그래프(Extensigraph)

① 반죽의 신장성과 신장에 대한 저항을 측정하는 기계

② 신장에 대한 저항은 50mm의 거리에 도달한 곡선의 높이로 보통 E.U(익스텐시그램 단위)로 표시

③ 산화는 저항을 증가시키고 신장을 감소시킴으로 밀가루에 대한 산화처리를 알아내는 데도 사용

④ 밀가루의 내구성과 상대적인 발효시간도 판단

(5) 아밀로 그래프(Amylograph)

① 밀가루 : 물의 현탁액에 온도를 균일하게 상승시킬 때 일어나는 점도의 변화를 계속적으로 자동 기록

② 호화가 시작되는 온도를 알 수 있다 = 완전품의 내상과 관계

③ 곡선의 높이 = 400~600 B.U가 적당
높으면 완제품의 속이 건조하고 노화 가속. 낮으면 끈적거리고 축축한 속이 됨

(6) 믹서트론(Mixertron)

① 새로운 밀가루에 대한 정확한 흡수와 혼합시간을 신속히 측정

② 종류와 등급이 다른 여러 가지 밀가루에 대한 반죽강도, 흡수의 사전 조정과 혼합 요구시간 등을 측정

③ 재료계량 및 혼합시간의 오판 등 사람의 잘못으로 일어나는 사항과 계량기의 부정확 또는 믹서의 작동 부실 등 기계의 잘못을 계속적으로 확인
∵ 표준보다 물이 부족 = 상대적으로 강도가 높고 도달이 빠르다.
∵ 표준보다 밀가루가 부족 = 상대적으로 강도가 낮고 도달이 느리다.
∵ 표준보다 소금이 부족 = 상대적으로 강도가 낮고 도달이 다소 빠르다.

2. 성분 특성 시험

(1) 밀가루 색상

① 페카시험(Pekar Test) : 직사각형 유리판 위에 밀가루를 놓고 매끄럽게 다듬은 후 물에 담그고 젖은 상태 또는 100℃에서 건조시켜 색상을 비교하며 껍질부위, 표백 정도 등을 상대적으로 판별함

② 분광분석기 이용 방법 : 10g의 밀가루를 50ml의 물 – 노르말 부탄올의 포화용액으로 추출하여 그 여과액을 분광분석기(spectrophotometer)로 측정함

③ 여과지 이용법, 색광반사를 직접 읽을 수 있는 광학기구 등으로 밀가루 색상을 시험하고 있다.

(2) 수 분

① 밀가루의 수분
- 과잉 수분 = 밀가루 저장성에 문제
- 저장 중 수분을 잃거나 얻는 경우 – 가수율 조정이 필요

② 건조 오븐법, 진공 오븐법, 알루미늄판법, 적외선 조사법 등

(3) 회 분

① 회분의 측정은 껍질부분이 제분에 의해 얼마나 분리되어 있는가를 알 수 있는 지표로 활용

② 회화법 : 550~590℃의 오븐에서 시료가 회백색의 재로 변할 때까지 가열하고 이 잔류물을 계량하여 %로 표시
③ 배유부분(0.28~0.38%), 껍질부분(5~8%)
④ 연질소맥을 제분한 박력분의 회분이 0.40%(껍질 1.5%)

(4) 조단백질

① 켈달(Kjeldahl)법으로 질소를 정량하여 5.7을 곱한 수치를 조단백질로 계산
② 밀가루 단백질 중 질소 구성이 17.5%
③ 일반적으로 젖은 글루텐÷3 = 건조글루텐 = 조단백질

〈밀가루의 단백질, 건조 글루텐, 젖은 글루텐의 관계〉

밀가루	단백질(%)	건조 글루텐(%)	젖은 글루텐(%)
가	11.87	11.68	36.3
나	12.56	12.50	39.5
다	12.52	12.31	38.2

(5) 팽윤시험(Swelling Test)

① 특정한 산이 글루텐의 팽윤 능력을 증가시키는 반응을 이용하여 측정하는 시험
② 침강시험 : 유산을 밀가루 – 물의 현탁액에 넣고 침강된 부분의 높이를 측정
- 침강수치 20mm 이하 = 제빵적성 불량
- 침강수치 55mm 이상 = 제빵적성 양호

(6) 가스생산 측정

① 압력계 방법 : 밀가루에 물과 이스트를 넣고 반죽한 후 발생되는 가스를 기압기로 측정
② 부피측정 방법 : 밀가루에 충분한 물과 이스트를 넣고 혼합한 후 발생되는 가스를 눈금이 있는 가스측정 장치와 연결하여 필요한 시간 간격으로 부피를 측정

02 재료과학

01 밀가루(Wheat Flour)

1. 밀알의 구조

밀알은 구조적으로 배아, 내배유, 껍질의 3부분으로 구성되어 있다.

(1) 구성부위별 특징

항목	껍질	배아	내배유
중량구성비	14%	2~3%	83%
단백질	19%	8%	73%
회분	많다	많다	적다
지방	중간	많다	적다
탄수화물	적다	적다	많다

(2) 껍질층(Bran Layers)

① 종피에 들어 있는 색소물질의 양, 농도, 색조, 외피의 투명성 등에 의해 독특한 색을 띤다.

② 내배유 바로 바깥쪽의 호분세포층은 두꺼운 벽을 가진 단백질로 구성되어 있으나 글루텐을 형성하지 않는다.

(3) 배아(Germ)

① 밀의 발아부위로서 상당량의 지방이 함유되어 있으므로 저장성이 나쁘다.

② 배아유는 식용 또는 약용으로 사용된다.

(4) 내배유(Endosperm)

① 호분세포층 바로 아래에 위치

- 주위세포, 낟알표면에 대하여 수직으로 길게 늘어선 구조를 갖는다.
- 각주세포, 가운데 부분을 채우고 있다.
- 중심세포 3가지 형태의 전분으로 구성되어 있다.

② 경질소맥으로 만든 강력분은 '초자질'의 내배유 조직을 가지고 있어 모래알 같은 특성을 갖는다.

③ 연질소맥으로 만든 박력분은 작은 세포 입자와 유리된 전분을 가지고 있어 고운 밀가루이다.

2. 제분(Milling of Wheat)

제분의 목적은 첫째, 내배유 부분으로 부터 가능한 한 껍질부위와 배아부위를 분리하는 것이고, 둘째는 내배유 부위의 전분을 손상되지 않게 가능한 한 최대로 고운 밀가루의 수율을 높이는 것

(1) 제분공정

① 밀 저장소 : 제분할 밀알을 종류별로 저장한다.

② 제품 통제 : 연구실에서 품종별 밀알의 특성을 조사하여 분류하고 사용목적에 따라 혼합비를 결정한다.

③ 분리기 : 왕복운동을 하는 그물 위에서 돌, 나무 조각 등 불순물을 제거한다.

④ 흡출기 : 공기를 불어 넣어 가벼운 불순물을 제거한다.

⑤ 디스크 분리기 : 밀알만이 들어가도록 만든 둥근 분리기로 보리, 귀리, 잡초씨 등 기타 이물질을 제거한다.

⑥ 스카우러(Scourer) : 원통 속에서 밀알에 단단하게 붙어있는 먼지와 까락 등 불순물과 불균형이물질을 털어낸다.

⑦ 자석 분리기 : 철로 구성된 작은 이물질을 제거한다.

⑧ 세척과 돌 고르기 : 밀알에 물을 넣은 후 고속으로 일어서 돌을 제거한다.

⑨ 템퍼링(Tempering, 조질) : 밀알의 내배유로부터 껍질, 배아 부위를 분리하고, 내배유를 부드럽게 만든다.

⑩ 혼합 : 특정 용도에 맞도록 밀알을 조합한다.

⑪ 엔톨레터(Entoleter) : 파쇄기에 주입되는 부분으로 부실한 밀알을 제거한다.

⑫ 제1차 파쇄 : 톱니처럼 된 롤러(roller)로 밀알을 파쇄하여 거친 입자를 만든다.

⑬ 제1차 체질 : 체의 그물눈을 점점 곱게하여 밀가루를 얻고 과피부분은 별도의 정선기로 보낸 후 다시 마쇄하여 저급 밀가루와 사료를 만든다.

⑭ 정선기 : 공기의 흐름과 그물로 만든 체로 과피부분을 분리하고 배유 입자를 분류한다.

⑮ 리듀싱 롤(Reducing Roll) : 정선기에 온 밀가루를 다시 마쇄하여 작은 입자로 만든다.

⑯ 제2차 체질 : 고운 밀가루는 다음 단계로 넘어가고, 거친 입자는 별도의 정선기를 거쳐 배아 롤(Germ roll)에 다시 마쇄되고 계속되는 체질에 의해 배아와 밀가루가 분리된다.

⑰ 정선 → 마쇄 → 체질 공정이 연속적으로 진행된다.

⑱ 표백 → 저장 → 영양강화 등이 이루어진다.

(2) 제분율과 용도

① 제분율 : 밀을 제분하여 밀가루를 만들 때 밀에 대한 밀가루의 백분율로 표시한다.

② 분리율 : 밀가루를 100으로 했을 때 특정 밀가루의 백분율을 말하며, 분리율이 작을수록 밀가루 입자가 곱고 내배유 중심 부위가 많은 밀가루이다.

③ 밀, 밀가루 성분의 변화

성분	밀(%)	밀가루(%)	과피(%)
수분	12.00	13.50	13.00
회분	1.80	0.40	5.80
단백질	12.00	11.00	15.40
섬유소	2.20	0.25	9.00
지방	2.10	1.25	3.60
탄수화물	69.90	73.60	53.20

※ 제분율, 분리율이 낮을수록 껍질부위가 적다.

④ 제빵용

㉠ 특정제품에 따라 그 규격이 다양하지만 경질소맥을 제분해서 얻는 강력분을 사용하는데, 단백질 함량은 12~14%로 최소 10.5% 이상이 요구된다. 회분은 0.40~0.50%가 바람직하다.

㉡ 믹싱 내구성, 발효 내구성이 크며 흡수율도 높다.

⑤ 제과용

㉠ 연질소맥을 제분해서 얻는 박력분을 사용하는데 평균 7~9%의 단백질 함량과 0.40%이하의 회분이 바람직하다.

㉡ 강력분에 비하여 흡수율이 낮고 믹싱 내구성, 발효 내구성이 작다.

3. 밀가루의 성분

(1) 단백질

① 내배유에 함유된 단백질은 전 단백질의 75%정도. 글리아딘과 글루테닌이 거의 동량으로 들어 있는 "글루텐"형성에 큰 몫을 담당한다.(물에는 녹지 않는다)

② 배아에는 주로 수용성인 알부민과 염수용성인 글로불린이 들어 있다.

③ 껍질에는 전 단백질의 15%~20%를 함유, 알부민, 글로불린, 글리아딘 등의 형태로 존재한다.

④ 글루텐 형성 단백질

㉠ 글리아딘 36%(70% 알코올에 용해성)

㉡ 글루테닌 20%(중성용매에 불용성)

㉢ 메 소 닌 17%(묽은 초산에 용해성)

㉣ 알부민, 글로불린 7%(수용성)

(2) 탄수화물

① 밀가루의 70% 이상을 차지하며, 전분, 덱스트린, 셀룰로스, 여러 가지 형태의 당류와 펜토산으로 구성

② 손상된 전분

㉠ 장시간 발효 동안 적절한 가스 생산을 지탱해 줄 발효성 탄수화물을 생성한다.

㉡ 흡수율을 높이고, 굽기 과정 중에 적정 수준의 덱스트린 형성

㉢ 권장량은 4.5~8%

③ 수용성 탄수화물 : 자당, 맥아당, 포도당, 과당, 라피노스 등 단당류로부터 3당류의 형태로 1~1.5%

④ 수용성 펜토산이 교질로 변하면 반죽을 단단한 상태로 만들어 주며, 2차 발효 중 생산되는 가스세포가 무너지지 않게 하여 빵의 세포 구조를 유지

(3) 지방

① 지방과 그 유사물질은 밀 전체의 2~4%, 배아에는 8~15%, 껍질에는 6% 정도가 되나 밀가루에는 1~2% 정도로 감소

② 에테르, 사염화탄소와 같은 용매로 추출되는 지방을 '유리지방' : 밀가루의 60~80%

③ 에테르에 추출되지 않는 '결합지방' : 인지질로 믹싱 중 단백질과 결합하여 지단백질을 형성(주로 글루테닌과 결합)

(4) 광물질

① 밀의 광물질은 토양, 강우량, 기후조건과 품종에 따라 1~2% 함유

② 부위별로 큰 차이 : 내배유에 0.28~0.39%, 껍질 부위에 5.5~8.0%

③ 밀가루의 회분 : 껍질부위가 적을수록 회분이 적다.

〈마니토바 밀의 제분〉

제분율(%)	회분(%)	제분율(%)	회분(%)
75	0.44	80	0.58
77.5	0.49	100	1.50

④ 밀가루 회분함량의 의미

㉠ 정제도 표시 : 고급 밀가루는 밀의 1/4~1/5로 감소

㉡ 제분 공장의 점검기준 : 제분율과 정비례

㉢ 제빵 적성을 직접 나타내지는 않는다. → 밀가루의 조합으로 가능

㉣ 같은 제분율일 때 경질소맥이 연질소맥보다 회분함량이 높다.

㉤ 밀가루의 등급을 나타낸다.

4. 표백 – 숙성과 개선제

(1) 표백 - 숙성

① 표백 : 밀가루의 황색 색소를 제거하는 것
숙성 : -SH 그룹을 산화시켜 제빵 적성을 좋게 하는 것

② 자연 밀가루에는 카로테노이드(carotenoid)로 표시해서 1.5~4ppm정도의 황색 색소 물질을 함유 = 산소나 염소로 표백

③ 밀가루의 색을 지배하는 요소

㉠ 입자크기 : 입자가 작을수록 밝은 색, 크기는 표백에 영향 받지 않는다.

㉡ 껍질 입자 : 껍질 입자가 많을수록 어두운 색이 되며, 껍질의 색소 물질은 일반 표백제에 의해 영향을 받지 않는다.

㉢ 카로틴 색소물질 : 내배유에 천연상태로 존재하는 이 색소 물질은 표백제에 의해 탈색된다.

④ 콩이나 옥수수로부터 얻는 리폭시다제(Lipoxidase)를 반죽에 첨가하면 발효기간 중 색소물질을 파괴하는 성질이 있어 실용화되고 있다.

⑤ 포장한 밀가루는 24~27℃의 공기가 잘 통하는 저장실에서 3~4주 숙성한다.

(2) 밀가루 개선제

① 밀가루 개선제란 브롬산칼륨, 아조디카본아마이드, 비타민C와 같이 두드러진 표백작용이 없이 숙성제로 작용하는 물질

② 과산화아세톤을 20~40ppm 수준으로 처리한 밀가루는 반죽의 신장성, 부피가 증가하고, 브레이크와 슈레드, 기공, 조직, 속색 등이 개선된다.

③ 비타민C는 자신이 환원제이지만 믹싱과정에서 산화제로 작용한다.
산소공급이 제한되면 산화를 방지하여 환원제의 역할

03 기타 재료

01 기타 가루(Miscellaneous Flour)

1. 호밀가루(Rye Flour)

호밀은 빵 원료곡식으로 특히 독일, 폴란드, 스칸디나비아 반도 일대와 소련 등 나라에서는 매우 중요한 위치를 차지한다.

영양학적 측면에서 밀가루와 근본적인 차이가 없고, 호밀빵과 식빵 단백질의 생물가도 거의 같다.

(1) 호밀의 구성

① 호밀의 평균 성분구성

성분	함유량(%)
단백질	12.6
지방	1.7
섬유질	2.4
탄수화물	70.9
회분	1.9
수분	10.5

② 호밀의 단백질은 밀단백질과 유사하나 글루텐 형성 단백질인 프로라민과 글루테닌은 호밀에 전단백질의 25.72%인데 비하여 밀의 경우는 90%나 되는 차이가 있다.(글루텐 형성 능력이 떨어진다)

③ 펜토산 함량이 높아 반죽을 끈적이게 하고 글루텐 형성을 방해한다.

④ 제빵 적성을 해치는 껌류는 유산과 초산등 유기산에 의하여 영향력이 감소되므로 일반 이스트 발효보다 사워(sour) 반죽 발효에 의해 우수한 품질의 호밀빵이 된다.

⑤ 호밀의 지방은 1.7~2.3% 이고, 제분율에 따라 호밀가루에는 0.65~1.25%의 지방이 함유된다. 이 지방이 분해되어 유리지방산이 되면 호밀가루가 굳어지므로 지방 함량이 높은 호밀가로는 저장성이 나빠진다.

(2) 호밀의 제분

밀의 제분과 일반적으로 같다. 제분율에 따라 호밀가루 제품이 달라진다.

① 백색 호밀가루

㉠ 회분 함량 = 0.55~0.65%, 단백질 함량 = 6~9%

㉡ 크리어 밀가루 60% + 백색 호밀가루 40% = 적정 부피 가능

② 중간색 호밀가루

㉠ 회분 함량 = 0.65~1.0%, 단백질 함량 = 9~11%

㉡ 크리어 밀가루 70% + 중간색 호밀가루 30% = 적정 부피 가능

③ 흑색 호밀가루

㉠ 회분함량 = 1.0~2.0%, 단백질 함량 = 12~16%

㉡ 크리어 밀가루 80% + 흑색 호밀가루 20% = 적정 부피 가능

2. 대두분(Soybean Flour)

콩은 인류에 의해 재배된 가장 오래된 농작물의 하나로 중국에 있어 콩은 식품 단백질의 중요 자원이었고 B.C 2823년 이미 언급된 바 있다. 이것이 1712년에 유럽으로 전래된 후 전 세계에 널리 전파되어 사료과 기름 등 수많은 식품 용도로 개발되고 있다.

(1) 콩의 성분 구성

① 콩의 화학적 구성

성분	최소(%)	최대(%)	평균(%)
수분	5.02	9.42	8.0
회분	3.30	6.35	4.6
지방	13.50	24.20	18.0
섬유질	2.84	6.27	3.5
단백질	29.60	50.30	40.0
펜토산	3.77	5.45	4.4
설탕류	5.65	9.46	7.0
전분유사물	4.65	8.97	5.6

② 제품별 대두 단백질

제품별	단백질(%)	지방(%)	수분(%)
전지 대두분	41.0	20.5	5.8
고지방 대두분	46.0	14.5	6.0
저지방 대두분	52.5	4.0	6.0
탈지 대두분	53.0	0.6	6.0
농축 대두분	66.2	0.3	6.7

제품별	단백질(%)	지방(%)	수분(%)
분리 대두분	92.8	0.1	4.7
레시틴 처리 대두분	51.0	6.5	7.0

※ 제과 제빵용은 탈지 대두분 또는 레시틴 처리 대두분이 권장되고 있다.

(2) 대두 단백질

① 필수 아미노산 '라이신' 함량이 높아 밀가루 영양의 보강제로 사용된다.

② 밀 단백질과는 화학적 구성과 물리적 특성도 다르며, 특히 '신장성'이 결여되어 있다.

③ 대두 단백질과 밀 단백질의 아미노산 구성 비교

아미노산 종류	밀 글루텐	대두 단백질
Arginine(아르기닌)	3.9	5.8
Histidine(히스티딘)	2.2	2.2
Lysine(라이신)	1.9	5.4
Tyrosine(티로신)	3.8	4.3
Tryptophan(트립토판)	0.8	1.5
Phenylalanine(페닐알라닌)	5.5	5.4
Cystine(시스틴)	1.9	1.0
Methionine(메티오닌)	3.0	2.0
Threonine(트레오닌)	2.7	4.0
Leucine(류신)	12.0~2.6	6~8
Isoleucine(이소류신)	3.7~0.2	4.0
Valine(발린)	3.4~0.5	4~5
Sulfur(설퍼)	1.1	1.1

(3) 이용

빵 과자 제품에 대두분을 사용하는 이유는 영양가를 높이고, 물리적 특성에 영향을 주기 때문이다.

① 저장성 증가

㉠ 빵 속으로 부터의 수분 증발 속도 감소

㉡ 전분의 '겔'과 글루텐 사이에 있는 물의 상호변화를 늦춘다.

㉢ 대두 인산 화합물 의 항산화제 역할을 한다.

② 빵 속 조직을 개선한다.

③ 토스트 할 때, 황금갈색 색상을 띤 고운 조직의 빵을 만든다.

④ 단백질의 영양적 가치는 전밀빵 수준 이상이다.

※ 실제로 현재 대두분 사용에 거부감을 느끼는 것은 제빵 기능성이 나쁘기 때문이다.

3. 활성 밀 글루텐(Vital Wheat Gluten)

(1) 제 조

① 밀가루에 물을 넣고 믹싱하여 느슨한 반죽을 만든다.(글루텐 형성)

② 반죽 중의 전분과 수용성 물질을 세척한다.

③ 조절된 조건하에서 글루텐을 건조하고 분말형태로 만든다.
(가능한 저온에서 고도의 진공으로 분무 건조)

(2) 활성 밀 글루텐 구성

성분	함유량(%)
수분	4~6
단백질(N×5.7)	75~77
광물질	0.9~1.1
지방	0.7~1.5

(3) 이용

① 반죽의 믹싱 내구성을 개선하고, 발효, 성형, 최종 발효의 안전성을 높인다.

② 사용량에 대하여 1.25~1.75%의 가수량을 증가시킨다.

③ 제품의 부피, 기공, 조직, 저장성을 개선시킨다.

④ 하스(Hearth)형태의 빵과 롤, 소프트 번과 롤, 호밀빵, 건포도빵, 단과자 빵, 규정식 빵 등에 널리 사용

4. 감자 가루, 땅콩 가루, 면실분

(1) 감자 가루

① 구황식량, 향료제, 노화지연제, 이스트 영양제로 사용

② 생감자의 구성

성분	생감자 상태(%)	건물기준(%)
수분	75	-
단백질	2	8
탄수화물	20	80
지방, 섬유질 등	3	12

③ 감자가루의 구성

성분	함유량(%)	성분	함유량(%)
수분	7.2	칼슘	0.03
회분	3.2	마그네슘	0.10
단백질(N×6.25)	8.0	칼륨	1.59
지방	1.4	철	0.03
조섬유	1.6	구리	0.001
탄수화물	78.7	인	0.18

(2) 땅콩 가루

① 땅콩 가루의 구성

성분	함유량(%)	범위(%)
단백질	60.0	55~62
지방	7.0	5~9
섬유질	2.5	2~3
물	6.0	2~10

② 제과용은 95% 이상이 12메쉬(mesh)를 통과하는 것이 좋다.

③ 전체 단백질 함량이 높을 뿐만 아니라 필수 아미노산 함량도 높아 영양강화의 중요한 식품 자원

(3) 면실분

① 면실분의 구성

성분	함유량(%)
수분	6.3
단백질	57.5
지방	6.5
섬유질	2.1
탄수화물	21.4
회분	6.2

② 단백질의 높은 '생물가'를 가지고 있으며 광물질과 비타민이 풍부

③ 영양강화 재료로 사용되고 있으며 밀가루 대비 5% 이하로 사용

02 감미제(Sweetening Agents)

설탕류는 여러 가지 빵 과자 제품을 생산하는데 사용되는 기본재료의 하나로 바람직한 영양소, 감미와 향 재료, 안정제, 발효 조절제 등 복합적 기능을 지니고 있다.

1. 설탕(Cane Sugar)

사탕수수 즙액을 농축하고 결정을 시킨 원액을 원심분리시키면 '원당'과 '제1당밀'로 분리된다.

(1) 정제당

원당 결정 입자에 붙어 있는 당밀 및 기타 불순물을 제거하여 순수한 자당을 얻는데 입상형 당과 분당으로 나눌 수 있다.

① 입상형 당

㉠ 입자가 아주 미세한 제품으로부터 입자가 상당히 큰 제품까지 용도별로 제조

㉡ 빙당, 커피당, 과립당 등 특수용도 제품도 제조

② 분당

㉠ 거친 설탕 입자를 마쇄하여 고운 눈금을 가진 체를 통과시켜 제조

㉡ 3%의 전분을 혼합하여 덩어리가 생기는 것을 방지(인산3 칼슘을 고화방지제로 사용하기도 함)

㉢ 펀던트 슈가, 아이싱 슈가와 같이 모든 입자가 325메쉬를 통과하는 극히 미세한 제품으로부터 거친 분말까지 다양(X표가 많을수록 고운 제품)

※ 이외에 결정형 제품이 아니면서 분당도 아닌 형태의 변형당도 있다. 색상은 백색에서 암갈색까지 다양하고, 설탕 입자는 아주 불규칙한 모양이며 많은 틈이 있어 용해성이 아주 높은 것도 있다.

소프트 슈가, 각설탕, 냉음료 전용 등이 있다.

(2) 액당과 전화당

① 액당은 정제된 자당(설탕) 또는 전화당이 물에 녹아 있는 용액상태이며 설탕이 가수분해되면 포도당과 과당이 동량으로 생성되는데 이 혼합물을 전화당이라 한다.

② 액당의 평균 구성

제품	고형질(%)
설탕(자당) 단독	67.0~67.4
설탕 / 전화당(50%)	76.0~76.6
설탕 / 포도당	67.0~67.4
전화당 / 포도당	72.8~73.2

③ 제과 제품에 사용하는 전화당

제품		권장량, 전체 설탕량 기준(%)
파운드케이크		0.3~7.5
과일케이크	밝은색	10
	어두운색	10~
	화이트	7.5~10
	옐로우 레이어 케이크	7.5~10
	초콜릿	10~30
	로프, 링	5.0~7.5
	레이어, 롤	7.5~15
쿠키		5~15
단과자빵류		20 ~50
아이싱		2.5~10
		10~
마시멜로우		10~50

2. 포도당과 물엿

대부분의 포도당과 물엿은 옥수수를 습식으로 갈아서 만든 전분을 산이나, 효소, 산-효소의 방법으로 가수분해시켜 만든다.

(1) 포도당

① 감미도 : 설탕 100에 대하여 75

② 무수포도당($C_6H_{12}O_6$) 과 함수포도당($C_6H_{12}O_6 \cdot H_2O$) 이 있는데 제과용은 함수포도당(일반포도당)

③ 입자크기

㉠ 일반 제품(14 메쉬 통과)

㉡ 분말 제품(48 메쉬 통과)

㉢ 미분말 제품(200메쉬 통과)

④ 잠열(latent heat)이 45.8BTU / 파운드(설탕 10BTU / 파운드)로 믹싱 중 냉각효과가 크다.

⑤ 발효성 탄수화물과의 관계

㉠ $C_{12}H_{22}O_{11} + H_2O \rightarrow C_6H_{12}O_6 + C_6H_{12}O_6$

설탕 물 포도당 과당

100g 5.26g 52.63g 52.63g

∴ 설탕 100g은 포도당 105g이 된다.

㉡ 일반 포도당 $C_6H_{12}O_6 \cdot H_2O$에는 발효성 탄수화물이 91%정도이고 나머지는 물이므로, 무수포도당 105.26g과 같은 고형질이 되려면 105.26 ÷ 0.91 = 함수포도당 약 115.67(g)

∴ 설탕 100g은 포도당 115g이 된다.

(2) 물 엿

① 전분을 가수분해하여 얻는 물엿에는 포도당, 맥아당, 다당류, 덱스트린 등이 함유되어 점성이 있는 액체가 된다.

② 산 전환 물엿보다 효소 전환 물엿의 점도가 작다.

③ 산 전환, 효소 전환 물엿의 구성

	효소전환 물엿	상전환 물엿 43˚Bé
수분	18.2%	19.7%
전체 고형질	81.8%	80.3%
포도당	30.6%	17.6%
맥아당	27.9%	16.6%
과당류(3당류, 4당류)	13.1%	16.2%
덱스트린	9.9%	29.6%
회분	0.3%	0.3%
포도당 당량	63.0%	42.0%
pH	4.9~5.1	4.9~5.1
점도(38℃)	58 poises	150 poises
비점	111.9℃	108.5℃

〈감미제의 고형질 함량〉

감미제	전체 고형질(%)	고형질 대치(%)
입상형 설탕	100	1.00
물엿 고형질	97.5	1.03
포도당	91.0	1.10
고전환 물엿	82.0	1.22
중전환 물엿	81.0	1.235

감미제	전체 고형질(%)	고형질 대치(%)
일반 물엿	80.0	1.25
액체당(67°브릭스)	67.0	1.50
액체당(76°브릭스)	76.0	1.32
표준 전화당	76.0	1.32

④ 강한 보습성, 자당의 재결정 방지 효과

3. 맥아와 맥아 시럽

맥아와 맥아 시럽에는 광물질, 가용성 단백질, 반죽조절 효소등 이스트 활성을 활발하게 해주는 영양물질이 함유되어 있어서 반죽의 조절을 가속시키고 완제품에 독특한 향미를 준다.

(1) 맥아 제품 사용 이유

① 가스 생산의 증가

② 껍질색 개선

③ 제품 내부의 수분 함유 증가

④ 부가적인 향의 발생

(2) 맥아 시럽의 구성

색상(Lovibond)	80~700
전체 당류, (%)	57.33~60.35
맥아 덱스트린, (%)	13.58~18.73
단백질, (%)	3.79~4.20
회분, (%)	0.89~0.97
산도, (%)	0.54~0.90
전체 고형질, (%)	80.0~80.5

(3) 효소의 활성도

① 저활성 시럽 : 린트너(Lintner)가 30°이하

② 중활성 시럽 : 린트너(Lintner)가 30~60°

③ 고활성 시럽 : 린트너(Lintner)가 70°이상

(4) 사 용

① 중활성 시럽을 밀가루 기준 0.5%사용 → 이스트의 활성을 활발하게 한다.

② 분유 6% 사용시 0.5%의 맥아 시럽 사용으로 분유의 완충효과 보상

③ 중활성 효소제 맥아시럽 사용은 ㉠ 강한 밀가루 ㉡ 분유 사용량이 많은 제품 ㉢ 경수나 알칼리성 물에 여러 가지 장점이 있다.

④ 완제품(기공과 조직, 껍질색) 개선 효과와 수분 보유 특성을 증가 시킨다.

4. 당밀

① 사탕수수 정제 공정의 1차 산물이거나 부산물로서 그 특유한 향 때문에 제과 제빵 제품에도 사용되고 있다.

② 등급

㉠ "오픈케틀(Open Kettle)" 당밀은 적황색으로 당이 약 70%, 회분이 1~2%

㉡ "1차 당밀"은 연한 황색으로 당이 60~66%, 회분이 4~5%

㉢ "2차 당밀"은 적색으로 당이 56~60%, 회분이 5~7%

㉣ 저급 당밀은 담갈색으로 당이 52~55%, 회분이 9~12%
(직접 식용으로 사용하지 않고 가축사료, 이스트 생산, 알코올 생산등의 원료로 사용)

③ 제품

㉠ 시럽 상태 : 30% 전후의 물에 당을 비롯한 고형질이 용해된 상태

㉡ 분말 상태 : 시럽을 탈수시켜 분말, 입상형, 엷은 조각(flake)형을 만든다.

※ 제과에 많이 쓰이는 "럼"주는 당밀을 발효시킨 술이다.

5. 유당

① 유장을 특수 증발장치에 넣어 고형질 50%의 농축액을 만들고, 엄밀한 조건하에서 결정(結晶)을 유도한 후 원심분리, 세척, 재용해, 탈색, 여과, 분무 건조로 만든다.

② 설탕에 비하여 감미도(16)와 용해도가 낮고 결정화가 빠르다.
(연유 중의 유당이 모래알처럼 결정되기도 한다)

③ 환원당으로 단백질의 아미노산 존재하에 "갈변반응"을 일으켜 껍질색을 진하게 하며, 제빵용 이스트에 의해 발효되지 않으므로 잔류당으로 남는다.

※ 조제분유, 유산균 음료 등 유제품에 널리 사용되고 있다

6. 감미제의 기능

(1) 이스트 발효 제품에서의 기능

① 발효가 진행되는 동안 이스트에 발효성 탄수화물을 공급한다.

② 이스트에 의해 소비되고 남은 밀가루 단백질의 아미노산과 환원당으로 반응하여 껍질색을 진하게 한다. → 메일라아드(Mailard)반응

③ 휘발성산과 알데히드 같은 화합물의 생성으로 향이 나게 한다.

④ 속결, 기공을 부드럽게 한다.(연화 효과)

⑤ 수분보유력이 있으므로 노화를 지연시키고 저장 수명을 증가 시킨다.

(2) 과자 제품에서의 기능

① 감미제로 단맛을 나게 한다. → 상대적 감미도

과당	175	맥아당	32
전화당	135	유당	16
자당	100	솔비톨	60
포도당	75		

② 수분보유제로 노화를 지연하고 신선도를 오래 지속시킨다.

③ 밀가루 단백질을 부드럽게 하는 '연화효과'가 있다.

④ 캬라멜화 반응과 갈변 반응에 의해 껍질색이 진해진다.

⑤ 감미제 제품에 따라 독특한 향이 나게 한다.

⑥ 쿠키 퍼짐 조절

⑦ 안정성

(3) 기타 감미제

① 아스파탐(Aspatame) : 아스파린산과 페닐알라닌이라는 2종류의 아미노산으로 이루어진 감미료로 감미도는 설탕의 200배

② 올리고당(Oligosaccharides) : 1개의 포도당에 2~4개의 과당이 결합된 3~5당류로서 감미도는 설탕의 30% 정도이며 장내 유익균인 비피더스균의 증식인자로 알려져 있다.

③ 이성화당 : 포도당의 일부를 과당으로 이성화(異姓化)시킨 당으로 과당-포도당의 혼합상태(HFCS : 고과당물엿)

④ 꿀 : 감미, 수분보유력이 높고, 향이 우수하다.

⑤ 천연 감미료 : 스테비오시드, 글리실리틴, 소미린, 단풍당 등

⑥ 사카린 : 안식향산계열의 인공 감미료

⑦ 캐러맬 색소 : 설탕을 가열하여 캐러맬화 시킨 색소물질

03 유지 제품(Shortening Products)

1. 제품별 특성

(1) 버터(Butter)

① 유지에 물이 분산되어 있는 유탁액으로 향미가 우수

② 우유지방 : 80~81%, 수분 : 14~17%, 소금 : 1~3, 카제인, 단백질, 유당 등 : 1%

③ 비교적 융점이 낮고, 가소성 범위가 좁은 편이다.

④ 저장방법 : 5℃ 이하에서 저장, 냄새를 잘 흡수하므로 잘 밀봉하여 보관

(2) 마가린(Margarine)

① 버터 대용품으로 동물성 지방으로부터 식물성 지방에 이르기까지 원료유가 다양하다.

② 지방 : 80%, 우유 : 16.5%, 소금 : 3.0%, 유화제 : 0.5%, 인공 향료와 색소 : 약간

〈마가린 종류의 지방 고형질 계수〉

수분 / 제품	지방 고형질 계수				융점
	10℃	20℃	30℃	35℃	℃
식탁용 마가린	41.5	26.0	6.0	1.0	34.2
케익용 마가린	39.0	25.0	10.0	5.5	41.3
롤-인 마가린	24.1	20.5	18.8	16.3	46.1
퍼프용 마가린	27.4	24.2	22.6	20.1	48.3

※ 파이용 마가린이란 롤-인, 퍼프용 마가린과 같이 가소성(plasticity) 범위가 넓은 제품이다.

(3) 액체 쇼트닝(Fluid Shortening)

① 유화제 사용으로 가소성 쇼트닝의 공기 혼합능력을 지니면서 유동성이 크다.

② 케이크 반죽의 유동성, 기공과 조직, 부피, 저장성 등을 개선시킨다.

(4) 라드(Lard)

① 돼지의 지방조직으로부터 분리해서 정제한 지방

② 주로 '쇼트닝가'를 높이기 위해 빵, 파이, 쿠키, 크래커에 사용

(5) 튀김기름(Frying Fat)

① 튀김기름이 갖추어야 할 요건

㉠ 튀김물(도우넛 등)이 구조 형성을 할 수 있게 열전달을 해야 한다.

㉡ 튀김 중 또는 포장 후 불쾌한 냄새가 나지 말아야 한다.

㉢ 설탕의 탈색, 지방침투가 일어나지 않게, 흡수된 지방은 제품이 냉각되는 동안 충분히 응결되어야 한다.

㉣ 기름을 대치할 때 그 성분과 기능이 바뀌지 않아야 한다.

② 튀김기름의 4대 적

온도 또는 열 - 수분 또는 물 - 공기 또는 산소 - 이물질

③ 튀김 온도 : 튀김물의 무게에 따라180~194℃ 높은 온도에서 튀기므로 '안정성'이 중요

④ 유리지방산 함량이 0.1% 이상이 되면 '발연현상'이 일어나며, 통상 0.35~0.5%에서 작업하게 된다. 이와 같은 수준이 되는 기간을 품질기간(quality period)이라 한다.

2. 계면활성제(유화제)

계면활성제는 액체의 표면장력을 수정시키는 물질로, 빵과 과자에 응용하면 부피와 조직을 개선하고 노화를 지연시킨다.

(1) 화학적 구조

① 친수성 그룹 : 유기산 등 "극성기"를 가지고 있어 물과 같은 극성물질에 강한 친화력을 갖는다.

② 친유성 그룹 : 지방산 등 "비극성기"를 가지고 있어 유지에 쉽게 용해되거나 분산시킨다.

③ 친수성 - 친유성 균형(hydrophile-lipophile balance) : 친유성단에 대한 친수성단의 크기와 강도의 비

㉠ 계면활성제 분자 중의 친수성 부분의 % 를 5 로 나눈 수치로 표시한다.

㉡ HLB 수치가 9 이하 : 친유성으로 기름에 용해, 11이상 : 친수성으로 물에 용해된다.

※ 모노글리세라이드는 HLB가 2.8~3.5이므로 친유성, 폴리솔베이트 60은 HLB가 15 이므로 친수성

(2) 주요 계면활성제

① 레시틴

㉠ 옥수수유와 대두유로부터 얻는 친유성 유화제

㉡ 빵반죽 기준 0.25%, 케이크 반죽에는 쇼트닝의 1~5% 사용

② 모노-디 글리세라이드

㉠ 유지가 가수분해 될 때의 중간 산물

㉡ 쇼트닝 제품에 유지의 6~8%, 빵에는 밀가루 기준 0.375~0.5% 사용

③ 모노-디 글리세라이드의 디아세틸 탈타린산 에스텔 : 친유성기와 친수성기가 1:1이므로 유지에도 녹고 물에도 분산

④ 아실 락티레이트 : 밀가루 기준 0.35%, 쇼트닝 기준 3% 사용

⑤ SSL : 크림색 분말로 물에도 분산되고 뜨거운 기름에 용해, 프로필렌 글리콜 모노-디 글리세라이드 등

3. 제과 제빵에 있어서의 기능

(1) 쇼트닝 기능

① 비스킷, 웨이퍼, 쿠키, 각종 케이크류에 부드러움과 무름을 주는 기능을 가진다.

② 믹싱 중에 유지가 얇은 막을 형성하여 전분과 단백질이 단단하게 되는 것을 방지하여 구운 후의 제품에도 윤활성을 제공한다.

③ 액체유는 가소성이 결여되어 반죽에서 피막을 형성하지 못하고 방울 형태로 분산되기 때문에 쇼트닝 기능이 거의 없다.

※ 쇼트미터(shortmeter)로 측정

(2) 공기 혼입 기능

① 믹싱 중에 지방이 포집하는 공기는 작은 공기세포와 공기방울 형태로 굽기 중 팽창하여 적정한 부피, 기공과 조직을 만든다.

② 가소성 유지는 액체유의 구(球)형에 비하여 덩어리 형태가 되어 표면적이 더 크고 더 많은 공기를 포집할수 있다. 이 공기 세포가 굽기 중 증기압에 의해 팽창되는 핵인 것이다.

③ 케이크 반죽 속의 유지는 불규칙한 호수 형태를 이루는데 여기에 유화제를 첨가하면 단위 면적당 유지입자 수가 증가되어 케이크의 부피를 증대시킨다.

(3) 크림화 기능

① 지방이 믹싱에 의해 공기를 흡수하여 크림이 되는 기능을 말한다.

② 크림성이 양호한 유지 : 쇼트닝의 275~350% 에 해당되는 공기를 함유하게 된다.

③ 설탕 : 지방 = 3 : 2 혼합하여 믹싱 : 150~200% 공기 혼입, 계란을 서서히 첨가하며 믹싱하면 275~350% 의 공기를 함유한다.

(4) 안정화 기능

① 케이크 반죽의 연결된 외부적 요소(밀가루, 설탕, 계란, 우유 등이 물과 혼합된)가 불연속적인 내부적 요소인 유지와의 유상액 형성으로 공기를 함유한다.

② 고체 상태의 지방이 크림으로될 때 무수한 공기 세포를 형성하여 보유 = 반죽에 기계적 강도를 주고, 오븐 열에 의하여 글루텐 구조가 응결되어 튼튼해 질 때까지 주저앉는 것을 방지한다.

(5) 식감과 저장성

① 식감이란 식품을 먹을 때 미각, 후각, 촉각 등 감각적 느낌을 포함하는 개념으로 쓰이는데, 재료 자체보다도 완제품에서의 식감이 중요하다.

② 제품의 저장성은 일정한 기준의 신선도를 측정하여 결정되는데 제품 종류에 따라 다르다. 장기간 저장이 가능한 제품에 사용하는 유지는 유지 자체의 저장도 중요하다.

04 우유와 우유제품(Milk and Milk Products)

인류가 가축의 젖을 식품으로 사용하기 시작한 것은 6,000년 이전으로 보며, 지역에 따라서는 염소, 물소, 라마, 순록, 낙타 등도 젖을 공급하고 있으나 젖소가 가장 효율적이고 중요한 우유 생산 동물이란 점에서 주로 우유에 대하여 언급하고자 한다.

1. 우유의 구성

〈포유동물 젖의 평균 조성(%)〉

동물	수분	지방	단백질	유당	회분
젖소	87.50	3.65	3.40	4.75	0.70
사람	87.79	3.80	1.20	7.00	0.21
양	80.60	8.28	5.44	4.78	0.90
돼지	80.63	7.60	6.15	4.70	0.92
말	89.86	1.59	2.00	6.14	0.41
낙타	87.67	3.02	3.45	5.15	0.71
개	74.55	10.20	3.15	11.30	0.80

(1) 우유 지방(Milk Fat, Butter Fat)

① 유지방 입자는 0.1~10(평균 3)의 미립자 상태이다.

② 유장(serum)의 비중 1.030에 비해 유지방의 비중은 0.92~0.94이므로 원심분리하면 지방입자가 뭉쳐 크림이 된다.

③ 유지방에는 황색 색소 물질인 카로틴을 비롯한 식물 색소 물질, 인지질인 레시틴, 세파린, 콜레스테롤, 지용성 비타민 A, D, E 등이 들어 있다.

④ 지방 용해성 스테롤인 콜레스테롤($C_{27}H_{45}OH$) 은 뇌조직, 신경, 혈관, 간 조직에 존재하는 중요한 호르몬과 유사한 물질로 0.071~0.43% 함유하고 있다.

(2) 단백질(Proteins)

① 주 단백질인 카제인은(약 3%) 산과 효소 렌닌에 의해 응고

※ pH 6.6 에서 pH 4.6 으로 내려가면 칼슘과의 화합물 형태로 응유된다.

분자량 = 75,000~100,000

② 락토알부민과 락토글로불린은 0.5% 정도씩 들어 있다. 열에 의해 변성되어 응고된다.

③ 필수 지방산과 20여 종의 아미노산을 포함 → 완전식품으로 불린다.

(3) 유당(Lactose, Milk Sugar)

① 우유의 주된 당으로 평균 4.8% 함유한다.

② 제빵용 이스트에 의해 발효되지 않는다.

③ 유산균에 의해 발효되면 유산(乳酸)이 되고, 산가가 0.5~0.7%(pH 4.6)에 이르면 단백질 카제인이 응고된다.

④ 우유에 신맛을 느낄 수 있는 유산 함량은 0.25~0.30%

(4) 광물질(Minerals) : 무기질

① 우유의 회분 함량은 0.6~0.9%(평균 0.72%)로 전체의 약 1/4을 차지하는 칼슘과 인은 영양학적으로 중요한 역할

② 구연산은 0.02% 정도 함유

③ 광물질은 주로 용액 상태로 우유에 녹아 있지만 칼슘, 인, 마그네슘의 일부는 카제인과 유기적으로 결합

(5) 효소와 비타민(Enzymes and Vitamins)

① 리파제, 아밀라제, 포스파타제, 퍼옥시다제, 촉매 효소 등을 비롯해서 갈락타제, 락타제, 뷰티리나제 등 효소는 살균 또는 분유 제조 과정에서 대부분 불활성화

② 비타민 A, 리보플라빈, 티아민은 풍부하나 비타민 D와 E는 결핍

2. 우유 제품

(1) 시유(Market Milk)

① 시유라 하는 것은 음용하기 위해 가공된 액상 우유로, 원유를 받아 여과 및 청정과정을 거친 후 표준화, 균질화, 살균 또는 멸균, 포장, 냉장하는 것이다.

② 우유 규격

〈축산물 가공처리법〉

제품	무지 고형분	유지방	비중	산도	세균수	대장균
시유	8.0% 이상	3.0% 이상	1.028~1.034	0.18 이하(져지종) 0.20이하	40,000이하 /ml(표준 평판법)	10이하 /ml
멸균유	8.0% 이상	3.0% 이상	1.028~1.034		*음성	*음성
가공유	7.2% 이상	2.7% 이상	-	0.18% 이하	40,000이하 /ml	10이하 / ml

③ 농축유유(Concentrated Milk) : 연유

㉠ 우유 중의 수분을 증발시켜 고형질 함량을 높인 우유

㉡ 증발 농축 우유 : 유지방 7.9% 이상, 고형질 25.9% 이상으로 농축(원유 고형질의 2.25배)하고 116~118℃에서 살균

㉢ 일반 농축 우유 : 수분을 27% 수준까지 낮춘 우유

㉣ 가당 농축 우유 : 지방 8.6%, 유당 12.1%, 단백질 8.2%, 회분 1.7%, 첨가하는 당 42%, 물 27.3% 조성

※ 농축우유(연유)에서 모래알 같은 촉감을 느끼는 것은 급랭 시 유당이 결정화 된 것이다.

(3) 분유(Dry Milks)

① 종류

㉠ 전지분유, ㉡ 부분 탈지분유, ㉢ 탈지분유

② 제품별 조성

〈제품별 조성〉

제품	수분	지방	단백질	유당	회분
전지분유	2.4~4.5	25~29.2	24.6~28.3	31.4~39.9	5.6~6.2
부분 탈지분유	2.1~5.3	13.0~22.0	25.7~38.4	34.7~48.9	5.7~7.3
탈지분유	2.7~3.6	0.78~1.03	35.6~38.0	50.1~52.3	8.0~8.36

③ 열처리가 잘못된 분유는 빵제품 부피를 감소시키고 시스테인과 글루타치온을 넣은 것과 같이 반죽을 약하게 한다.

(4) 유장 제품(Whey Products)

① 유장은 우유에서 유지방, 카제인 등이 응유되어 분리되고 남은 부분이다. 우유의 수용성 비타민과 광물질, 비카제인 계열 단백질과 대부분의 유당이 함유되어 있다.

② 탈지분유와 유장의 평균 조성 비교

성분	탈지분유	유장분말
수분	3.0	4.0
단백질	35.7	12.5
지방	0.8	1.0
유당	52.3	73.5
회분	8.2	9.0

③ 조제분유 : 유장에 탈지분유, 대두분, 밀가루, 효소, 비타민, 무기질 등을 넣어 만든 분유제품

* 이외에 우유로부터 만드는 제품으로는 유지방으로 '버터', 우유 단백질로 '치즈', 유당으로 각종 '유산균 제품' 유지함량 18.0% 이상인 '생크림' 등이 있다.

※ 기타

① 수분이 많은 우유는 뚜껑을 개봉하여 냉장 보관한다.

② 고온 다습한 곳에 분유를 장기간 저장하면 노화취, 산패취가 난다.

③ 빵 반죽에서 탈지분유는 완충제 역할을 한다.

④ 스폰지 도우법에서 분유를 스폰지에 첨가하는 경우

- 저단백질 또는 약한 밀가루 사용 시

- 아밀라제 활성이 과도할 때
- 발효시간을 짧게 할 때
- 밀가루가 쉽게 지치는 경우

05 계란과 난제품

1. 계란의 구성

(1) 구 조

① 노른자 : 구형(球形)으로 중심부에 위치하고 알끈이 양쪽으로 흰자에 연결

② 흰 자 : 노른자를 둘러싸고 껍질과 경계

③ 껍 질 : 외막과 내막으로 분리되어 있으며 냉각, 숙성되면서 공기포가 생긴다.
껍질은 계란의 액체물질을 보호하는 용기의 역할

(2) 부위별 구성

① 껍질에 묻어 있는 흰자가 있으므로 흰자는 60% 미만이 된다.

② 60g이 넘으면 노른자 비율이 감소하고 흰자 비율이 증가

부위	구성비	개략적인 비율
껍질	10.3%	10%
전란	89.7	90
노른자	30.3	30
흰자	59.4	60

(3) 부위별 화학적 조성

성분	전란(%)	노른자(%)	흰자(%)
수분	75.0	49.5	88.0
단백질	13.0	16.5	11.2
지방	11.5	31.6	0.2
당(포도당 기준)	0.3	0.2	0.4
회분	0.9	1.2	0.7

① 흰자

㉠ 4개의 층(가장 바깥쪽 묽은 흰자, 중간쪽 흰자, 내부쪽 흰자, 노른자 외막의 진한 흰자)

㉡ 콘알부민(Con albumin) : 전체 흰자의 13%를 차지하는 항세균물질

㉢ 아비딘(Avidin) : 흰자의 0.05%로 비오틴(biotin)과 결합(비오틴의 흡수를 저해)

② 노른자

㉠ 단백질, 지방, 소량의 광물질과 포도당의 복잡한 혼합물

㉡ 노른자에는 인지질인 레시틴(Lecithin) 소량 함유

㉢ 노른자 고형질의 70%를 차지하는 지방의 65%가 트리글리세라이드, 30%가 인지질, 4%가 콜레스테롤, 카로틴 색소와 비타민이 극미량 함유

2. 계란 제품

(1) 생계란(Shell eggs)

① 껍질과 내막은 배(胚)가 발달하는 데 필요한 기체의 교환이 가능하도록 많은 구멍과 반투막으로 구성 = 박테리아 오염이 용이

② 적절한 위생처리가 필요

㉠ 선별

㉡ 세척

㉢ 살균(60~62℃에서 3분 30초)

③ 등불검사(candling)로 신선도를 측정 = 흰자가 진하며 노른자가 공모양으로 움직이지 않는게 신선함

(2) 냉동 계란(Frozen eggs)

① 세척, 살균한 계란을 껍질로 부터 분리하고 용도에 따라 전란, 노른자, 흰자, 강화란으로 만든다.

② -23~-26℃로 급속 냉동하고, -18~-21℃에 저장한다.

③ 냉동 계란의 해동은 21~27℃ 온도에서 18~24시간, 흐르는 물에 담가 5~6시간 녹이는데, 사용 전에 잘 혼합하고 2일 내에 사용한다.

(3) 분말 계란

① 전란 분말

㉠ 전란을 분무 건조시킨 제품

㉡ 전란 : 물 = 1 : 3 이 되도록 가수(加水)하여 혼합한다.
(액란) 건조재료와 함께 사용하는 방법도 있다.

② 노른자 분말

㉠ 노른자를 흰자로부터 분리하여 분무건조

㉡ 노른자 : 물 = 1 : 1.25 가 되도록 가수하여 혼합한다.

㉢ 프리믹스에 많이 이용(분말상태로 사용함)

③ 흰자 분말

㉠ 전란에서 흰자를 분리하여 분무건조

㉡ 흰자 : 물 = 1 : 7이 되도록 가수하여 혼합한다.

㉢ 거품형성(글로불린), 거품안정(오보뮤신), 케이크의 구조형성(오브알부민)

3. 계란의 사용

(1) 기능

① 결합제 역할 : 단백질이 변성하여 농후화제가 된다.(커스터드 크림)

② 팽창작용 : 계란 단백질이 피막을 형성하여 믹싱 중의 공기를 포집하고, 이 미세한 공기는 열 팽창하여 케이크 제품의 부피를 크게 한다.(스폰지 케이크)

③ 쇼트닝 효과 : 노른자의 지방이 제품을 부드럽게 한다.

④ 색 : 노른자의 황색 계통은 식욕을 돋구는 속색을 만든다.

⑤ 영양가 : 건강생활을 유지하고 성장에 필수적인 단백질, 지방, 무기질, 비타민을 함유한 거의 완전식품이다.

(2) 취급

① 신선한 계란

㉠ 껍질이 거친 상태

㉡ 밝은 불에 비추어 볼 때 노른자가 구형인 것

㉢ 6~10 % 소금물에 담갔을 때 가라 앉는 것(비중 : 1.08)

㉣ 계란을 깼을 때 노른자의 높이가 높은 것

㉤ 난황계수는 신선도가 떨어질수록 수치가 낮다.

② 취급상 유의사항

㉠ 껍질에 묻은 오물 등을 세척하고 사용한다.(위생란 상태)

㉡ 신선한 계란은 기포성이 우수하다.(기포시간은 다소 길다)

㉢ 흰자와 노른자를 분리할 때 흰자에 노른자가 들어가지 않도록 한다.

㉣ 흰자를 거품 올릴 때 용기나 흰자에 기름기가 없어야 한다.

㉤ 오래두고 사용 할 계란은 냉장 온도에서 보관한다.

06 이스트(Yeast)

1. 이스트 일반

(1) 생물학적 특성

① 원형 또는 타원형으로 길이가 1~10μ, 폭이 1~8μ

② 엽록소가 없어서 외부로부터 영양가를 공급받아야 하는 타가영양체로 자낭균류의 단

세포 식물

③ 학명 : Saccharomyces serevisiae

④ 세포벽 : 식물세포 특유의 셀룰로스막으로 거의 모든 용액을 통과시킨다.

⑤ 원형질막 : 이스트에 필요한 용액만을 선택적으로 통과시킨다.(영양물 흡수, 대사 최종산물 배설)

⑥ 핵 : 직경 1μ정도인 핵은 1개이며, 대사의 중추 역할을 담당하고 유전인자 함유

(2) 생 식

① 출아법(budding)

㉠ 무성생식으로 이스트의 가장 보편적인 증식방법

㉡ 성숙된 이스트 세포의 핵이 2개로 분리되면서 유전자도 분리 → 어미세포의 핵과 세포질이 출아된 세포로 이동하여 새로운 딸세포를 형성(정상 조건하에서 2시간 소요)

② 포자 형성(sporulation)

㉠ 무성생식으로 주위의 조건이 부적합할 때의 증식 방법

㉡ 포자낭 속에서 작은 포자로 성장하다가 낡은 세포벽이 터지면 밖으로 방출되어 있다가 조건이 맞으면 발아

③ 유성 생식

㉠ 목적에 맞도록 된 서로 대응이 되는 세포를 교잡시키는 잡종교배

㉡ 발효력, 견실성, 저장성 등 이스트의 능력을 개선하는데 이용

(3) 화학적 구성

① 일반 성분

수분(%)	회분(%)	단백질(%)	인산(%)	pH
68~83	1.7~2.0	11.6~14.5	0.6~0.7	5.4~7.5

※ 제빵용 생이스트의 수분은 73% 전후로 하는 것이 보통임

② 이스트 단백질과 근육 단백질의 필수 아미노산 비교

아미노산	이스트 단백질(%)	근육 단백질(%)
Arginine(아르기닌)	4.3	7.1
Tyrosine(티로신)	4.2	3.1
Cystine(시스틴)	1.3	1.1
● Histidine(히스티딘)	2.8	2.2
○ Lysine(라이신=리신)	6.4	8.1

아미노산	이스트 단백질(%)	근육 단백질(%)
○ Valine(발린)	4.4±0.8	3.4±0.4
○ Leucine(류신)	13.2±2.6	12.1±1.1
○ Isoleucine(이소류신)	3.4±0.2	3.4±0.2
○ Methionine(메티오닌)	+	3.3
○ Threonine(트레오닌)	5.0	5.2
○ Tryptophan(트립토판)	1.4	1.2
○ Phenylalanine(페닐알라닌)	4.1	4.5

(4) 이스트에 있는 효소

효소	작용물질	분해 생성물
프로티아제(Protease)	단백질	펩티드, 아미노산
리파제(Lipase)	지방	지방산 + 글리세린
인벌타제(Invertase)	설탕(자당)	포도당 + 과당
말타제(Maltase)	맥아당	포도당 + 포도당
찌마제(Zymase)	단당류(포도당, 과당)	CO_2 + 알코올
락타제(Lactase)	유당	포도당 + 갈락토오스
		제빵용 이스트에는 없다.

2. 제품과 취급

(1) 제 품

① 생이스트 = 압착효모(Compressed Yeast)

㉠ 본 배양기의 이스트를 여과, 균질화, 가소성 덩어리를 만들고 사출기를 통해 정형시킨 효모

㉡ 70~75 %의 수분을 함유

㉢ 냉장온도가 현실적인 이스트의 보관 온도(0℃ : 2~3개월, 13℃ : 2주, 22℃ : 1주도 어렵다)

㉣ 대형 단위로 제품화 한 것을 '벌크 이스트'라 한다.

② 활성 건조 효모(Active Dry Yeast)

㉠ 수분 7.5~9.0%로 건조시킨 효모

㉡ 건조공정과 건조 저장에 견뎌 낼 균주를 이용(질소 충전 또는 진공포장으로 안정도가 1년 이상 유지)

㉢ 이론상 생이스트의 1/3 만 사용해도 되지만 건조공정과 수화 중에 활성세포가 다

소 줄기 때문에 실제로 40~50% 사용한다.

ⓔ 수화(水化) : 40~50%의 물(이스트의 4배 중량)에 5~10분 정도 유지함

* 낮은 온도의 물로 수화시키면 이스트로부터 글루타치온(glutathione)이 침출되어 반죽이 끈적거리고 약하게 된다.

ⓜ 장점 : 균일성, 편리성, 정확성, 경제성

* 인스턴트(Instant) 이스트 : 활성건조 효모의 단점 보완하고 수화시키지 않고 직접 사용해도 됨

③ 불활성 건조 효모(Inactive Dry Yeast)

㉠ 높은 건조 온도에서 수분을 증발시키므로 이스트 내의 효소계를 완전히 불활성화 시킴

㉡ 빵·과자제품의 영양보강제로 사용한다.

㉢ 우유와 계란의 단백질과 같은 영양가를 가지고 있으며 특히 필수아미노산인 라이신이 풍부해서 곡물식품의 결핍보강을 한다.

ⓔ 환원제인 글루타치온이 침출되지 않도록 처리해야 한다.

(2) 취급과 저장

이스트도 생물이므로 취급과 저장에 대해서 신경쓰도록 한다.

- 설탕, 유효질소, 광물질, 비타민, 물과 같은 영양소과 함께 취급이 된다.
- 온도, 효소, 산소, pH, 시간, 영양물질의 농도, 독성물질과 같은 환경요소에 지배됨으로 적절한 사용과 취급이 요구된다.

① 빵 반죽 내에서의 이스트 작용 요약은 다음과 같다.

- 2~3시간 발효 중에는 이스트 세포 수의 증가는 없다.
- 이스트는 포도당, 과당, 설탕, 맥아당을 발효성 탄수화물로 이용하지만 유당을 발효시키지 못한다.
- 발효 최종 산물은 이산화탄소(CO_2)와 에칠 알코올이다.

  이산화탄소는 팽창에, 알코올은 다른 과정을 거쳐 pH를 낮추어 글루텐 숙성과 향을 발달시킨다.
- 가스 생산의 최대점이 반죽의 가스 보유력이 최대인 점과 일치하도록 글루텐을 조절하는 기능
- 이스트 세포는 63℃ 근처에서, 포자는 약 69℃에서 죽는다.
- 온도 30~38℃, pH 4.5~4.9에서 발효력이 최대로 된다.

② 사용

- 너무 높은 온도의 물과 직접 닿지 않도록 한다. 이스트는 48℃에서 세포의 파괴가 시작된다.

- 믹서의 기능이 불량한 경우에는 소량의 물에 풀어서 사용하면 전반죽에 고루 분산 된다.
- 이스트와 소금은 직접 접촉하지 않도록 한다.
- 고온 다습한 날에는 이스트의 활성이 증가되므로 반죽 온도를 낮춘다.
- 이스트는 통상 냉장고에 보관한다.
- 먼저 배달된 이스트부터 순서대로 사용한다.(선입선출)
- 사용직전에 냉장고에서 꺼내며, 여러 시간씩 실온에 방치하는 것은 좋지 않다.
- 이스트 사용량과 관계되는 사항

〈다소 증가하여 사용하는 경우〉

→ 글루텐의 질이 좋은 밀가루 사용
→ 미숙한 밀가루의 사용
→ 소금 사용량이 조금 많을 때
→ 반죽 온도가 다소 낮을 때
→ 물이 알칼리성일 때

〈증가하여 사용하는 경우〉

→ 설탕 사용량이 많을 때
→ 우유 사용량이 많을 때
→ 발효시간을 감소시킬 때
→ 소금 사용량이 많을 때

〈다소 감소하여 사용하는 경우〉

→ 손으로 하는 작업공정이 많을 때
→ 실온이 높을 때
→ 작업량이 많을 때
→ 감소하여 사용하는 경우

〈감소하여 사용하는 경우〉

→ 자연 효모와 병용하는 경우
→ 발효시간을 지연시킬 때

※ 미생물 감염을 감소시키는 공장위생

① 소독액을 벽, 바닥, 천정을 세척하도록 한다.
② 기구, 수돗물 탱크와 수도관, 콘베이어 등을 청소하고 소독하도록 한다.
③ 뚜껑이 있는 재료통 사용하도록 한다.
④ 재료는 적절한 환기와 조명시설이 된 저장실에 보관하도록 한다.
⑤ 제조공정을 잘 지킨다.(이스트 활동이 활발하면 세균번식이 억제)
⑦ 공기를 세척하고 여과하도록 한다.
⑧ 노화된 제품, 감염된 제품은 절대로 공장에 반입하지 않는다.
⑨ 제품의 산도(pH)를 높여 곰팡이와 로우프 억제하도록 한다.
⑩ 적정한 억제제 사용하도록 한다.
⑪ 자외선 조사로 공기 중 미생물 살균하도록 한다.
⑫ 제품에 초단파열선을 조사하도록 한다.

07 물과 이스트푸드(Yeast Food)

물은 지표면의 3/4인 바다를 이루고, 공기 중에도 우리 인체에도 있는 가장 흔하면서도 가장 중요한 물질이다. 식품의 필수 구성 물질이면서 소화를 돕기도 한다. 물이 없는 빵이나 과자를 생각할 수 없고, 물은 반죽의 특성에 관계할 뿐만 아니라 완제품의 품질에도 크게 영향을 준다.

1. 물의 경도

(1) 연수와 경수

① 경도(Hardness)

- 주고 칼슘염과 마그네슘염이 녹아 있는 양에 지배
- 칼슘염과 마그네슘염을 탄산칼슘으로 환산한 양을 ppm으로 표시

	연수	아연수	아경수	경수
ppm	60이하	60이상~120미만	120이상~180미만	180이상

② 일시적 경수 : 가열에 의해 탄산염이 침전되어 연수로 되는 물

③ 영구적 경수 : 가열에 의해서 경도가 변하지 않는 경수

(2) 물의 처리

① 여과 : 물에 들어 있는 불순물을 제거 하는 것
(활성탄소를 사용하면 바람직하지 못한 맛과 냄새를 내는 유기물을 흡착시킨다)

② 양이온 교환법 : 나트륨 비석과 수소비석을 사용하여 물을 연화시킴

③ 음이온 교환법 : 교환수지에 산을 직접 흡착시켜 물을 연화시킴

④ 석회 – 소다법 : 중탄산 칼슘과 마그네슘을 석회와 소다와 반응시켜 불용성 화합물로 침전시키는 것

* 물에 있어 광물질과 불순물의 제거와 더불어 〈생물학적 순도〉에 대하여도 세심한 주의가 필요하다. 세균 특히 병원균이 오염된 물은 제과·제빵의 중요한 재료로 부적합함으로 사전에 혹은 계속적인 소독이 필요하다.

2. 제빵에서의 물

(1) 물의 특성과 이스트푸드 사용량 관계

물의 형태	분류	이스트푸드의 형태	이스프푸드의 요구량	기타 특수 조치
산성 (pH 7 이하)	① 연수 (120 PPM 미만)	정규	정상	스폰지에 소금 첨가 (심한 경우 $CaSO_4$ 첨가)
	② 아경수 (120~180 PPM)	정규	정상	불필요

	③ 경수 (180 PPM 이상)	정규	감소	심한 경우 스폰지에 맥아 첨가
중성 (pH 7~8)	① 연수 ② 아경수 ③ 경수	정규 정규 정규	증가 정상 감소	불필요 불필요 시폰지에 맥아첨가
알칼리성 (pH 8 이상)	① 연수 ② 아경수 ③ 경수	산성 정규+$CaHPO_4$ 산성 산성	증가 정상 감소	$CaSO_4$ 첨가 불필요 맥아첨가량 증가, 유산첨가

(2) 물의 영향과 조치

① 아경수(120~180ppm)가 제빵에 좋은 것으로 알려져 있다.

② 연수 : 글루텐을 약화시켜 연하고 끈적거리는 반죽을 만든다.

③ 경수 : 발효를 지연시키는 영향을 준다.

④ 알칼리 물 : 이스트 발효에 따라 발생되는 정상적인 산도를 중화시켜 효소가 작용하기에 적정한 pH 4~5에 못 미치게 함으로 발효에 지장을 준다.

⑤ 경수를 사용 시 조치사항

- 이스트 사용량을 증가시킨다.
- 맥아 첨가로 효소를 공급한다.
- 이스트푸드를 감소시킨다.

⑥ 연수를 사용 시 조치사항

- 반죽이 연하고 끈적거리기 때문에 흡수율을 2%정도 줄인다.
- 가스보유력이 적으므로 이스트푸드와 소금을 증가시킨다.

3. 이스트푸드(Yeast Food)

① 이스트푸드의 주 기능은

- 반죽 조절제, - 물 조절제, - 산화제이다.

제2의 기능이 이스트의 영양인 '질소'를 공급하는 것

② 대표적인 이스트푸드의 배합 모델

# 1(완충형)	# 2(알칼리형)	# 3(산성형)
산성인산칼슘 : 50.0%	황산칼슘 : 25.0%	과산화칼슘 : 0.65%
염화나트륨 : 19.35	염화암모늄 : 9.7	인산암모늄 : 9.0
황산암모늄 : 7.0	브롬산칼륨 : 0.3	인산디칼슘 : 9.0
브롬산칼륨 : 0.12	염화나트륨 : 25.0	전분, 밀가루 : 90.35
요오드산칼륨 : 0.10	전분 : 40.0	전분 : 23.43
전분 : 23.43		

③ 산화제로 빵제품에 사용하는 물질은 브롬산 칼륨, 요오드산 칼륨, 브론산 칼슘, 요오드산 칼슘, 과산화 칼슘, 아조디카본아미드, 비타민C 등이다.

- 브롬산 칼륨은 지효성, 요오드산 칼륨은 속효성
- 과산화 칼슘 : 스폰지보다 도우에 사용하는데 글루텐을 강하게 하고 반죽을 다소 되게 하여 정형과정에서 덧가루 감소
- 아조디카본아미드 : 밀가루 단백질의 -SH그룹을 산화하여 글루텐을 강하게 한다.
- 아스콜빈산 : 산소가 없는 곳에서는 원래 환원제이지만 믹싱과정에서는 공기와 접촉함으로써 산화제로 작용

08 화학 팽창제

1. 베이킹 파우더(Baking Powder)

(1) 베이킹 파우더의 구성

① 탄산수소나트륨 : CO_2가스를 발생하는 역할

② 산 작용제 : CO_2가스 발생 속도를 조절하는 역할

③ 부형제(밀가루, 전분)

- 중조와 산염의 격리
- 흡수제
- 취급과 계량이 용이

(2) 원리

$2NaHCO_3 \rightarrow CO_2 + H_2O + Na_2CO_3$

(3) 규격

베이킹 파우더 무게의 12% 이상인 유효 CO_2가스가 발생해야 한다.

(4) 작용 속도에 의한 분류

빠른순서	산작용제
1	주석산 $H_2(C_4H_4O_6)$, 주석산 크림 $KH(C_4H_4O_6)$: 작용 후 수분 동안에 대부분의 가스 발생
2	산성인산칼슘(오르소 형) : 실온에서 1/2~2/3의 가스가 발생
3	피로인산 칼슘, 피로인산소다 : 실온에서 1/2정도의 가스발생
4	인산알루미늄소다 : 실온에서 1/3이하의 가스 발생
5	황산 알루미늄소다 : 실온에서는 거의 작용하지 않는다.

※ 산 작용제를 복합적으로 사용하여 가스 발생 속도를 조절한다.

(5) 베이킹 파우더 배합 예

구성물질 형태	I	II	III	IV
탄산수소나트륨	30	30	30	30
제1인산 칼슘	5	-	5	12
산성피로인산나트륨(SAPP)	36	42	-	-
알루미늄인산나트륨(SALP)	-	-	26	-
알루미늄황산나트륨(SALS)	-	-	-	23
유산 칼슘(lactate)	2	-	-	-
탄산 칼슘	-	-	-	7
전분	27	28	39	28

(6) 중화가(N.V)

→ 산에 대한 탄산수소나트륨의 비율로, 유효 이산화탄소 가스를 발생시키고 중성이 되는 양을 조절할 수 있다.

2. 암모니아 및 기타

(1) 암모늄 염

① 장점

- 물의 존재하 단독 작용
- 쿠키 등의 퍼짐을 도움
- 밀가루 단백질을 부드럽게 하는 효과
- 굽기 중 3가지 가스로 분해되어 잔류물이 없다.

② 원리

- $(NH_4)_2CO_3 \rightarrow 2NH_3 + H_2O + CO_2$
- $NH_4HCO_3 \rightarrow NH_3 + CO_2 + H_2O$

③ 사용

- 크림 퍼프(슈), 쿠키 등에 사용
- 수분이 많은 제품에는 적정량만 사용

(2) 중조(탄산수소나트륨)

① 단독 또는 B.P의 형태로 사용

② 재료에 자연 상태로 들어 있는 산성에 의해 중화

③ 사용과다 : 노란색, 소다맛, 비누맛, 소금맛

(3) 주석산 칼륨

① 중조와 작용하면 속효성 B.P가 된다.

② 산도를 높임

→ 속색이 밝아진다.

→ 캐러멜화 온도를 높인다.

- 우유단백질 + 박테리아 → 수소 + 이산화탄소(빵)
- 과산화수소 + 효소 → 산소 + 물(빵)
- 일산화질소 → 산소 + 질소(중성반응)

04 향료, 향신료, 안정제

향료를 사용하는 목적은 제품에 독특한 개성을 주는 데 있기 때문에 향, 맛, 속 조직이 잘 조화되어야 하고, 천연향을 선호하는 고객의 향미 감각을 고려해야 한다.

01 향료(Flavors)

1. 제과 · 제빵 향의 공급원

(1) 발효와 굽기 과정에서 생기는 향

① 발효는 여러 가지 재료의 생화학적 변화를 동반하여 향 물질을 생성시킴 (발효 정도와 시간의 장단, 발효 대상 등)

② 굽기 과정의 캐러멜화 반응과 갈변 반응으로 특유의 향 발생

(2) 사용하는 재료의 향

① 재료별로 자연 상태로 특유의 향을 내는 물질을 함유

② 굽기 중 열을 받아 특이한 향을 내는 물질

(3) 향료

① 천연향 : 꿀, 당밀, 코코아, 초콜릿, 분말 과일, 감귤류, 바닐라 등

② 합성향 : 천연 향에 들어 있는 향 물질을 합성하여 만든 것

③ 인조향 : 천연향의 맛과 향이 같도록 화학성분을 조합

2. 향료의 분류

(1) 비알코올성 향료

① 글리세린, 프로필렌 글리콜, 식물성유에 향물질을 용해

② 굽기 과정에 휘발하지 않는다.

(2) 알코올성 향료

① 에틸 알코올에 녹는 향을 용해시킨 향료

② 굽기 중 휘발성이 크므로 아이싱과 충전물 제조에 적당

(3) 유지

① 수지액에 향료를 분산

② 반죽에 분산이 잘 되고 굽기 중 휘발성이 적다.

(4) 분말

① 수지액에 유화제를 넣고 향 물질을 용해시킨 후 분무 건조

② 굽는 제품에 적당하고 취급이 용이

3. 케이크와 아이싱에 쓰이는 향의 조합

① 초콜릿에 바닐라

② 초콜릿에 박하

③ 과실에 레몬

④ 생강과 계피에 올스파이스(allspice)

⑤ 당밀에 생강

⑥ 초콜릿에 계피와 바닐라

⑦ 초콜릿에 아몬드

4. 단과자 빵류와 데니쉬 피이스트리를 위한 향의 조합

① 카다몬(cardamon) : 레몬 = 1 : 1

② 카다몬 : 계피 : 바닐라 = 1 : 1 : 4

③ 코리안더(corriander) : 계피 : 바닐라 = 1 : 1 : 4

④ 코리안더 : 계피 : 레몬 = 4 : 2 : 1

⑤ 코리안더 : 메이스 : 바닐라 = 2 : 1 : 4

02 향신료(Spice)

대항해 시대에는 보존육이 식사의 주체였으므로 냄새를 막는데는 향신료가 필수 불가결한 존재였다. 냄새를 막을 뿐만 아니라 식품의 향미를 돋군다는 것을 알고부터는 향신료의 효과적인 조합이 개발되었고, 이는 식품의 기호성을 크게 향상시켰다.

1. 계피(cinnamon)

① 열대성 상록수의 나무껍질로 만든 향신료

② 세일론이 주산지이며 중국계열의 계피와 구별

2. 넛메그(nutmeg)

① 동인도 지방의 식물에서 얻는 향신료로 과육을 일광 건조한 것

② 가종피로 “메이스”를 만든다.

3. 생강(ginger)

① 열대성 다년초의 다육질 뿌리

② 매운맛과 특유의 방향을 가지고 있다.

4. 정향(clove)

① 잔지바르와 인디아가 원산지인 4~10m의 상록수 꼭대기 부분에 열리는 열매에서 얻는다.

② 증류에 의해 "정향유"를 생산

5. 올스파이스(allspice)

① 복숭아과 식물로 계피, 넛메그의 혼합향을 낸다.

② 자마이카 후추라고도 한다.

6. 카다몬(cardamon)

① 인도, 세일론 등지에서 자라는 생강과의 다년초 열매로부터 얻는다.

② 열매 깍지 속의 3mm가량의 조그만 씨를 이용

7. 박하(peppermint)

① 심과의 박하속에 속한 식물의 잎사귀에서 얻는다.

② 박하유과 박하뇌가 주로 이용

* 이외에 식용 양귀비씨, 후추, 나도고수열매(aniseed), 코리안더, 캬라웨이 등이 사용된다.

03 안정제(Stabilizers)

1. 한천(agar-agar)

① 태평양의 해초인 우뭇가사리로부터 만든다.

② 끓는 물에 용해되고 냉각되면 단단하게 굳는다.

③ 물에 대해 1~1.5% 사용

2. 젤라틴(gelatin)

① 동물의 껍질이나 연골조직의 콜라겐을 정제

② 끓는 물에 용해되며 냉각되면 단단하게 굳는다.

③ 용액에 대하여 1% 농도로 사용하며 완전히 용해시켜야 한다.

④ 산 용액에서 가열하면 화학적 분해가 일어나 "젤" 능력이 줄거나 없어진다.

3. 펙틴(pcetin)

① 과일과 식물의 조직속에 존재하는 일종의 다당류

② 설탕 농도 50%이상, pH2.8~3.4에서 젤리를 형성

③ 메칠(methoxyl)기 7%이하 : 당과 산에 영향 받지 않는다.

4. 알지네이트(alginate)

① 태평양의 큰 해초로부터 추출

② 냉수 용해성, 뜨거운 물에도 용해

③ 1%농도로 단단한 교질

④ 산의 존재 하 교질 능력이 감소, 칼슘(우유) 존재 하 교질 능력 증가

5. 씨엠씨(C.M.C)

① 셀룰로오스로부터 만든 제품

② 냉수에서 쉽게 팽윤되어 진한 용액이 되지만 산에 대한 저항성은 약하다.

6. 로커스트빈 껌(Locust bean gum)

① 지중해 연안 지방의 로커스트빈 나무의 수액

② 냉수 용해성, 뜨겁게 해야 완전한 힘을 발휘

③ 0.5% 농도에서 진한 액체, 5% 농도에서 진한 페이스트 상태

④ 산에 대한 저항성이 크다(과일과 함께 끓여도 무방)

7. 트래거캔스(tragacanth)

① 터키, 이란 등 소아시아 일대의 트라가칸트 나무 수액

② 냉수 용해성, 71도씨로 가열하면 농후화도가 최대

* 이 외에 카라야 껌(karaya gum), 아이리쉬 모스(Irish Moss) 등이 안정제로 사용된다.
* 안정제 사용 목적
  - 아이싱의 끈적거림 방지
  - 아이싱이 부서지는 것 방지
  - 머랭의 수분 배출 억제
  - 크림 토핑의 거품 안정제
  - 젤리 제조
  - 무스 케익 제조
  - 파이 충전물의 농후화제
  - 흡수제로 노화지연 효과
  - 포장성 개선 등

PART 03

재료과학

예상적중문제 1회

01 다음 중 단당류가 아닌 것은?

① 포도당 ② 과당
③ 갈락토스 ④ 유당

해설 탄수화물의 분류
- 단당류 : 포도당, 과당, 갈락토오즈 등
- 이당류 : 맥아당(엿당), 자당(설탕), 유당(젖당) 등
- 다당류 : 전분, 덱스트린, 이눌린, 한천 등

02 다음 중 환원당이 아닌 것은?

① 유 당
② 맥아당
③ 설탕
④ 과당

해설 • 환원당 : 모든 단당류, 맥아당, 유당, 덱스트린 외
- 비환원당 : 자당(설탕), 전분 외

03 다음 중 단당류인 것은?

① 과당 ② 맥아당
③ 설탕 ④ 유당

04 다음 중 포도당이 한 분자도 들어 있지 않은 것은?

① 설탕 ② 맥아당
③ 유당 ④ 과당

해설 • 설탕(자당) : 포도당+과당
- 맥아당(엿당) : 포도당+포도당
- 유당(젖당) : 포도당+갈락토오즈
- 과당은 단당류이다.

05. 다음 중 상대적 감미도가 가장 큰 당은?

① 과당
② 설탕
③ 포도당
④ 맥아당

해설 상대적 감미도
- 과당(175) 〉 전화당(130) 〉 자당(100) 〉 포도당(75) 〉 맥아당(32) = 갈락토오즈(32) 〉 유당(16)

06 다음의 가수분해산물이 잘못 연결된 것은?

① 설탕 → 포도당 + 과당
② 전분 → 포도당 + 과당
③ 맥아당 → 포도당 + 포도당
④ 유당 → 포도당 + 갈락토오즈

해설 전분은 포도당으로 이루어진 다당류이다.

07 일반적으로 물엿에 들어 있지 않은 성분은?

① 포도당
② 설탕
③ 맥아당
④ 덱스트린

해설 물엿
- 전분을 산이나 효소로 가수분해(당화)하여 만든 점조성 감미료이다.
- 단맛이 나며, 감미도는 설탕의 1/3정도이다.

전분의 분해과정
- 전분 → 덱스트린 → 맥아당 → 포도당

정답 01 ④ 02 ③ 03 ① 04 ④ 05 ① 06 ② 07 ②

08 당류의 일반적인 성질과 거리가 먼 것은?

① 용해성
② 가소성
③ 캐러멜화 반응
④ 갈변반응

해설 가소성은 유지의 성질이다.

09 다음 당 중 재결정이 잘 되는 것은?

① 과당
② 자당
③ 포도당
④ 유당

10 물 100g에 설탕 200g을 녹이면 당도는 약 얼마인가?

① 27%
② 47%
③ 67%
④ 87%

해설 당도 = {용질 / (용매 + 용질)} x 100
= {200 / (100 + 200)} x 100
= (200 / 300) x100
= 66.66%

11 아밀로펙틴에 대한 설명으로 틀린 것은?

① 요오드 용액에 의하여 적자색 반응
② 베타 아밀라제에 의한 소화는 약 52%까지로 제한
③ 아밀로오스 보다 분자량이 크다.
④ 퇴화의 경향이 크다.

해설 전분은 아밀로오즈 20%와 아밀로펙틴 80%로 구성된다.

아밀로펙틴
- α1,6결합, α1.4결합을 가지고 있다.
- 측쇄결합이다.
- 요오드에 자색으로 반응한다.
- 퇴화의 경향이 작다.
- 알파 아밀라제에 의해 덱스트린으로 분해된다.

12 아밀로오스에 대한 설명으로 틀린 것은?

① 요오드 요액에 의하여 적자색 반응
② 베타 아밀라제에 의해 거의 맥아당으로 분해
③ 직쇄구조로 포도당 단위가 알파-1.4결합으로 되어 있다.
④ 퇴화의 경향이 빠르다

해설 아밀로오즈
- α1.4결합을 가진다.
- 직쇄결합니다.
- 요오드에 청색으로 반응한다.
- 퇴화의 경향이 빠르다.
- 베타 아밀라제에 의해 거의 맥아당으로 분해된다.

13 아밀로펙틴에 대한 설명으로 틀린 것은?

① 측쇄의 포도당 단위는 알파-1.6결합으로 연결되어 있다.
② 알파 아밀라제에 의해 덱스트린으로 바뀐다.
③ 보통 1,000,000 이상의 분자량을 가진다.
④ 보통 곡물에는 17~28%의 아밀로펙틴이 들어 있다.

해설 일반적인 경우 아밀로오즈는 20%, 아밀로펙틴은 80% 구성된다.

정답 08 ② 09 ④ 10 ③ 11 ④ 12 ① 13 ④

14 과당 시럽의 다음 설명 중 <u>틀린</u> 것은?

① 감미도가 크다.
② 용해도가 크다.
③ 점도가 크다.
④ 흡습성이 크다.

해설 상대적감미도
- 과당〉전화당〉자당〉포도당〉맥아당=갈락토오즈〉유당
- 감미도가 클수록 흡습성, 용해도가 크다
- 감미도가 작을수록 점성이 크다

15 밀가루 전분의 호화 시작 온도는?

① 5℃ ② 27℃
③ 60℃ ④ 81℃

해설 • 호화 : 전분은 수분의 존재하에 온도가 높아지면 팽윤(팽창)되어 맛과, 소화력이 좋아진다.
- 밀가루 전분의 호화온도 : 60℃
- 옥수수 전분의 호화온도 : 80℃

16 일반적인 조건일 때 빵의 노화속도가 가장 빠른 온도는?

① -18℃ ② 0℃
③ 27℃ ④ 43℃

해설 • 노화 : 호화된 α전분의 수분과 열이 빠지면서 β전분(생전분)상태로 되돌아가는 현상이다.

17 다음 밀가루의 성분 중 단위 무게당 흡수율이 가장 큰 것은?

① 전분 ② 손상된 전분
③ 단백질 ④ 펜토산

해설 흡수율
- 전분 1% 증가시 수분흡수율 0.5% 증가
- 손상된 전분 1%증가시 수분흡수율 2% 증가
- 단백질 증가시 수분흡수율은 1.5~2% 증가
- 펜토산은 자기 무게의 10~15배의 물을 흡수한다.

18 글리세린에 대한 설명으로 <u>틀린</u> 것은?

① 물에 잘 녹는다.
② 감미가 있다.
③ 보습제로 식품에 사용할 수 있다.
④ 물보다 비중이 작다.

해설 글리세린
- 글리세롤이라고도 한다.
- 지방을 분해하면, 지방산과 글리세롤로 나눈다.
- 무색, 무취, 감미 이다.
- 물에 잘 녹고, 보습제로 쓰인다.
- 물보다 비중이 크다.(1.249)

19 포화지방산의 탄소수가 다음과 같을 때 융점이 가장 낮은 지방은?

① 4 ② 12
③ 18 ④ 24

해설 포화지방산의 탄소수가 증가할수록 융점은 증가한다. 비례관계이다.

20 포화지방산의 탄소수가 다음과 같을 때 융점이 가장 높은 지방은?

① 6개(카프로인산)
② 14개(미리스틴산)
③ 18개(스테아린산)
④ 22개(베헤닌산)

21 탄소수 18개인 다음 지방산 중 융점이 가장 낮은 것은?

① 스테아린산(이중결합=0개)
② 올레인산(이중결합=1개)
③ 리놀레산(이중결합=2개)
④ 리놀렌산(이중결합=3개)

정답 14 ③ 15 ③ 16 ② 17 ④ 18 ④ 19 ① 20 ④ 21 ④

해설 • 이중결합이 많을수록 융점이 낮아진다.
• 탄소수가 적을수록 융점이 낮아진다.
• 불포화지방산이 많을수록 융점 낮아진다.

22 글리세린에 대한 설명으로 틀린 것은?

① 향미제의 용매로 쓰인다.
② 3가의 알코올이므로 휘발성이 크다.
③ 물-기름 유탁액에 대한 안정기능이 있다.
④ 흡습성이 좋아 보습제로 쓰인다.

23 다음 유지 중 불포화지방산이 포화지방산보다 많은 것은?

① 우유지방 ② 코코넛 유
③ 코코아 버터 ④ 면실유

해설 면실유에는 불포화지방산인 리놀레산이 50% 이며, 팔미트산,리놀렌산 등으로 이루어져 있다.

24 유지의 가수분해 산물이 아닌 것은?

① 모노글리세라이드
② 디글리세라이드
③ 과산화물
④ 지방산

해설 • 유지는 가수분해 해서 지방산과 글리세롤이 된다.
• 모노.디 글리세라이드는 글리세롤(글리세린)의 -OH에 수소(H) 대신 다른 그룹이 덧붙은 형태이다.

25 튀김 기름의 발연점에 가장 관계가 깊은 것은?

① 유리지방산
② 모노글리세라이드
③ 글리세린
④ 디글리세라이드

해설 유지의 발연점
• 유리 지방산의 양이 많아지면 발연점은 낮아진다.
• 가열 횟수가 많으면 발연점이 낮아진다.
• 정제도가 높으면 발연점이 높아진다.

26 지방의 자가산화(=자동산화)를 가속하는 요인이 아닌 것은?

① 불포화도가 크다
② 금속, 생물학적 촉매, 자외선
③ 온도의 상승
④ 단일결합이 많다.

해설 • 포화지방산 : 동물성지방, 단일결합을 가진다.
• 불포화지방산 : 식물성유지, 이중결합을 가진다.

27 파이용 마가린에서 가장 중요한 기능은?

① 유화성 ② 가소성
③ 안정성 ④ 쇼트닝가

해설 가소성 : 고체가 외부에서 힘을 받아 형태가 바뀐 뒤, 그 힘이 없어져도 본래의 모양으로 돌아가지 않는 성질.

28 쿠키와 같은 건과자용 유지에서 가장 중요한 기능은?

① 유화성 ② 가소성
③ 안정성 ④ 기능성

해설 유지의 산화 안정성
• 유지의 산화와 산패를 장기간 억제하는 성질
• 유통기간이 긴 제품이나 고온에서 가공하는 제품에 영향준다.

정답 22 ② 23 ④ 24 ③ 25 ① 26 ④ 27 ② 28 ③

29 파운드 케익과 같은 유지와 액체 재료를 많이 사용하는 제품에서의 유지에 가장 중요한 기능은?

① 유화성 ② 가소성
③ 안정성 ④ 기능성

해설 유지의 유화성
- 유지가 물을 흡수하여 보유하는 능력
- 유지와 액상 원료를 함께 사용하는 제품 제조에 영향준다.

30 식빵에 사용하는 유지에서 가장 중요한 기능은?

① 유화성 ② 가소성
③ 안정성 ④ 쇼트닝가

해설 쇼트닝가
- 유지를 함유한 제품의 질감에 영향을 준다.

31 버터 크림을 제조할 때의 유지에서 가장 중요한 기능은?

① 유화가
② 쇼트닝가
③ 유리지방산가
④ 색가

32 다음 중 아미노 그룹은 어느 것인가?

① H ② $-NH_2$
③ -COOH ④ -R

해설 아미노기(그룹)
- 2개의 수소 원자에 질소 원자가 결합한 것
- 암모니아 NH_3에서 수소 원자를 떼어낸 작용기를 말한다.
- 아미노산 및 기타 많은 유기화합물에 포함되어 있다.

33 다음 중 카복실 그룹은 어느 것인가?

① H ② $-NH_2$
③ -COOH ④ -R

해설 카복실기(그룹)
- 탄소, 산소, 수소로 이루어진 작용기를 말한다.

34 다음 중 중성 아미노산은 어느 것인가?

① 1아미노-1카복실산
② 1아미노-2카복시산
③ 2아미노-1카복실산
④ 2아미노-3카복실산

해설 중성아미노산
- 분자 안에 아미노기 한 개와 카복실기 한 개만을 가지고 있는 아미노산

35 다음 중 산성 아미노산은 어느 것인가?

① 1아미노-1카복실산
② 1아미노-2카복실산
③ 2아미노-1카복실산
④ 3아미노-1카복실산

36 다음 중 염기성 아미노산은 어느 것인가?

① 1아미노-1카복실산
② 1아미노-2카복실산
③ 2아미노-1키복실산
④ 1아미노-3카복실산

37 다음 아미노산 중 함유황 아미노산이 아닌 것은?

① 시스틴 ② 시스테인
③ 메치오닌 ④ 라이신

해설 시스틴, 시스테인, 메치오닌은 함유황 아미노산이다.

정답 29 ① 30 ④ 31 ① 32 ② 33 ③ 34 ① 35 ② 36 ③ 37 ④

38 글루텐 형성 단백질인 글루테닌은 다음 단백질중 어느 것에 속하는가?

① 알부민　② 글로블린
③ 글루테린　④ 글리아딘

해설 글루테린은 글루테닌과 같은 종의 단백질이지만, 성질이 달라서 탄력성을 갖지 않는다.

39 호흡작용에 관계하는 헤모글로빈은 다음 단백질 중 어느 것에 속하는가?

① 핵단백질
② 당단백질
③ 인단백질
④ 크로모단백질

해설 크로모단백질 : 색소 단백질-발색단을 가지고 있는 단백질 화합물이다.

40 밀가루의 산화에 대한 설명으로 틀린 것은?

① -SH결합이 -SS결합으로 된다.
② -SS결합이 -SH결합으로 된다.
③ 반죽에 탄력성이 커진다.
④ 반죽의 결합력이 커진다.

해설 밀가루의 산화

- 흰 밀가루는 제분해서 빵을 만들기 전에 산화 과정을 거친다.
- 제분 후 글루텐 단백질들은 이황화결합의 자연적인 발달로 점차 강화 된다.
- 제분 직후의 밀가루에는 이황화결합을 방해하는 티올(유기황화합물의 하나) 화합물이 들어있다.
- 산화가 되면 산소가 들어가면서 그 일을 할 수 없게 된다.
- 즉, 산화가 충분하지 않은 밀가루로 빵을 만든다면 부피도 적고 약한 구조를 가지게 된다.
- 밀가루의 산화는 3주~4주 정도 자연숙성 시키는 것이 최적의 방법 이다.
- 그 외에 인위적 산화 방법으로 표백제나 인공 산화제를 넣어 화학적으로 숙성 시키는 방법이 있다.

41 일반적인 압착 생이스트의 고형질 함량은?

① 10%　② 30%
③ 50%　④ 90%

해설 생이스트(압착효모)는 수분 70%, 고형분 30%로 구성된다.

42 젖은 글루텐의 전분이 3.3%라면 건조글루텐에서는 몇 %가 되는가?(건물 기준)

① 1%　② 3.3%
③ 10%　④ 20%

해설 건조 글루텐 = 젖은 글루텐 / 3

43 밀가루 50g에서 젖은 글루텐 18g을 얻었다면 젖은 글루텐의 %는?

① 9%　② 18%
③ 36%　④ 72%

해설 젖은글루텐% = 젖은글루텐양 / 밀가루양 x 100 = 18 / 50 x 100 = 36%

44 밀가루 50g에서 젖은 글루텐 20g을 얻었다면 건조글루텐의 %는?

① 13.3%
② 16.7%
③ 28%
④ 40%

해설
- 젖은글루텐% = 젖은글루텐양 / 밀가루양 x 100 = 20 / 50 x 100 = 40%
- 건조글루텐% = 젖은글루텐% / 3 = 40% / 3 = 13.3%

정답 38 ③ 39 ④ 40 ② 41 ② 42 ③ 43 ③ 44 ①

45 밀가루 25g에서 젖은 글루텐 9g을 얻었다면 이 밀가루의 단백질은 얼마인가?

① 6%
② 9%
③ 12%
④ 15%

해설 • 젖은 글루텐% = 젖은 글루텐양 / 밀가루양 x 100 = 9 / 25 x 100 = 36%
• 건조글루텐% = 젖은 글루텐% / 3 = 36% / 3
= 12%
• 건조글루텐% = 단백질%

46 밀가루 50g에서 다음가 같은 젖은 글루텐을 얻었다면 제빵용으로 적당한 것은?

① 9g
② 12g
③ 15g
④ 18g

해설 • 제빵용 밀가루의 글루텐 단백질 함량은 12%이상 이다.
• 젖은 글루텐% = 젖은 글루텐양 / 밀가루양 x 100 = 18 / 50 x 100 = 36%
• 단백질% = 건조글루텐% = 젖은글루텐% / 3
= 36 / 3
= 12%

47 섬유질을 분해하는 효소는?

① 말타제
② 인벌타제
③ 찌마제
④ 셀룰라제

해설 섬유소는 셀룰로오스이고, 분해효소는 셀룰라제 이다.

48 전분을 덱스트린으로 분해하는 액화 효소는?

① 알파아밀라제
② 베타아밀라제
③ 말타제
④ 찌마제

49 전분으로부터 맥아당을 만드는 당화 효소는?

① 알파아밀라제
② 베타아밀라제
③ 말타제
④ 찌마제

50 맥아당을 가수분해하는 효소는?

① 찌마제 ② 아밀라제
③ 말타제 ④ 인벌타제

해설 • 맥아당(엿당, 말토오즈)을 분해하는 효소는 말타제 이다.
• 찌마제는 단당류인 과당과 포도당을 분해한다.

51 포도당을 분해하는 효소는?

① 찌마제 ② 아밀라제
③ 말타제 ④ 인벌타제

해설 • 포도당, 과당을 분해하는 효소는 찌마제 이다.
• 아밀라제는 전분분해 효소이다.

52 과당을 분해하는 효소는?

① 베타아밀라제 ② 찌마제
③ 인벌타제 ④ 락타제

해설 • 인벌타제는 자당(설탕)을 분해하는 효소이다.
• 베타아밀라제는 전분을 맥아당으로 분해하는 당화효소이다.

정답 45 ③ 46 ④ 47 ④ 48 ① 49 ② 50 ③ 51 ① 52 ②

53 **유당을 분해하는 효소는?**

① 알파아밀라제
② 찌마제
③ 말타제
④ 락타제

해설 락타제는 유당을 포도당과 갈락토오즈로 분해한다.

54 **지방을 분해하는 효소는?**

① 프로테아제 ② 리파제
③ 펩티다제 ④ 옥시다제

해설 • **단백질분해효소** : 펩신, 트립신, 키모트립신, 펩티다제, 프로테아제 등
• **지방분해효소** : 리파아제, 스테압신

55 **단백질 분해효소가 아닌 것은?**

① 펩신 ② 트립신
③ 스테압신 ④ 레닌

해설 • 스테압신은 지방 분해 효소이다.
• 레닌은 지방을 응고시켜 치즈를 만든다.

56 **전화당에 대한 다음 설명 중 틀린 것은?**

① 포도당과 과당이 50%씩 함유
② 설탕(자당)을 분해해서 만든다.
③ 포도당과 과당이 혼합된 2당류
④ 수분이 함유된 것을 전화당시럽이라 한다.

57 **알파 아밀라제에 대한 설명으로 틀린 것은?**

① 액화효소라 한다.
② 당화효소라 한다.
③ 내부 아밀라제라 한다.
④ 전분을 덱스트린으로 만든다.

해설 타 아밀라제 : 당화효소라 한다.
• 전분을 맥아당으로 분해한다.

58 **설탕(자당)이 가수분해되어 생성되는 물질은?**

① 포도당+과당
② 포도당+포도당
③ 포도당+갈락토스
④ 과당+과당

해설 • 자당(설탕)은 이당류이다.
• 포도당과 과당의 결합으로 이루어진다.
• 분해효소는 인버타아제이다.

59 **맥아당이 가수분해 되어 생성되는 물질은?**

① 포도당+과당
② 포도당+포도당
③ 포도당+갈락토스
④ 과당+과당

해설 • 맥아당(엿당)은 이당류이다.
• 포도당과 포도당이 결합되어 있다.
• 분해효소는 말타제이다.

60 **유당이 가수분해 되어 생성되는 물질은?**

① 포도당+과당
② 포도당+포도당
③ 포도당+갈락토스
④ 과당+과당

해설 • 유당(젖당)은 이당류이다.
• 포도당과 갈락토오즈가 결합되어 있다.
• 분해효소는 락타제이다.

정답 53 ④ 54 ② 55 ③ 56 ③ 57 ② 58 ① 59 ② 60 ③

PART 03

재료과학

예상적중문제 2회

01 포도당이 빵 발효에 의해 분해되어 생성되는 물질은?

① 이산화탄소+유산
② 이산화탄소+산소
③ 알코올+유기산
④ 이산화탄소+알코올

해설 이스트에 존재하는 효소에 의해 포도당을 분해하여 알코올과 이산화탄소를 발생시킨다.

02 제빵용 이스트의 일반적인 생식 방법은?

① 출아법 ② 포자형성
③ 이분법 ④ 유성생식

해설 • 출아법 : 효모 등의 생물에서 무성 생식의 방법으로 싹눈을 형성하여 떨어져 새로운 개체가 된다.
• 이분법 : 단세포 생물이 둘로 나뉘어 번식하는 무성 생식 방법. 한 몸이 똑같이 둘로 나뉜다.

03 활성 건조효모를 수화시킬 때 물의 온도로 적당한 것은?

① 0℃ ② 27℃
③ 43℃ ④ 60℃

해설 • 활성 건조효모는 드 라이 이스트이다.
• 드라이 이스트는 수화 과정이 필요하다.
• 수화는 40℃온도의 물, 이스트무게의 40%, 10분동안 진행한다.

04 생이스트 100g대신 활성 건조효모는 몇 g을 사용하는가?

① 35g ② 45g
③ 60g ④100g

05 이스트의 포자가 사멸하는 온도는?

① 27℃ ② 43℃
③ 69℃ ④ 99℃

해설 • 이스트 세포파괴 온도 : 48℃
• 이스트 포자 사멸 온도 : 69℃

06 밀의 내배유 부위는 전체 밀알의 몇 %나 되는가?

① 14% ② 27%
③ 72% ④ 83%

해설 밀의 구성
• 껍질(밀기울, 14%) : 단백질, 회분, 섬유소 등이 많다. 사료용으로 사용된다.
• 배유(83%) : 탄수화물이 많다. 제분시 밀가루가 되는 부분이다.
• 배아(3%) : 지방이 많다. 저장성과 관련이 있으므로, 제분시 분리하여 가축사료. 약용으로 사용한다.

07 밀이 배아는 전체 밀알의 몇 %가 되는가?

① 3% ② 7%
③ 9% ④ 14%

해설 배아
• 밀의 3%를 구성하며, 발아 부위이다.
• 지방이 많아, 저장성과 관련이 있으므로, 제분시 분리한다.
• 가축사료. 약용으로 사용한다.

정답 01 ④ 02 ① 03 ④ 04 ② 05 ③ 06 ④ 07 ①

08 **같은 밀로 제분한 밀가루의 회분함량이 다음과 같을 때 껍질 부위가 가장 적게 들어 있는 밀가루는?**

① 0.4% ② 0.5%
③ 0.6% ④ 0.7%

해설 • 밀의 구성중 회분의 함량이 많은 곳은 껍질층(밀기울)이다.
• 회분 함량이 적은 것은, 껍질 부위가 적게 들어간 밀가루이다.

09 **전밀가루의 제분율은 얼마로 보는가?**

① 72% ② 80%
③ 91% ④ 100%

해설 • 전밀가루(통밀가루)는 통밀을 100%는 제분한 것이다.
• 밀의 모든 영양소가 포함되어 있다.
• 하지만 껍질과 배아에 함유되어있는 지방이 산폐를 촉진시키기 때문에 오랜 보관이 어렵다.

10 **제빵용 밀가루에 대한 설명으로 틀린 것은?**

① 단백질 함량이 높다
② 흡수율이 높다
③ 연질소맥으로 제분한 강력분
④ 믹싱 및 발효내구성이 크다.

해설 • 제빵용 밀가루는 경질 소맥으로 제분한 강력분이다.

11 **글루텐 형성 단백질로 반죽의 탄력성을 지배하는 것은?**

① 글리아딘
② 글루테닌
③ 알부민
④ 글로블린

해설 글루텐
• 글리아딘과 글루테닌이 결합하여 글루텐을 만든다.
• 글리아딘은 신장성을 가진다.
• 글루테닌은 탄력성을 가진다.

12 **제빵용 밀가루에 손상된 전분은 몇%가 적정한 양인가?**

① 2%
② 6%
③ 10%
④ 13%

해설 손상전분
• 밀가루 제분시 물리적 힘에 의해 손상된 전분이다.
• 손상전분이 6~8% 존재하면 분해효소가 쉽게 작용하여 발효가 빠르게 진행된다.

13 **회분함량의 의미에 대한 설명으로 틀린 것은?**

① 정제도 표시
② 제분공장의 점검 기준
③ 경질소맥이 연질소맥보다 높다
④ 제빵적성을 결정한다.

해설 • 회분이란 밀을 제분해 밀가루를 만들고 나서 태웠을 때 남는 재의 양을 측정하는 것이다.
• 한국은 회분함량이 높을수록 낮은 등급이고, 1등급은 0.45이하, 2등급은 0.46~0.65%으로 구분된다.
• 회분함량이 높다는 것은 통밀에 가까워진다는 것이다.
• 회분함량이 높을수록 영양 성분이 더 많이 포함되고, 고소하고 풍미가 좋다.
• 회분함량이 낮으면 입자가 더 곱고 하얀 밀가루가 된다.
• 프랑스 밀가루는 회분 함량에 따라 T45, T55, T65 등 T45~T150으로 구분하고 있습니다.

정답 08 ① 09 ④ 10 ③ 11 ② 12 ② 13 ④

14 밀가루의 표백과 숙성을 같이 할 수 있는 물질이 아닌 것은?

① 산소 ② 브롬산 칼륨
③ 이산화염소 ④ 과산화염소

해설 브롬산 칼륨 : 빵이나 크래커 반죽을 만들 때 시간단축 보존기간 연장위한 첨가물. 신경계, DNA손상으로 유럽에서는 금지되고 있다.

15 밀가루 색에 대한 다음 설명 중 틀린 것은?

① 입자가 작을수록 밝은 색
② 껍질입자가 많을수록 어두운 색
③ 내배유의 색소물질은 표백제에 의해 탈색된다.
④ 껍질의 색소물질은 표백제에 의해 탈색된다.

해설 • 밀껍질의 색깔에 따라 붉은 밀(red wheat)과 흰밀(white wheat)로 구분되며 이는 주로 카로티노이드 계통의 색소에 기인되는 것이다. 붉은 밀은 황색, 적황 색, 적갈색 등 여러 가지 색상을 가진다.

16 제빵에 있어서 이스트푸드의 제1의 기능은?

① 이스트의 영양
② 물 흡수율 증가
③ 껍질색 개선
④ 물과 반죽의 조절제

해설 이스트푸드
- **반죽조절제** : 산화제를 사용하여, 반죽의 질을 개선한다.
- **물조절제** : 칼슘염을 제공하여, 아경수에 가깝게 만든다.
- **이스트영양소** : 이스트에 먹이로 질소를 공급하여, 발효를 활성화 한다.

17 패리노 그래프에 대한 설명 중 틀린 것은?

① 흡수율 측정
② 믹싱시간 측정
③ 믹싱 내구성 측정
④ 반죽의 신장성 측정

해설 밀가루 적성 실험
- **패리노그래프** : 믹싱 시 일어나는 물리적 성질을 기록. 글루텐의 흡수율, 글루텐의 질, 믹싱내구성, 믹싱시간을 측정. 그래프 곡선이 500B.U.에 도달하는 시간과 떠나는 시간을 측정한다.
- **아밀로그래프** : 일정량의 밀가루와 물을 섞어 혼합물의 점성도를 자동 기록하는 기계.
  전분이 호화과정 중 나타내는 점도를 그래프 곡선으로 나타낸다.
- **익스텐소 그래프** : 일정한 굳기를 가진 반죽의 신장성 및 신장 저항력을 측정하여 자동 기록함.
- **레오그래프** : 반죽이 기계적 발달을 할 때 일어나는 변화를 측정하는 기계.
- **믹서트론** : 믹서 모터에 전력계를 연결하여 반죽의 상태를 전력으로 환산하여 곡선으로 표시하는 장치.
- **믹소 그래프** : 온도. 습도 조절 장치가 부착된 믹서로 반죽의 형성 및 글루텐 발달 정도를 기록한다.
  밀가루 단백질의 함량과 흡수의 관계를 판단. 믹싱시간, 믹싱 내구성 알 수 있다.

18 같은 호밀로 제분한 호밀가루의 색이 다음과 같을 때 회분 함량이 가장 많은 것은?

① 흰색 ② 여린색
③ 중간색 ④ 흑색

해설 호밀로 구운 빵은 갈색을 띠기 때문에 일반적인 밀빵을 흰빵, 호밀빵을 검은빵(흑빵)이라고 부르기도 한다. 대체로 호밀 비율이 높을수록 색이 어두워진다.

정답 14 ② 15 ④ 16 ④ 17 ④ 18 ④

19 같은 호밀로 제분한 호밀가루의 색이 다음과 같을 때 단백질 함량이 가장 적은 것은?

① 흰색 ② 여린색
③ 중간색 ④ 흑색

20 활성글루텐의 주성분이 무엇인가?

① 수분 ② 단백질
③ 광물질 ④ 지방

해설 활성글루텐
- 밀가루에서 분리한 소맥단백질의 주성분인 글루텐으로, 단백질을 변성시키지 않고 건조시킨 것이다.
- 진공건조, 기류건조 등으로 얻어진 것은 단백질이 변성하지 않아 좋은 제품으로 취급된다.
- 도우(반죽, dough) 형성능이 약한 밀가루의 개량제로서 이용된다.

21 땅콩가루에서 가장 많은 성분은?

① 지방 ② 단백질
③ 섬유질 ④ 수분

해설 • 땅콩은 지방함량이 50%, 단백질 25%, 탄수화물 %20% 등 이고,
- 땅콩가루는 단백질이 50%, 지방 10~15%가 된다.

22 분당은 마쇄한 설탕에 무엇을 첨가하는가?

① 입상형당 ② 전분
③ 포도당 ④ 유당

23 분당에 전분을 혼합하는 이유는?

① 수율 증가 ② 맛의 개선
③ 고화 방지 ④ 용해도 증가

해설 분당은 뭉침을 방지하기 위하여 전분을 3~5%첨가한다.

24 식품용 포도당을 대량으로 만드는 주원료는 무엇인가?

① 설탕(자당)
② 꿀
③ 돼지감자
④ 전분

해설 • 설탕은 분해하면 포도당과 과당으로 분해된다.
- 꿀은 과당이다.
- 돼지 감자에는 다당류인 이눌린이 많고, 이눌린은 다당류로 과당의 덩어리 이다.
- 전분은 다당류로 포도당 덩어리 이다.

25 일반포도당(함수포도당)의 발효성고형질 함량은?

① 91% ② 100%
③ 105% ④ 115%

해설 • 함수포도당 : 해독제, 항독제 따위로 쓰는 당류의 하나.
- 생체 안에서는 탄수화물 대사의 중심 구실을 하며 혈압 증진, 간 글리코겐의 축적 방지, 이뇨 작용에 효력이 크다.

26 제빵에 맥아를 사용하는 이유로 틀린 것은?

① 가스 생산의 증가
② 껍질색을 연하게 한다.
③ 제품 내부의 수분 함유 증가
④ 부가적인 향의 발생

해설 • 맥아는 몰트(molt)라고 한다.
- 맥아의 탄수화물 분해효소 등이 작용하여 발효성 탄수화물을 만들고 발효가 촉진된다.
- 껍질색을 내도록 한다.
- 맥아에 의해 특유향이 발생된다.

정답
19 ① 20 ② 21 ② 22 ② 23 ③ 24 ④ 25 ① 26 ②

27 유지의 경화란 무엇을 가리키는가?

① 가수분해 ② 산화
③ 수소첨가 ④ 검화

해설 유지의 경화 : 식물성 유지에 수소(H_2)를 첨가하는 경화공정을 거친다. 경화란 단단하게 굳어지는 것을 말합니다.

28 유화 쇼트닝에는 모노-디글리세라이드로 몇 %의 유화제를 혼합하는가?

① 2~4% ② 6~8%
③ 10~12% ④ 14~16%

해설 유화쇼트닝 : 쇼트닝는 수분이 0%에 가까우므로 유화제가 필요 없지만 제빵용 쇼트닝은 유화제가 들어간다. 빵은 시간이 지나면 수분이 마르거나 이동해서 녹말의 성질이 변하는데, 이 때문에 빵이 딱딱해지고 식감이 떨어지는 노화(쬠化) 현상이 일어난다. 유화제가 반죽에 들어가면 때 유화작용으로 수분이 빨리 마르지 않도록 잘 잡아주는 효과가 있다.

29 버터가 일반 마가린과 근본적으로 구별되는 성분은?

① 지방 ② 우유
③ 비타민 ④ 향료

30 마가린에는 얼마 이상의 지방이 함유되어야 하는가?

① 10%이상 ② 50%이상
③ 80%이상 ④ 100%

해설 쇼트닝은 지방이 100%이다.

31 튀김기름의 4대 적이 아닌 것은?

① 온도 ② 수분
③ 공기 ④ 항산화제

해설 튀김기름의 4대 적
• 온도 • 수분 • 공기(산소) • 이물질

32 튀김기름의 유리지방산 함량이 어느 정도일 때 양질의 도우넛을 만들 수 있는가?

① 0% ② 0.5%
③ 1.0% ④ 1.5%

33 계면활성제에 대한 설명으로 틀린 것은?

① 친수성과 친유성 그룹을 함께 가지고 있다.
② 친수성기에는 극성기를 가지고 있다.
③ 친유성기에는 비극성기를 가지고 있다.
④ 친수성-친유성 균형이 11 이상이면 친유성이다.

해설 • 계면활성제는 한 분자 내에 극성인 부분과 비극성인 부분이 함께 존재하는 분자에서 나타난다.
• 분자 안에 물을 좋아하는 부분인 친수성과 물을 싫어하는 소수성 부분을 동시에 갖는 분자들이다.

34 계면활성제의 친수성-친유성 균형이 다음과 같을 때 기름에 녹는 것은?

① 5 ② 11
③ 15 ④ 17

35 "쇼트미터"란 유지의 어떤 기능을 측정하는 기구인가?

① 크림화 능력
② 부드러움
③ 안정성
④ 저장성

정답
27 ③ 28 ② 29 ① 30 ③ 31 ④ 32 ② 33 ④ 34 ① 35 ②

36 일반 시유에는 약 몇 %의 수분이 있는가?

① 12% ② 63%
③ 88% ④ 91%

37 우유 단백질 성분 중 가장 많은 것은?

① 카제인 ② 알부민
③ 글로불린 ④ 락트알부민

해설 우유의 80%는 카제인 단백질로 구성된다.

38 우유 단백질 중 주로 산에 의해 응고되는 성분은?

① 카제인
② 락트알부민
③ 락토글로불린
④ 글루테린

해설 우유의 카제인은 산에 의해 응고하여 치즈를 만든다.

39 우유지방의 비중은 다음 중 어느 것에 가까운가?

① 0.85 ② 0.93
③ 1.00 ④ 1.15

40 유장의 주성분은 무엇인가?

① 단백질 ② 지방
③ 유당 ④ 광물질

해설 우유에서 지방과 단백질 걸러낸 소량이 포함된 부산물이 유장이다.

41 빵 제품에 분유를 사용하면 발효에 어떤 영향을 주는가?

① 유화제 ② 항산화제
③ 고화 방지제 ④ 완충제

해설 빵 제품의 분유의 역할
- 믹싱 내구성을 높인다. → 부피증가
- 유당에 의해 껍질색을 개선한다.
- 기공과 속결을 개선한다.

42 유산균 식품는 우유 중의 어느 성분을 이용한 제품인가?

① 수분 ② 단백질
③ 지방 ④ 유당

해설 • 유산균 : 포유 동물의 젖을 유산균에 의해 발효시켜 만든 제품이다.
- 유산균이란 포도당 또는 유당과 같은 탄수화물을 분해하여 유기산을 생성하는 균이다.

43 일반적으로 계란의 노른자는 전체 무게의 얼마나 되는가?

① 10% ② 30%
③ 60% ④ 90%

해설 계란의 구성
- 노른자 30% • 흰자 60% • 껍질 10%

44 전란의 수분은 얼마나 되는가?

① 12% ② 25%
③ 50% ④ 75%

해설 계란의 고형분과 수분의 구성 비율

	고형분(%)	수분(%)
전란	25	75
노른자	50	50
흰자	12	88

45 흰자의 고형질은 얼마나 되는가?

① 12% ② 25%
③ 50% ④ 75%

정답 36 ③ 37 ① 38 ① 39 ② 40 ③ 41 ④ 42 ④ 43 ② 44 ④ 45 ①

46 1,000g의 흰자가 필요한 경우, 껍질 포함 60g짜리 계란은 몇 개를 준비해야 되는가?

① 17개 ② 19개
③ 28개 ④ 56개

해설 • 계란은, 껍질 : 노른자 : 흰자=10% : 30 : % : 60% 이다
• 계란 60g 1개 중, 껍질 : 노른자 : 흰자 = 6g :18g : 36g 이다
• 흰자 1,000g → 1,000 / 36 = 27.777개

47 신선한 계란 흰자의 pH는 얼마나 되는가?

① pH 5.0 ② pH 7.0
③ pH 9.0 ④ pH 11.0

해설 • 계란 흰자는 알카리성이다.
• 머랭 제조시 안정화를 위하여 주석산을 넣어, pH는 중성(pH 7.0)으로 만들어 사용한다.

48 케익 제품 제조에 있어 계란이 팽창기능을 가지는 것은?

① 스폰지 케이크 ② 카스타드 크림
③ 초콜릿 케이크 ④ 과자 빵

해설 계란의 기능과 제품
• 팽창제 : 스폰지 케익
• 농후화제 : 카스타드 크림
• 유화 : 마요네즈

49 물의 경도에서 아경수란 다음 중 어느 것인가?

① 0~60ppm 미만
② 60~120ppm 미만
③ 120~180ppm 미만
④ 180ppm 이상

해설 제방에서 물의 기능
• 글루텐 형성을 돕는다.
• 반죽 농도 및 온도를 조절한다.
• 용매 및 분산제 작용한다.
• 전분의 수화 및 팽윤 효소의 활성화 작용한다.
• 제빵에는 아경수를 사용한다.

50 경수는 발효를 지연시키기 때문에 다음과 같은 조치를 취한다. 틀린 것은?

① 이스트 사용량 증가
② 맥아 첨가로 효소 공급
③ 이스트 푸드 감소
④ 소금 증가

해설 경수사용은 반죽을 너무 단단하게 하여 발효가 늦어진다.
경수 사용시 조치사항
• 흡수량과 반죽시간 늘인다.
• 발효시간 연장한다.
• 이스트푸드양 줄이고, 아밀라제 첨가한다.

51 이스트푸드 성분 중 이스트의 영양분이 되는 것은?

① 황산칼슘 ② 브롬산 칼륨
③ 염화 암모늄 ④ 염화나트륨

52 이스트 푸드 성분 중 물조절제 또는 반죽 조절제의 기능을 갖는 것은?

① 칼슘 염 ② 암모늄 염
③ 전분 ④ 밀가루

53 산소가 없는 곳에서는 원래 환원제이지만 일반적인 믹싱과정에서는 산화제로 작용하는 것은?

① 과산화 칼슘 ② 아조디카본아미드
③ 인산암모늄 ④ 비타민 C

정답 46 ③ 47 ③ 48 ① 49 ③ 50 ④ 51 ③ 52 ① 53 ④

54 일반적인 초콜릿 원액 중의 코코아는 몇 %나 되는가?

① 15.625%　② 31.25%
③ 62.5%　④ 78.125%

해설 5/8은 코코아 이다.

55 일반적인 초콜릿 원액 중의 코코아버터 함유율은?

① 37.5%　② 50.0%
③ 62.5%　④ 75.0%

해설 3/8은 코코아버터 이다.

56 일반적인 초콜릿의 "템퍼링"이란 46℃로 녹임 초콜릿을 몇 도로 냉각하는 과정인가?

① 0~5℃　② 18~20℃
③ 28~30℃　④ 38~40℃

해설 다크 초콜릿의 템퍼링은 45~50℃으로 녹이고, 27℃ 로 식힌 후, 작업성을 위하여 30~32℃로 올려 사용한다.

57 초콜릿의 "설탕 불룸"이 일어나는 경우는?

① 공기 중의 수분을 흡수했다가 재결정
② 높은 온도에 보관
③ 직사광선에 노출
④ 미생물에 오염

해설 블룸현상
- 초콜릿 고유의 광택을 잃고 표면이 거칠거나 하얀 반점 등이 생겨 마침내는 내부 조직 까지 윤기가없어지게 된다. 이 같은 초콜릿의 품질 저하 현상을 '블룸'이라고 한다.
- 카카오 버터가 원인이 되어 일어나는 팻블룸(fat bloom)과 설탕이 원인이 되어 일어나는 슈가블룸(sugar bloom)이 있다.

58 베이킹 파우더의 다음 성분 중 이산화탄소 가스를 발생시키는 물질은?

① 탄산수소 나트륨
② 인산칼슘
③ 산성피로인산 나트륨
④ 전분

해설 베이킹파우더의 구성
- 팽창제+산제제+격리제로 구성된다.
- 팽창제는 탄산수소나트륨(중조)이다.
- 산제제의 종류에 따라 발효 속도가 결정된다.
- 격리제는 전분이 사용된다.

59 50g의 베이킹파우더의 전분이 28%이고 중화가가 80일 때, 전분의 양은?

① 7g　② 14g
③ 21g　④ 28g

해설 • 중화가 =중조/산x100
- 베이킹파우더 50g, 전분 28%, 중화가 80
  → 베이킹파우더 50g, 전분 14g, 중화가 80
  → 전분 14g, 중조산+사=36g
  → 80=중조/산x100, 중조/산=0.8, 중조=0.8x산
  → (0.8x산)+산=36g
  1.8x산=36
  산=36/1.8=20/중조=36-20=16

60 베이킹파우더의 사용량이 과다할 때의 현상이 아닌 것은?

① 주저앉는다.
② 조직이 조밀하다.
③ 속결이 거칠다.
④ 기공이 크다.

정답 54 ③　55 ①　56 ③　57 ①　58 ①　59 ②　60 ②

PART 03 재료과학

예상적중문제 3회

01 소맥분의 전분 함량은?

① 약 30% ② 약 50%
③ 약 70% ④ 약 90%

02 제빵에 있어 연수 사용에 대한 설명으로 틀린 것은?

① 글루텐이 약하게 되어 가스 보유력이 작다.
② 반죽을 되게 하여 발효가 지연된다.
③ 광물성 이스트푸드를 증가 사용하는 것이 좋다.
④ 소금을 증가하는 것이 좋다.

03 레시틴은 식품 가공에서 무엇으로 이용되는가?

① 유화제 ② 중화제
③ 점증제 ④ 응고제

04 튀김 기름의 조건으로 나쁜 것은?

① 거품이 일지 않을 것
② 자극취, 불쾌취가 없을 것
③ 발연점이 낮을 것
④ 점도 변화가 적을 것

05 우유 대신 분유를 사용할 때 분유 1에 대하여 물은 얼마나 사용하는가?

① 1 ② 3
③ 6 ④ 9

06 계란 노른자에 들어 있는 유화제는?

① 모노글리세라이드
② 디글리세라이드
③ 레시틴
④ 슈가 에스텔

07 베이킹파우더에 전분을 사용하는 목적이 아닌 것은?

① 산염과 중조를 격리
② 저장 중 조기 반응을 억제
③ 취급과 계량이 용이
④ 일부가 이산화탄소 가스로 전환

08 우유의 응고에 관계하는 금속이온은?

① 칼슘(Ca^{++}) ② 마그네슘(Mg^{++})
③ 망간(Mn^{++}) ④ 구리(Cu^{++})

09 다음 이스트푸드 원료의 기능이 틀린 것은?

① 효소 = 반죽을 강하게 함
② 칼슘 염 = 물 조절 작용
③ 암모늄염 = 이스트의 영양
④ 산화제 = 반죽 조절 작용

10 영양강화빵은 일반 빵에 무엇을 강화한 것인가?

① 단백질 ② 비타민과 무기질
③ 지방 ④ 탄수화물

정답
01 ③ 02 ② 03 ① 04 ③ 05 ④ 06 ③ 07 ④ 08 ① 09 ① 10 ②

11 설탕(자당)에 대한 다음 설명 중 틀린 것은?

① 설탕은 자연식품이다.
② 설탕은 영양식품이다.
③ 설탕은 합성식품이다.
④ 설탕은 식품의 보존성을 가지고 있다.

12 이스트의 적정한 배양 온도는?

① 15~20℃ ② 20~25℃
③ 28~32℃ ④ 35~40℃

13 인스턴트 이스트의 설명으로 틀린 것은?

① 반드시 물에 용해하여 사용한다.
② 발효력이 우수하다.
③ 포장지를 개봉하면 2~3일내에 사용한다.
④ 진공 포장 시는 저장성이 좋다.

14 튀김기름으로서 일반적인 구비조건으로 틀린 것은?

① 맛이 담백하고 가열 안정성이 우수한 것이 좋다.
② 유화제를 함유한 쇼트닝이면 더욱 좋다.
③ 쇼트닝이나 고체지를 사용하려면 융점과 함량을 고려한다.
④ 연기가 나기 시작하는 온도(발연점)가 높은 것이 좋다.

15 다음의 당 중 용해도가 가장 낮은 것은?

① 과당 ② 설탕(자당)
③ 포도당 ④ 유당

16 다음 전분의 형태 중 효소에 의한 소화가 가장 잘 되는 것은?

① 생전분 ② 알파 전분
③ 베타 전분 ④ 노화 전분

17 물 100g에 설탕 200g을 용해시키면 이 시럽의 당도는?

① 33.3% ② 66.7%
③ 75.0% ④ 100.0%

18 튀김용 기름의 산가는 얼마 이하여야 하는가?

① 3 ② 6
③ 9 ④ 12

19 효소를 구성하는 가장 중요한 성분은?

① 탄수화물 ② 단백질
③ 지방질 ④ 무기질

20 활성 건조효모를 찬물에 수화시킬 때 침출되어 제빵성을 악화시키는 물질은?

① 글루테닌 ② 글루타민
③ 글루타치온 ④ 글리세린

21 다음 중 전분의 구조가 아밀로펙틴 100%로 구성된 것은?

① 찹쌀 ② 메옥수수
③ 감자 ④ 고구마

22 식품의 단백질 측정시 정량하는 원소는?

① 수소 ② 산소
③ 질소 ④ 탄소

정답
11 ③ 12 ③ 13 ① 14 ② 15 ④ 16 ② 17 ② 18 ① 19 ② 20 ③ 21 ① 22 ③

23 적정온도 범위내에서 지방의 산화속도는 온도 10℃ 상승에 따라 몇 배로 가속하는가?

① 2배 ② 3배
③ 4배 ④ 5배

24 일반적으로 우유의 지방 함량은?

① 2.5% ② 3.5%
③ 4.5% ④ 5.5%

25 다음 유제품 중 같은 조건에서 보존성이 가장 짧은 것은?

① 탈지분유 ② 가당 연유
③ 전지분유 ④ 무당 연유

26 물의 경도를 나타내는 피피엠(ppm)은 g에 대한 얼마인가?

① 1,000분의
② 10,000분의
③ 100,000분의
④ 1,000,000분의

27 제빵에서의 물의 기능이 아닌 것은?

① 글루텐 발전을 돕는다.
② 반죽 온도를 조절한다.
③ 노화를 촉진한다.
④ 재료를 용해, 분산시킨다.

28 다음 중 소위 아이싱 슈가라 하는 당은?

① 설탕(입상형) ② 분당
③ 삼온당 ④ 커피설탕

29 신선한 우유(시유)의 평균 pH는?

① 4.6 ② 5.6
③ 6.6 ④ 7.6

30 우유에 가장 많이 들어 있는 무기질은?

① 칼슘 ② 마그네슘
③ 철분 ④ 구리

31 제빵에서 감자가루를 첨가할 때의 특성이 아닌 것은?

① 흡수율이 증가한다.
② 부피가 증가한다.
③ 기공과 조직을 개선한다.
④ 발효속도를 지연시킨다.

32 생크림 보존 온도로 가장 적절한 것은?

① -18℃ 이하 ② -5~0℃
③ 4~5℃ ④ 16~18℃

33 한천은 다음 중 무엇을 원료로 하여 만드는가?

① 동물의 교질체 ② 식물의 뿌리
③ 해조류 ④ 과일 껍질

34 펙틴은 다음 중 어디에 많이 들어 있는가?

① 과일의 껍질 ② 동물의 뼈
③ 식물의 뿌리 ④ 어패류 껍질

35 마지팬의 원료가 되는 것은?

① 호두 ② 아몬드
③ 땅콩 ④ 피칸

정답
23 ① 24 ② 25 ③ 26 ④ 27 ③ 28 ② 29 ③ 30 ① 31 ④ 32 ③ 33 ③ 34 ① 35 ②

36 글루텐의 일반적인 물리적 성질이 아닌 것은?

① 탄력성 ② 신장성
③ 응집성 ④ 수용성

37 밀의 제분공정중 물을 첨가하여 내배유를 부드럽게 하는 공정은?

① 자석분리 공정
② 템퍼링 공정
③ 마쇄 공정
④ 체질 공정

38 불포화지방산에 수소를 첨가시켜 경화시킬 때 쓰는 촉매는?

① 구리 ② 니켈
③ 철 ④ 코발트

39 유지의 산화를 방지하는 천연 항산화제는?

① 토코페롤 ② 비타민 C
③ 리보플라빈 ④ 나이아신

40 전분이 호화된 상태를 다음 중 무엇이라 하는가?

① 알파 전분 ② 베타 전분
③ 감마 전분 ④ 델타 전분

41 젤라틴은 다음 중 어떤 원료로 만드는가?

① 과일의 껍질
② 우뭇가사리
③ 동물의 결체조직
④ 식물의 뿌리

42 초콜릿에 들어 있는 카카오버터의 융점은?

① 23~25℃
② 33~35℃
③ 43~46℃
④ 51~54℃

43 물이 연수일 때의 처리방법으로 맞는 것은?

① 이스트푸드 감소, 소금 감소
② 이스트푸드 감소, 소금 증가
③ 이스트푸드 증가, 소금 증가
④ 이스트푸드 증가, 소금 감소

44 가장 높은 융점을 필요로 하는 마가린의 용도는?

① 데니쉬 페이스트리용
② 제빵용
③ 퍼프 페이스트리용
④ 쿠키용

45 밀가루에 천연적으로 들어 있는 주된 색소 물질은?

① 카로틴 ② 황색1호
③ 크산토필 ④ 엽록소

46 다음 중 알파 아밀라제가 결핍된 밀가루로 만든 빵의 특성이 아닌 것은?

① 부피가 작다.
② 기공이 거칠다.
③ 빵속이 건조하다.
④ 껍질색이 진하다.

정답 36 ④ 37 ② 38 ② 39 ① 40 ① 41 ③ 42 ② 43 ③ 44 ③ 45 ① 46 ④

47 고급 제과용 밀가루 단백질 함량으로 적당한 것은?

① 3~5%
② 7~9%
③ 10~12%
④ 13% 이상

48 일반적으로 밀가루의 적정수분 함량은?

① 0%
② 10~14%
③ 15~18%
④ 20% 아성

49 다음 제품 중 최고의 결과를 얻기 위해 반죽의 pH가 가장 높아야 되는 것은?

① 엔젤푸드 케익
② 파운드 케익
③ 스폰지 케익
④ 데블스 푸드 케익

50 다음 중 상대적 감미도가 가장 낮은 것은?

① 과당
② 포도당
③ 설탕(자당)
④ 유당

51 유지 중의 유리지방산과 관계가 적은 것은?

① 유지의 가수분해에 의해 생성
② 튀김기름은 거품이 잘 생긴다.
③ 기름의 발연점이 낮아진다.
④ 유화제로도 사용된다.

52 베이킹 파우더 무게의 몇 % 이상의 유효가스가 발생되어야 하는가?

① 6%
② 12%
③ 18%
④ 24%

53 어떤 베이킹파우더 10kg 중에 전분이 34%이고, 중화가가 120인 경우, 산작용제의 무게는?

① 3kg ② 4kg
③ 5kg ④ 6kg

54 유지의 산화를 가속하는 요소가 아닌 것은?

① 산소 및 온도
② 2중 결합의 수
③ 자외선 및 금속의 존재
④ 토코페롤의 존재

55 유지의 산패 정도를 나타내는 값이 아닌 것은?

① 과산화물가
② 아세틸가
③ 산가
④ 유화가

56 밀가루를 반죽할 때 직접 넣어 사용하는 효소적 표백제는?

① 염소 가스
② 브롬산 칼륨
③ 리폭시다제
④ 찌마제

정답
47 ② 48 ② 49 ④ 50 ④ 51 ④ 52 ② 53 ① 54 ④ 55 ④ 56 ③

57 **밀가루의 숙성에 대한 설명 중 <u>틀린</u> 것은?**

① 반죽의 기계적 적성을 개선
② 산화제 사용으로 숙성기간 연장
③ 숙성기간은 온도와 습도 등 조건에 따라 다르다.
④ 제빵 적성을 개선

58 **제빵에 있어서 이스트푸드의 제1의 기능은?**

① 이스트의 영양
② 물 흡수율 증가
③ 껍질색 개선
④ 물과 반죽의 조절제

59 **S-S결합과 관계가 깊은 것은?**

① 밀가루 단백질
② 고구마 전분
③ 대두유
④ 감자 전분

60 **제빵에 있어 연수 사용에 대한 설명으로 <u>틀린</u> 것은?**

① 글루텐이 약하게 되어 가스 보유력이 작다.
② 반죽을 되게 하여 발효가 지연된다.
③ 광물성 이스트푸드를 증가 사용하는 것이 좋다.
④ 소금을 증가하는 것이 좋다.

정답
57 ② 58 ④ 59 ① 60 ②

공통편

PART 4

제과·제빵제조

01 기계와 도구

01 제과 · 제빵에 사용하는 기계

1. 믹서(반죽기)

① 믹서의 기능

㉠ 제과 : 휘퍼를 사용하여 공기를 포집시켜 부피를 형성하여 제조함

㉡ 제빵 : 훅을 사용하여 반죽을 반복적으로 압축 팽창시켜 글루텐을 형성하여 제조함

② 믹서에 사용하는 기구

㉠ 믹싱 볼(Mixing Bowl) : 원통형의 기구로 반죽을 할 때 사용함

㉡ 휘퍼(Whipper) : 제과용으로 와이어가 있어 공기를 넣어 부피를 형성함

㉢ 비터(Beater) : 딱딱한 재료를 유연한 반죽을 만들 때 사용 또는 공기를 적게 넣을 때에 사용함

㉣ 훅(Hook) : 제방용으로 강력분을 주로 사용할 때 글루텐을 형성함

③ 믹서의 종류

구분	내용
수직형 믹서 ‖ 버티컬 믹서	• 소규모 제과점에서 케이크 및 빵 반죽을 만들 때 사용함 • 반죽 상태를 수시로 점검할 수 있음
수평형 믹서	• 대량 생산할 때 사용함 • 단일 품목의 주문 생산에 편리함
스파이럴 믹서 ‖ 나선형 믹서	• S형(나선형)훅이 고정되어 있는 제빵 전용 믹서로 마찰열을 최소화시킴 • 저속으로 프랑스빵을 반죽하면 힘이 좋은 반죽이 됨 • 빵용 반죽에 고속을 너무 사용하면 지나친 반죽이 되기 쉽기 때문에 주의를 요함
에어 믹서	• 제과 전용 믹서로 공기를 넣어 믹싱하여 일정한 기포를 형성함

2. 오븐(Oven)

성형 및 발효가 끝난 반죽을 익혀서 최종 제품이 나오는 마지막 공정으로, 전기 오븐을 사용하여 200℃ 전후로 굽기한다.

데크 오븐	• 소규모 제과점(윈도우 베이커리)에서 주로 사용함 • 책상 모양과 닮아서 '단(층)으로 되어 있는 오븐'이란 뜻임 • 반죽을 넣는 입구와 제품을 꺼내는 출구가 같음 • 단층으로 구분되어있으며 대부분 3단으로 구성되어 있음 • 평철판 또는 원형 팬을 손으로 넣고 꺼내기가 편리함
터널 오븐	• 단일 품목을 대량 생산하는 공장에서 많이 사용함 • 반죽을 넣는 입구와 제품을 꺼내는 출구가 서로 다름 • 속도 조절기와 벨트 컨베이어를 통해서 이동이 이루어짐 • 터널을 통과하는 동안 온도가 다른 구역들을 지나며 굽기를 함 • 틀의 크기와 상관없이 윗불과 아랫불을 조절함 • 넓은 면적이 필요하고 열 손실이 크다는 단점이 있음
컨백션 오븐 ‖ **대류식 오븐**	• 공기를 데워서 오븐 뒤쪽의 팬으로 바람을 순화시켜 구움 • 일정한 크기와 고른 색의 제품을 만들 수 있음 • 하드 계열의 빵과 쿠키를 만들 때 사용함 • 낮은 온도에서 좀 더 빠르게 구울 수 있음

3. 발효기(Fermentation Room)

① 믹싱이 끝난 후 1차 발효 또는 성형이 끝난 후 2차 발효를 하여 반죽을 부풀리는 기계를 정의

② 발효의 목적

㉠ 탄산가스 발생력을 증대시켜 반죽을 확장시킴
→ 반죽의 산화를 촉진시키며, 가스 보유력을 좋게 함

㉡ 효소에 의한 화학적 작용과 팽창에 의한 물리적 작용으로 반죽을 숙성시킴

㉢ 발효로 생성되는 아미노산, 유기산, 에스테르 등에 의해 빵에 독특한 맛과 향기가 나게 함

4. 분할기(디바이더, Divider)

① 1차 발효가 끝난 반죽을 넣어 일정한 크기로 자르는 기계로 부피 분할이 됨

② 편리하게 분할을 할 수 있으나, 기계 분할은 용적 분할(공간 분할)로 반죽 손상이 많은 게 단점임

③ 분할기의 시간당 분할 능력 공식
분할기의 시간당 능력 = 포켓 수 × 매분의 스트로크 수 × 60

④ 분할기의 스트로크 수(동작 단위)
12~17이 좋으며, 이보다 빠르거나 느려도 반죽 손상이 커짐

5. 둥글리기(라운더, Rounder)

① 분할된 반죽이 둥글리기가 되어 만들어 지는 기계임

② 둥글리기는 손으로 하는 방법과 기계인 라운더로 하는 방법이 있음

③ 라운더의 종류

우산형 라운더	• 우산 모양을 반죽의 라운딩 작업이 진행됨에 따라 회전수가 느려지면서 지나치게 조여지는 것을 막아 줌
절구형 라운더	• 절구통 모양으로 반죽의 라운딩 공정이 진행됨에 따라 회전수가 증가하여 지나치게 조여질 수 있음
벨트식 라운더 (빵 매트형 라운더)	• 벨트 컨베이어 위에 완만한 각도로 라운딩이 되며, 롤 반죽을 사용할 때 이용
인테그라형 라운더	• 하드 롤처럼 작고 된 반죽의 라운딩에 사용이 되어 짐

6. 정형기(몰더, Moulder)

① 중간 발효가 끝나면 가스를 빼면서 밀어 편 후에 모양을 만드는 기계임

② 정형은 손으로 하는 방법과 기계인 몰더로 하는 방법이 있음

③ 몰더의 기능

신전 또는 압연	• 가스 빼기를 하여 반죽을 얇게 늘림
꼬아 넣기	• 반죽을 꼬아서 넣음
압축	• 반죽 간격을 밀착시키고 이음매를 붙임

7. 파이 롤러

① 파이나 페이스트리를 만들 때 사용함

② 밀대를 이용하는 것보다 일정한 두께와 간격을 만들 수 있어 균일한 제품을 생산함

③ 좌측과 우측을 반복하면서 두께와 간격을 조절할 수 있음

8. 도우 컨디셔너(Dough Conditioner)

① 자동 제어 장치에 의해 반죽을 급속 냉동, 냉장, 완만한 해동, 2차 발효 등을 할 수 있다.

② 제빵 기계로 냉동생지에 적합하며 업무를 조절할 수가 있다.

02 제과 · 제빵에 사용하는 도구

작업 테이블	• 주방의 중앙부에 위치해야 여러 방향으로의 동선이 짧아져 작업하기가 편리함
전자저울	• 전자식 장치를 이용하여 무게를 측정하는 저울 • 용기를 올려놓고 영점을 맞출 수 있기 때문에 정확하고 신속하게 재료의 무게를 측정할 수 있음
부등비저울	• 저울추의 무게로 측정하는 저울
온도계	• 반죽의 결과 온도와 재료의 온도를 측정함
스쿱	• 재료 계량에서 가루 재료(밀가루, 설탕 등)를 퍼낼 때 사용함
고무 주걱	• 반죽할 때 믹싱 볼에 묻어 있는 반죽을 내리거나(스크래핑), 반죽을 담을 때 사용함
스파이크 롤러	• 피자나 파이를 만들 때 바닥 부분에 골고루 구멍을 내어 바닥 부분이 올라오는 것을 방지할 때 사용함
팬 (Pan)	• 반죽을 담아 발효와 굽기를 할 때 사용함 • 철판과 원형 팬(케이크 팬), 사각 팬(식빵 팬)등 다양함
붓(Brush)	• 달걀 물을 바르거나, 팬에 이형제를 바를 때, 덧가루를 털어 내는 용도로 사용함
스크래퍼	• 제빵 반죽을 분할하거나, 롤 케이크를 만들 때 수평을 맞추는 용도로 사용함
스패튜라	• 버터 케이크나 생크림 케이크를 만들 때 윗면과 옆면을 아이싱하거나 반죽을 담을 때 사용함
회전판 (돌림판= Turn Table)	• 일정한 둥근 모양을 만드는 아이싱을 할 때 케이크류를 올려놓는 용도로 사용함
디핑 포크	• 초콜릿을 만들 때, 작은 크기를 코팅할 때 사용함
동그릇 (Cooper Bowl)	• 온도가 높아도 타지 않아 일정한 상태로 시럽을 끓일 때 사용함 • 설탕공예와 설탕 시럽을 만들 때 사용함
짤주머니 (Pastry Bag)	• 반죽, 크림 등을 짤 때, 반죽을 용기에 담을 때 사용함 • 케이크를 만들 때 깍지를 앞부분에 달아 주로 사용함
모양 깍지	• 여러 가지 모양을 만드는 도구 • 케이크나 쿠키를 만들 때 짤주머니 끝에 달아 사용함
랙카	• 빵을 오븐에서 꺼내어 식히거나 작업할 때 철판을 올려 놓는 용도로 사용함
기타	• 도르래 칼, 스텐 볼, 가루통, 가루체, 밀대, 식힘망, 빵칼, 계량컵, 도넛 틀, 카스텔라틀, 단팥빵 틀, 데포지터 등

02 제품 관리

01 유통 기한

1. 유통 기한의 정의

① 유통 기한은 섭취가 가능한 날짜(Expiration Date)가 아닌 식품 제조일로부터 소비자에게 판매가 가능한 기한(Sell by Date)을 말함

② 유통 기한 내에서 적정하게 보관 관리한 식품은 일정 수준의 품질과 안전성이 보장됨을 의미함

2.유통 기한의 표시

① 식품의 용기 포장에 지워지지 않는 잉크 각인, 소인 등으로 잘 보이도록 할 것

② '00년 00월 00일까지', '0000년 00월 00일까지', '0000. 00. 00까지' 또는 유통 기한이 1년 이상인 경우 '제조일로부터 00년까지'로 표시함

③ 냉동 또는 냉장 보관하여 유통하는 제품은 '냉동 보관' 또는 '냉장 보관'을 표시하고, 제품의 품질 유지에 필요한 냉동 또는 냉장 온도를 함께 표시함

④ 유통 기한이 서로 다른 제품을 함께 포장할 경우 가장 짧은 유통 기한을 표시함

02 저장

1. 저장 방법

구분	내용
실온 저장	건조 식자재를 저장 보관하는 건조 저장고는 적합한 공간과 사용 현장과의 위치, 저장 식재료의 안전성을 고려해야 함
냉장 저장	내부의 벽은 내구성과 위생성이 좋은 재질을 사용하고, 배수구도 환기 시설을 설치 해야 함 워크인 냉장고의 문은 안에서도 열리고, 조명이나 신호 장치에 의해 냉장고 내부에 사람이 있음을 알릴 수 있어야 함
냉동 저장	냉동은 식품에 함유된 이용 가능한 수분을 불활성화시키는 과정으로, 식품의 저장 기간을 연장하기 위한 수단으로 이용함

2. 적정 온도

① 실온 유통 제품 : 실온은 1~35℃를 말하며, 원칙적으로 35℃를 포함하되 제품의 특성과 계절을 고려하여 설정함

② 상온 유통 제품 : 상온은 15~25℃를 말하며, 25℃를 포함하여 설정함

③ 냉장 유통 제품 : 냉장은 0~10℃를 말하며, 보통 5℃ 이하로 유지하되 「식품의 기준 및 규격」, 「축산물의 가공기준 및 성분규격」에 정한 경우 그 조건을 따름

④ 냉동 유통 제품 : 냉동은 −18℃ 이하를 말하며, 품질 변화가 최소화될 수 있도록 온도를 설정함(다만, 「식품의 기준 및 규격」, 「축산물의 가공기준 및 성분규격」에 정한 경우 그 조건을 따름), 냉동 제품은 표면에서 중심부까지 −20℃ 정도의 냉기를 유지해야 함

03 생산 관리

01 생산 관리

1. 생산 관리의 개요

① 생산 관리의 정의 : 사람(Man) 재료(Material) 자금(Money)의 3요소를 유효적절하게 사용하여 양질의 물건을 적은 비용으로 필요한 양만큼 정해진 시기에 만들어 내는 관리(Control) 또는 경영(Management)을 말함

② 생산 관리의 목표 : 납기 관리, 원가 관리, 품질 관리, 생산량 관리(유연성)

2. 물건의 가치

물건의 가치(V) = 품질(Q) 또는 기능(F) ÷ 원가(C) 또는 가격(P)

V는 Value(가치), Q는 Quality(품질), F는 Function(기능), C는 Cost(원가), P는 Price(가격)를 의미함. 최근에는 가치를 추구하는 데 중점을 두고 있음

02 생산 시스템

1. 생산과 비용

① 생산 비용은 변동비의 절감과 더불어 생산액을 높이는 것이 더 중요함

② 고정비는 생산 여부와 관계없이 지출되는 비용이므로 고정비를 줄이는 노력이 필요함

③ 생산량을 증대시키는 수단이 강구되어야 함

2. 생산 시스템의 분석

생산 시스템을 생산량과 비용의 측면에서 분석하여 문제 해결의 방안을 종합적으로 평가하는 데 활용할 수 있음

고정비	매출액의 증가나 감소에 관계없이 일정 기간에 일정액이 소요되는 비용 기본급, 제수당, 감가상각비, 임차료, 보험료, 고정 자산세 등
변동비	매출액의 증감에 따라 비례적으로 증감하는 비용 재료비, 상품 매입액, 외주 가공비, 운임비, 포장비, 직원의 잔업 수당 등
매출액	생산량×가격
손익분기점	손실과 이익의 분기점이 되는 매출액 수익, 비용, 이익의 관계를 분석 검토하는 기준(큰 의미) 이익도 손해도 없는 매출액(작은 의미) 매출이 손익분기점 이상으로 늘어나면 이익 발생, 줄어들면 손해 발생
매출액에 의한 손익분기점	고정비÷(1-변동비÷매출액)=고정비÷(1-변동비율)=고정비÷한계이익률
판매 수량에 의한 손익분기점	고정비÷(판매가격-변동비÷판매량)=고정비÷제품 1개당 한계 이익

3. 생산 공장 시설의 배치

① 작업용 바닥 면적은 그 장소를 이용하는 사람들의 수에 따라 유동적임

② 판매 장소의 면적 : 공장의 면적 = 2 : 1의 비율로 구성되는 것이 바람직한 배치임

③ 공장의 소요 면적은 주방 설비의 설치 면적과 기술자의 작업을 위한 공간 면적으로 이루어짐

④ 공장의 모든 업무가 효과적으로 진행되기 위한 기본은 주방의 위치와 규모에 대한 설계임

03 원가 관리의 실무

1. 원가의 구성 요소

직접 원가(생산 원가)	직접 재료비+직접 노무비+직접 경비
제조 원가	직접 원가+제조 간접비(보통 제품의 원가라고 함)
총원가	제조 원가+판매 가격+일반 관리비
판매 가격	총원가+이익

2. 원가 절감 방안

① 원재료비 절감하는 방법

㉠ 구매 관리를 철저히 하여 구입 단가와 결제 방법을 합리화 하도록 함

㉡ 원재료의 배합 설계와 제조 배합 설계를 최적 상태로 하여 수율(완성품)을 높임으로써 비용을 줄임

ⓒ 창고 관리의 적정화로 원재료의 입고 및 보관 중에 생기는 불량품을 줄이고 재고를 줄임

ⓓ 불량률을 최소로 하여 수율을 높임

② 노무비 절감하는 방법

ⓐ 설계 단계에서 제조 방법의 표준화와 간이화를 계획하도록 함

ⓑ 생산 기술의 측면에서 제조 방법을 개선하고 향상시킴

ⓒ 생산 계획의 단계에서 생산 소요 시간, 공정 시간을 단축시킴

ⓓ 제조 공정 중의 작업 배분, 진행 등 작업 능률을 높이는 기법을 동원하도록 함

ⓔ 설비 관리를 철저히 하여 설비를 쉬게 하거나 작업 중 가동이 정지되지 않도록 함

ⓕ 직업윤리의 무장으로 생산 능률을 향상하도록 함

③ 제조 시 불량률 문제점과 감소 방법

문제점	감소 방법
작업자의 부주의	작업 표준이나 작업 지시에 맞는지 스스로 점검하도록 함 검사 기준을 설정하여 다른 사람이 점검하도록 함
낮은 기술 수준 또는 작업의 미숙	전문가를 초청하여 교육 훈련을 시키거나 현장에서의 기술 개선 지도함 교육 기관을 통한 수강, 사내 연구회를 통하여 자기 계발을 함
작업 여건의 문제	작업의 표준화를 실천하도록 함 기계와 작업 기기가 정상 작동하도록 보수함

④ 작업의 표준화

ⓐ 가장 쉽고 빠르게 만드는 방법이다.

ⓑ 제품 규격을 지키는 쉬운 방법이다.

ⓒ 위험이 없는 안전한 작업 방법이다.

ⓓ 누구에게나 간단히 교육하여 만들 수 있는 방법이다.

04 공정 관리와 작업 환경 관리

01 공정 관리

1. 공정 관리의 정리

① 제조 공정 관리에 필요한 제품 설명서와 공정 흐름도를 작성하여 관리함

② 위해 요소 분석을 중요 관리점을 결정하여 관리함

③ 결정된 중요 관리점에 대한 세부적인 관리 계획을 수립하여 공정을 관리함

2. 공정별 위해 요소 파악 및 예방

위해 요소(Hazard)는 「식품위생법」 제4조 위해 식품 등의 판매 등 금지의 규정에서 정하고 있는 인체의 건강을 해할 우려가 있는 생물학적, 화학적 또는 물리적 인자나 조건을 말함으로 사전에 예방함

02 작업 환경 관리

1. 작업 환경 위생 지침서

작업장의 위생 관리 현황을 파악하고 관리하기 위해 작성하는 서식으로 업장별 및 구획별 작업장 위생에 대한 세부 내역을 기록하는 것

2. 작업장 설비 및 기기 관리

구분	내용
작업대	부식성 없는 스테인리스 스틸 등의 재질을 사용함 작업대 표면과 싱크는 매번 사용하기 전에 씻고 소독함
냉장 냉동 기기	냉동실은 −18℃ 이하, 냉장실은 5℃ 이하의 적정 온도를 유지하고, 온도계를 외부에서 보기 쉬운 위치에 설치함 매일 일정한 시간에 내부 온도를 측정하고 그 기록을 1년간 보관함 박테리아와 진균류가 번식할 수 있으므로 1일 1회 또는 주 1회씩 사용 정도에 따라 청소하고 소독함
믹서	믹싱 볼과 부속품은 분리한 후 음용수에 중성 또는 약알칼리성 세제를 전용 솔에 묻혀 세정한 후 깨끗이 헹구어 건조하여 엎어서 보관함
발효기	발효실은 사용 후 철저하게 습기를 제거하고 건조시키며, 정기적으로 청소함 물을 받아서 사용하는 발효실은 발효가 끝난 후 물을 빼고 건조시킴
오븐	오븐 클리너를 사용하여 그을음을 깨끗이 닦아 주고, 부패를 방지하기 위해 주 2회 이상 청소함
튀김기	따뜻한 비눗물을 팬에 가득 붓고 10분간 끓여 내부를 충분히 깨끗이 씻은 후 건조시켜 뚜껑을 덮어 둠
파이 롤러	사용 후 헝겊 위나 가운데 스크래퍼 부분의 이물질을 솔로 깨끗이 털어내고 청소를 철저히 함

3. 작업장 주변 환경 관리

건물 외부	오염원과 해충의 유입이 방지되도록 설계 건설 유지 관리되어야 하며 배수가 잘 되도록 해야 함
자재 반입문	자동 셔터문을 이용하거나 전동차 등이 출입을 해야 함 작업자가 현장에 입실할 경우 반드시 손 소독기를 이용하여 손 소독을 실시하고 발바닥 소독기에서 실내화 바닥을 소독해야 함
탈의실	작업장 내부가 아닌 외부에 옷을 갈아 입을 수 있는 공간을 정해야 함 교차 오염 방지를 위해 일반 외출 복장과 깨끗한 위생 복장을 구분하여 보관해야 함
발바닥 소독기	현장 출입문과 자재 반입문에 설치하고, 현장에 입실할 경우 발바닥 소독기를 사용하여 소독한 후 입실해야 함

03 핵심 내용

1. 기계와 도구

① 제과·제빵에 사용하는 기계

㉠ 믹서 : 수직형 믹서(버티컬 믹서), 수평형 믹서, 스파이럴 믹서, 에어 믹서 등

㉡ 오븐 : 데크 오븐, 터널 오븐, 컨벡션 오븐, 로터리 래크 오븐 등

② 제과·제빵에 사용하는 도구

작업 테이블, 전자저울, 부등비 저울(추저울), 온도계, 스쿱, 고무주걱, 나무주걱, 스패츄라, 스파이크 롤러, 다양한 팬, 붓, 스크래퍼 등

2. 제품 관리

유통 기한에 영향을 주는 요인은 내부적 요인과 외부적 요인 및 저장방법에 따른 요인들이 있다.

① 내부적 요인

원재료, 제품의 배합 및 조성, 수분 함량 및 수분활성도, pH 및 산도, 산소의 이용성 등

② 외부적 요인

제조 공정, 위생 수준, 포장 재질 및 방법, 저장 유통 진열 조건, 소비자 취급 등

③ 저장방법

실온 저장, 냉장 저장, 냉동 저장으로 저장한다.

04 생산 관리

1. 생산 관리의 개요 : 사람, 재료, 자금의 3요소를 유효적절하게 사용하는 관리 또는 경영
2. 물건의 가치 : 물건의 가치(V) = 품질(Q) 또는 기능(F) ÷ 원가(C) 또는 가격(P)

① 기업 활동의 구성 요소(7M)

㉠ 1차 관리 : 사람(Man), 재료(Material), 자금(Money)

㉡ 2차 관리 : 방법(Method), 시간, 공정(Minute), 기계, 시설(Machine), 시장(Market)

② 원가의 구성 요소

㉠ 직접 원가 : 직접 재료비 + 직접 노무비 + 직접 경비

㉡ 제조 원가 : 직접 원가 + 제조 간접비

㉢ 총원가 : 제조 원가 + 판매 가격 + 일반 관리비

㉢ 판매 가격 : 총원가 + 이익

③ 원가 절감 방안

- 원재료비 절감 방법
  - 철저한 구매 관리와 최적의 제조 배합 설계 및 창고 관리 적정화 등의 방법
- 노무비 절감 방법
  - 제조 방법의 표준화와 간이화 계획 및 생산 소요 시간 단축 등의 방법
- 제조 시 불량률 감소 방법
  - 작업자의 부주의 및 낮은 기술 수준 개선 지도를 위한 교육과 작업 표준화 등의 방법
- 작업의 표준화 방법
  - 가장 쉽고 빠르게 만드는 방법과 제품 규격을 지키기 쉬운 방법 및 위험이 없는 안전한 작업 방법, 누구에게나 간단히 교육하여 만들 수 있는 방법

05 공정 관리와 작업 환경 관리

- 공정 관리

→ 제품 설명서와 공정 흐름도 작성, 요소 분석을 통해 중요 관리점을 결정

→ 세부적인 관리 계획을 수립하여 공정을 관리함

- 작업 환경 관리
- 작업장 설비 및 기기 관리

→ 작업대, 냉장 냉동기기, 믹서, 발효기, 오븐, 튀김기, 파이 롤러 등 기타

- 작업장 주변 환경 관리

→ 건물 외부, 자재 반입문, 탈의실, 발바닥 소독기 등 기타

PART 04

제과·제빵제조

예상적중문제

01 제과용 믹서로 적합하지 않은 것은?

① 스파이럴 믹서
② 버티컬 믹서
③ 연속식 믹서
④ 에어 믹서

해설 스파이럴 믹서는 나선형 훅이 내장되어 있어 제빵용 전용으로만 사용이 가능한 믹서이다.

02 주로 소매점에서 많이 사용하는 믹서로 거품형 케이크 및 빵 반죽이 모두 가능한 믹서는?

① 수직형 믹서
② 스파이럴 믹서
③ 수평형 믹서
④ 핀 믹서

해설 소매점에서 주로 사용하는 믹서는 수직형 믹서(버티컬 믹서, Vertical Mixer)이다.

03 대량 생산 공장에서 많이 사용되는 오븐으로 반죽이 들어가는 입구와 제품이 나오는 출구가 서로 다른 오븐은?

① 데크 오븐　② 터널 오븐
③ 로터리 오븐　④ 컨백션 오븐

해설 터널 오븐은 자동 컨베이어 라인을 연결하여 균일한 온도로 생산속도를 높이고, 대량 생산이 가능하다.
대량 생산 공장에서 많이 사용되는 터널 오븐은 입구에서 팬을 넣으면 내부에 회전하는 롤러가 있어 컨베이어로 이동하여 출구로 나온다.

04 분할 된 반죽을 둥그렇게 말아 하나의 피막을 형성하도록 하는 기계는?

① 믹서
② 오버헤드 프루퍼
③ 정형기
④ 라운더

해설 • 라운더는 둥글리기를 자동으로 하는 기계이다.
• 오버헤드 프루퍼는 정형가기 전까지 발효시키는 중간 발효기이다.

05 밀가루나 설탕 등을 손쉽게 퍼내기 위한 도구는 무엇인가?

① 스쿱　② 스패튜라
③ 디핑 포크　④ 동그릇

해설 스쿱은 가루 재료를 손쉽게 퍼내는 도구이다.

06 냉동, 냉장, 해동, 2차 발효를 프로그래밍에 의해 자동적으로 조절하는 기계는?

① 스파이럴 믹서
② 정형기
③ 로터리 래크 오븐
④ 도우 컨디셔너

해설 • 스파이럴 믹서는 프랑스빵 및 하드계열빵 반죽에 적합한 반죽기이다.
• 정형기는 중간발효가 끝나면 가스를 빼면서 반죽을 밀어편 후에 모양을 만드는 기계이다.
• 로터리 래크 오븐은 래크에 철판을 넣은 채로 오븐에 넣어 회전을 하면서 굽는 기계이다.

정답 01 ①　02 ①　03 ②　04 ④　05 ①　06 ④

07 제과용 기계 설비와 거리가 먼 것은?

① 오븐 ② 데포지터
③ 에어 믹서 ④ 라운더

해설 • 라운더는 제빵에서 분할 후 둥글리기를 하는 기계이다.
• 데포지터는 제과 제품류를 짜주는 기계이다.
• 에어 믹서는 제과 제품에 공기를 넣어 믹싱하는 기계이다.

08 슈 반죽, 생크림, 아이싱 들을 채워 넣고 짜내는 도구는?

① 짤주머니 ② 스크래퍼
③ 팬 ④ 붓

09 제품의 가치에 해당하지 않는 것은?

① 재고 가치 ② 귀중 가치
③ 사용 가치 ④ 교환 가치

해설 재고는 많으면 많을수록 제품의 가치가 떨어진다.

10 주방 설계에 있어 주의할 점이 아닌 것은?

① 가스를 사용하는 장소에는 환기 시설을 갖춘다.
② 주방 내의 여유 공간을 확보한다.
③ 종업원의 출입구와 손님용 출입구는 별도로 하여 재료의 반입은 종업원의 출입구로 한다.
④ 주방의 환기는 소형의 것을 여러 개 설치하는 것보다 대형의 환기 장치 1개를 설치하는 것이 좋다.

해설 주방의 환기장치는 소형으로 여러 개를 설치하여 주방의 공기 오염 정도에 따라 가동률을 조절하는게 효율적이다.

11 1인당 생산 가치는 생산 가치를 무엇으로 나누어 계산하는가?

① 인원 수
② 시간
③ 임금
④ 원재료비

해설 1인당 생산 가치 = 생산 가치 ÷ 인원 수

12 원가에 대한 설명으로 틀린 것은?

① 기초 원가는 직접 노무비와 직접 재료비를 더한 것이다.
② 직접 원가는 기초 원가에 직접 경비를 더한 것이다.
③ 제조 원가는 간접비를 포함한 것으로 보통 제품의 원가라고 한다.
④ 총원가는 제조 원가에서 판매 가격을 뺀 것이다.

해설 총원가는 제조 원가(직접 원가 + 제조 간접비) + 판매가격 + 일반 관리비이다.

13 원가 관리 개념에서 식품을 저장하고자 할 때 저장 온도로 적절하지 않은 것은?

① 상온 식품은 15~20℃에서 저장한다.
② 보냉 식품은 10~15℃에서 저장한다.
③ 냉장 식품은 5℃ 전후에서 저장한다.
④ 냉동 식품은 -40℃ 이하로 저장한다.

해설 급속 냉동은 -40℃ 이하로 하고 저장은 -18℃에서 한다.

정답 07 ④ 08 ① 09 ① 10 ④ 11 ① 12 ④ 13 ④

14 **원가 절감을 위해 제조 불량률을 감소시키는 방안으로 적절하지 않은 것은?**

① 검사 기준을 설정하여 다른 사람이 점검한다.
② 기계와 작업 기기가 정상 작동하도록 보수한다.
③ 구매 관리를 철저히 하여 구입 단가와 결제 방법을 합리화한다.
④ 전문가를 초청하여 교육 훈련을 시키거나 현장에서 기술 개선 지도를 한다.

해설 구매 관리를 철저히 하여 구입 단가와 결제 방법을 합리화하는 것은 원재료비를 절감하는 방법이다.

15 **제품의 생산 원가를 계산하는 목적으로 적절하지 않은 것은?**

① 이익 계산 ② 판매 가격 결정
③ 원 부재료 관리 ④ 설비 보수

해설 설비보수는 생산 계획의 감가상각의 목적에 해당된다.

16 **총원가는 어떻게 구성되는가?**

① 제조 원가 + 판매 가격 + 일반 관리비
② 직접 재료비 + 직접 노무비 + 판매 가격
③ 제조 원가 + 이익
④ 직접 원가 + 일반 관리비

해설 총원가는 제조 원가와 판매 가격, 일반 관리비로 구성이 되어 있다.

17 **제과 제빵 공장에서 생산 관리 시 매일 점검할 사항이 아닌 것은?**

① 제품당 평균 단가
② 설비 가동률
③ 원재료율
④ 출근율

해설 제품당 평균 단가는 제품 제조시 투입되는 요소들에 변동 폭이 발생할 때 점검할 사항이다.

18 **작업의 효율성을 높이기 위한 작업 테이블의 위치로 가장 적절한 것은?**

① 오븐 옆에 설치한다.
② 냉장고 옆에 설치한다.
③ 발효실 옆에 설치한다.
④ 주방의 중앙부에 설치한다.

해설 작업 테이블은 주방의 중앙부에 설치해야 여러 방향으로의 동선을 유동적으로 만들기 때문에 작업이 편리하다.

19 **제과 생산 관리에서 제1차 관리 3대 요소에 해당되지 않는 것은?**

① 사람(Man)
② 재료(Material)
③ 방법(Method)
④ 자금(Money)

해설 • 제1차 관리 3대 요소 : 사람, 재료, 자금
• 제2차 관리 4대 요소 : 방법, 시간, 기계, 시장

20 **생산 관리의 목표는?**

① 재고, 출고, 판매의 관리
② 재고, 납기, 출고의 관리
③ 납기, 재고, 품질의 관리
④ 납기, 원가, 품질의 관리

해설 생산 관리는 납기 관리, 원가 관리, 품질 관리, 생산량 관리를 목표로 한다.

정답 14 ③ 15 ④ 16 ① 17 ① 18 ④ 19 ③ 20 ④

종목과목

PART

5

과자류 제조

01 반죽과 믹싱

01 팽창형태에 따른 빵, 과자 제품의 분류

1. 화학적 팽창(베이킹 파우더와 베이킹 소다를 첨가함으로서 팽창하는 제품이 해당됨)

① 주된 팽창작용이 화학 팽창제에 의해 나오는 제품이다.

② 레이어 케이크 제품군, 반죽형 케이크 제품군, 케이크 도넛, 비스킷, 반죽형 쿠키, 케이크 머핀, 와플, 팬케이크, 핫케이크, 파운드 케이크, 과일 케이크 등

2. 이스트 팽창(발효를 함으로 부피가 증가 됨)

① 주된 팽창작용이 이스트에 의존하는 발효제품이다.

② 식빵류, 단과자 빵류, 빵 도넛, 커피케이크, 블란서 빵, 데니쉬 페이스트리, 롤류, 번류, 잉글리쉬 머핀, 기타 하스브레드 등

3. 공기 팽창(계란, 노른자 또는 흰자에 공기를 포집함으로 부피가 증가 됨)

① 주된 팽창 작용이 믹싱 중 포집되는 공기에 의존하는 제품이다.

② 스폰지 케이크, 엔젤 푸드 케이크, 쉬폰 케이크, 머랭, 거품형 쿠키 등

4. 무팽창

① 반죽 자체에 아무런 팽창 작용을 하지 않는 형태이다.(팽창이 일어나기는 하나 아주 적게 팽창을 하는 제품을 말한다. 대표적인 제품이 파이 껍질이다)

② 파이 껍질 일부 등

5. 복합형팽창

① 두 가지 이상의 팽창형태를 가지는 제품

② 이스트 + 공기, 베이킹파우더 + 이스트, 베이킹파우더 + 공기

02 과자 반죽의 분류

1. 반죽형(Batter Type) 반죽

① 상당량의 유지가 함유가 된 반죽으로 화학팽창제를 사용하여 적정한 부피를 얻는다.

② 각종 레이어 케이크 종류, 파운드 케이크, 과일 케이크, 마드레느, 바움쿠엔 등

2. 거품형(Foam Type) 반죽 : 공립법과 별립법

① 계란 단백질의 신장성과 변성에 의존하는 케이크가 대표적임

② 머랭, 스폰지 케이크, 롤 케이크, 엔젤 푸드 케이크, 오믈렛 등

3. 쉬폰형(Chiffon Type) 반죽

① 계란의 노른자와 흰자를 분리하여 제조하는 반죽법이다.

② 노른자는 풀어주기만 하고 휘핑은 안하고 흰자의 머랭으로 제조하는 결과제품은 거품형의 기공과 조직에 가까우며 시퐁 케이크가 대표적이다.

4. 복합형 반죽

① 계란의 노른자와 흰자를 분리하여 제조하는 반죽법이다.

② 반죽형과 거품형의 조합형으로 결과제품은 거품형의 기공과 조직에 가까우며 과일 케이크와 치즈 케이크가 대표적이다.

03 반죽형의 믹싱법

1. 크림법(Creaming Method) : 부피 위주의 제품 제조법

① 유지 + 설탕 = 믹싱하여 크림을 만든다.

② 계란을 서서히 투입하면서 부드러운 크림을 만든다.

③ 밀가루를 비롯한 건조 재료를 넣고 혼합한다.

④ 부피가 양호하다.

⑤ 레이어 케이크 종류, 파운드 케이크, 마데라 컵 케이크, 초코 머핀 등

2. 블렌딩법(Blending Method) : 부드러움 위주의 제품 제조법

① 유지 + 밀가루 = 유지에 의해 밀가루가 가볍게 피복되도록 믹싱한다.

② 다른 건조 재료와 액체 재료 일부를 넣고 혼합한다.

③ 여기에 나머지 액체재료를 투입하여 균일하게 반죽한다.

④ 제품의 유연감이 양호하다.

⑤ 데블스 푸드 케이크 등

3. 설탕 / 물 법(Sugar / Water Method : 시럽법) : 껍질 색이 일정함

① 특징 : 설탕 : 물 = 2:1의 액당을 사용한다.

② 장점 : 설탕이 용해되어 양질의 제품 만들고, 계량의 용이성, 포장비 절감이 좋다.

③ 단점 : 저장 탱크와 이송 파이프 및 계량장치 등 여러 가지의 최초 시설비가 높게 책정이 된다.

④ 주로 대규모 생산회사가 이용하는 방법이다.

4. 1 단계법(단 단계법)

① 특징 : 모든 재료를 한꺼번에 넣고 믹싱하는 방법이다.
② 장점 : 노동력과 시간이 절약된다.
③ 기계 성능이 좋은 경우에 많이 이용한다.(에어 믹서 등)
④ 첨가제 사용 : 화학팽창제, 유화제를 사용한다.

〈반죽의 믹싱속도와 시간 관계의 상관관계〉

믹싱단계	믹싱시간	나타나는 현상
1단(저속)	0.5분	재료들이 수화가 된다.
3단(고속)	2분	큰 덩어리가 분산지고 재료가 서로 결합되면서 공기를 포집시킨다.
2단(중속)	2분	증가된 공기를 반죽 내부에 분포시킨다.
1단(저속)	1분	반죽내의 큰 기포를 제거하고 공기 세포를 미세하게 분산시켜 나눈다.

04 비중과 반죽량의 상관관계

1. 비중 : 일정 온도에서 물의 무게에 대하여 같은 부피를 갖는 물질의 무게비로 나타낸다.

① 비중 = $\frac{\text{같은 부피의 반죽 무게}}{\text{같은 부피의 물 무게}}$
② 비중은 제품 (외부 특성) : 부피와 관계가 있으며
(내부특성) : 기공과 조직에 결정적인 영향
③ 낮은 비중 : 공기함유가 많아서 제품의 기공이 열리고 조직이 거칠다.
④ 높은 비중 : 공기 함유가 적어서 제품의 기공이 조밀하고, 무거운 조직이 된다.

| 연습문제 |

비중 컵 무게 = 40g, 비중 컵 + 물 = 240g, 비중 컵 + 반죽 = 160g일 경우 비중은?

풀이 반죽 무게 / 물의 무게 = 160 - 40 / 240 - 40 = 0.6 **정답** 0.6

2. 팬용적과 반죽량의 상관관계

① 팬에 과다하거나 과소한 반죽량은 구운 제품의 모양이 불량하고 손실이 막대하다.
② 새로운 팬에 맞는 반죽분할 무게를 조절할 필요가 있다.

〈규격에 맞는 팬〉

종류		팬 용적
파운드 케이크	=	반죽 1g당 팬 용적은 $2.40cm^3$
레이어 케이크	=	반죽 1g당 팬 용적은 $2.96cm^3$
식빵(커피) 케이크	=	반죽 1g당 팬 용적은 $3.36cm^3$
엔젤 푸드 케이크	=	반죽 1g당 팬 용적은 $4.71cm^3$
스폰지 케이크	=	반죽 1g당 팬 용적은 $5.08cm^3$

| 연습문제 |

1. 파운드 팬의 용적이 $1044cm^3$일 경우 몇 g의 반죽을 넣으면 좋은가?(단, 비용적은 $2.4cm^3/g$)

풀이 반죽 1g당 $2.4cm^3$의 용적이 필요하므로 1440 ÷ 2.4 = 600(g) **정답** 600(g)

2. 어떤 팬에 엔젤푸드 반죽을 400g 넣었더니 좋은 제품이 되었다. 이 팬에는 스폰지 케이크 반죽 몇 g을 넣어야 좋은가? (단, 엔젤푸드 비용적 = $4.7cm^3/g$, 스폰지케이크 비용적 = $5.08cm^3/g$)

풀이 (1) 팬의 용적 =$1.7cm^3$ x 400 = $1,880cm^3$ **정답** 370g
(2) 스폰지 반죽 무게 = 1,880 ÷ 5.08 = 370.08(g) → 370g

05 반죽온도 조절

① 낮은 반죽 온도 : 기공이 밀착되어 제품의 부피가 작다. 식감 안 좋음
② 높은 반죽 온도 : 기공이 열리고 큰 공기구멍이 생겨 조직이 거칠고 노화가 가속된다.

〈조건〉

실내 온도	밀가루 온도	설탕 온도	유지 온도	계란 온도	수돗물 온도	결과 온도	마찰 계수	희망 온도	물 사용량
25℃	25℃	25℃	25℃	25℃	20℃	25℃	(21)	25℃	1000g

1. 마찰계수(F.F)

마찰계수=결과온도×6-(실내온도+밀가루온도+설탕온도+유지 온도+계란온도+수돗물온도)
=26×6-(25+25+25+20+20+20)
=156-135=21

* 반죽온도에 영향 주는 6개의 인자중 하나로 21℃에 해당되는 것임

2. 사용수 온도

사용수온도=희망온도×6-(실내온도+밀가루 온도+설탕 온도+유지 온도+계란 온도+마찰계수)

=23×6-(25+25+25+20+20+21)

=138-136=2℃

* 2℃의 물 1000g 사용한다.

3. 얼음 사용량

$$\text{얼음} = \frac{\text{사용량}\times(\text{수돗물 온도}-\text{사용수 온도})}{(80+\text{수돗물 온도})}$$

= 1,000×(20-2)÷80+20=1,800÷100=180(g)

* 물 온도 계산에 있어 숫자는 [절대치의 차이]라는 개념으로 얼음계산법도 유용하다.

02 재료의 기능

01 밀가루

1. 기능

① 구조형성(밀가루 단백질과 전분 등)

② 밀가루 특유의 향을 가지고 있다.

2. 종류

① 고급케이크용 : 박력분으로 연질소맥으로 제분되어 있음
단백질 : 7~9%, 회분 : 0.4% 이하, 염소표백은 백색으로 pH 5.2 근처

② 쿠키, 케이크, 도넛 용 : 중력분 또는 박력분을 사용

③ 파이용 : 강력분 또는 중력분을 사용

02 설탕

1. 기능

① 감미(단맛)를 준다.

② 껍질색을 부여함 : 캐러멜화 또는 갈변 반응을 일으킴

③ 수분보유력 : 신선도를 오래 유지함

④ 연화작용 : 밀가루 단백질을 부드럽게 함

2. 종류

① 설탕(자당) : 사탕수수로 만든 2당류, 고형분 100%

② 포도당 : 전분을 가수분해하여 만든 단당류, 고형분 91.5%, 수분 8.5%

③ 유당 : 우유 속에 함유된 당으로 2당류

④ 물엿 : 전분의 분해산물인 덱스트린, 맥아당, 포도당 등이 물과 혼합되어 있는 감미제, 고형분 80%, 수분 20%

⑤ 과당 : 포도당을 이성화시켜 분리한 단당류

⑥ 전화당 시럽 : 설탕을 가수분해하여 만든 포도당 50%와 과당50%가 함유된 시럽

03 유지

1. 기능

① 크림성 : 믹싱(휘핑)을 할 때 공기를 포집하여 크림이 되는 성질

② 안정성 : 쿠키와 같이 저장성이 큰 제품에 사용할 때 산패에 견디는 성질

③ 신장성 : 파이 제조 시 반죽 사이에서 밀어 펴지는 성질

④ 가소성 : 고체지방 성분의 변화에도 단단한 외형을 갖추는 성질

⑤ 쇼트닝성 : 제품을 부드럽게 하는 성질

2. 성질

① 버터 : 우유지방이 80% 이상인 가소성 제품

② 마가린 : 식물성지방이 80% 이상인 가소성 제품

③ 쇼트닝 : 식물성지방이 100%인 가소성 제품

④ 식용유 : 실온에서 액체 상태인 제품

⑤ 변형된 유지 제품

㉠ 유화쇼트닝(경화쇼트닝) : 쇼트닝 + 쇼트닝의 6~8% 유화제를 사용하여 단백한 맛과 저장성 증대

㉡ 파이용 마가린 : 가소성 범위가 넓어 퍼프 페이스트리나 데니쉬 페이스트리에 적당한 마가린

㉢ 샐러드유 : 동화(Wintering : 구름현상 방지) 과정을 거친 식용유

04 계란

1. 기능

① 구조형성 : 계란 단백질이 밀가루 단백질을 보완하여 구조력 형성하여 제품완성

② 수분공급 : 전란의 75%가 수분을 함유하여 보습제 역할

③ 결합제역할 : 커스터드 크림을 엉기게 한다.(농후화제 역할)

④ 팽창제역할 : 믹싱 중 공기를 혼입하므로 계란 팽창시킴(스펀지 케이크가 대표적임)

⑤ 유화제역할 : 노른자의 레시틴이 유화작용을 함

⑥ 영양증진과 함께 착색, 착향의 역할을 함

2. 종류

① 물리적 상태의 종류

생계란, 냉동계란, 분말계란

② 부위별 종류

종류	수분 함량(%)	고형분 함량(%)
전란	75%	25%
노른자	50%	50%
흰자	88%	12%
강화란	전란	노른자

05 우유

1. 기능

① 제품의 구성 재료 : 우유 단백질이 변성

② 껍질색 : 유당에 의해 껍질색을 진하게 함

③ 향 : 우유향

④ 수분 보유제 : 유당이 역할을 함

  * 제빵에 있어서 우유는 완충제 역할을 함

2. 종류

① 시유(시판우유) : 살균, 균질화시킨 우유로 수분이 88% 전후이다.

② 탈지우유 : 우유에서 지방(버터 제조용)을 뽑아낸 우유을 말함

③ 농축우유 : 우유의 수분을 증발시켜 고형질 함량을 높인 우유(가당과 무가당) : 연유

④ 전지분유 : 우유의 수분을 증발시킨 분말 우유를 말함

⑤ 탈지분유 : 우유에서 지방을 제거(탈지우유)하고 수분을 증발시킨 분말 우유를 말함

※ North도표 : 저온 살균도 검사

3. 우유 살균방법 종류

① 저온살균 : 62~65℃에서 30분

② 고온단시간 살균 : 71.1℃에서 15초

③ 초고온 순간가열 살균 : 130~150℃에서 2초 정도

06 물

1. 기능

① 제품의 식감 조절한다.

② 반죽의 되기를 조절한다.

③ 글루텐 형성에 필수적이다.

④ 증기압을 형성하여 팽창에 관련이 있다.

⑤ 재료의 수화, 분산 작용을 한다.

2. 종류

① 산도에 따라 : 산성, 중성, 알칼리성

② 경도에 따라 : 연수, 아경수, 경수(일시적 경수, 영구적 경구)

* 제과에서는 큰 영향이 없으나 제빵에서는 영향이 크다.

07 소금

1. 기능

① 다른 재료들의 맛을 나게 한다.

② 감미도 조절 : 설탕의 단맛을 순화시킨다.

③ 껍질 색 : 캐러멜화 온도를 낮춘다.

2. 종류

① 입자크기에 따라 : 미세한 입자, 중간 입자, 거친 입자

② 정제도에 따라 : 호염, 정제염

08 향료

1. 기능

① 향미를 개선하는 효과

② 제품 차별화 → 독특한 향

2. 종류

① 강도에 따라 적당량을 사용함

② 서로 상승효과가 있도록 조향하여 사용함

03 레이어 케이크

01 옐로우 레이어 케이크(Yellow Layer Cake)

반죽형 케이크를 대표하는 제품으로 소위 버터케이크라 하는 여러 가지 양과자 제품을 만드는 데 기본이 된다.

1. 재료 사용 범위

재료	사용범위(%)	[연습]*
박력분	100	100
설탕	110~140	120
유화쇼트닝	30~70	50
계란	쇼트닝x1.1	(55)
탈지분유	변화	(9)
물	변화	(81)
B.P	2~6	4
소금	1~3	2
향	0.5~1.0	1

2. 배합률 조정

① 계란=쇼트닝×1.1

② 우유=설탕+25-계란

③ 우유=탈지분유 : 10%+물 : 90%

④ [예시]

㉠ 계란=50×1.1=55

㉡ 우유=125+25-55

=145-25=90(분유 : 90×0.1=9, 물 : 90×0.9=81)

3. 제조 공정

① 믹싱

㉠ 크림법, 블렌딩법, 1단계법이 이용

㉡ 반죽온도 : 22~24℃

㉢ 비중 : 0.75~0.85

② 팬에 넣기 : 팬 용적의 60% 정도

③ 굽기 : 180~200℃ 전후

02 화이트 레이어 케이크(White Layer Cake)

우리나라에서는 별로 알려지지 않은 반죽형 케이크로 전란 대신 계란 흰자를 효과적으로 이용하는 제품이다.

1. 재료 사용 범위

재료	사용범위(%)	[연습]*
박력분	100	100
설탕	110~160	120
유화쇼트닝	30~70	56
흰자	전란 x 1.3	(80)
탈지분유	변화	(7)
물	변화	(63)
B.P	2~6	4
소금	1~3	2
주석산크림	0.5	(0.5)
향	0.5~1.0	0.5

2. 배합률 조정

① 계란=쇼트닝×1.1(실제로 전란을 쓰지 않는다. // 흰자 사용)

② 흰자=전란×1.3=쇼트닝×1.43

③ 우유=설탕+30-흰자

④ 우유=탈지분유 : 10%+물 : 90%

⑤ 주석산크림 : 0.5%

⑥ [예시]

㉠ 흰자=(쇼트닝×1.1)×1.3=(56×1.1)×1.3=80

㉡ 우유=120+30-80

=150 80=70(분유 : 70×0.1=7, 물 : 70×0.9=63)

3. 제조 공정

① 믹싱

㉠ 크림법, 블렌딩법, 단단계법이 이용

㉡ 반죽온도 : 22~24℃

㉢ 비중 : 0.75~0.85

② 팬에 넣기 : 팬 용적의 55~60% 정도

③ 굽기 : 180~200℃ 전후

03 데블스 푸드 케이크(Devil's Food Cake)

옐로우 레이어 케이크에 코코아를 첨가한 형태로 코코아 케이크라고도 하는데 속색이 갈색을 띤 붉은색 계열이므로 악마의 음식이라는 이름이 붙여졌다고 한다.

1. 재료 사용 범위

재료	사용범위(%)	[연습]*
박력분	100	100
설탕	110~180	120
유화쇼트닝	30~70	54.5
전란	쇼트닝 x 1.1	(60)
탈지분유	변화	(12)
물	변화	(108)
B.P	2~6	5
소금	1~3	2
향	0.5~1.0	0.5
중조	천연코코아x0.07	1
(더취) 코코아	(20)	(20)

2. 배합률 조정

① 전란=쇼트닝×1.1

② 우유=설탕+30+(코코아×1.5)-흰자

③ 우유=탈지분유 : 10%+물 : 90%

④ 중조 : 천연코코아×7%(더취 코코아 사용 시 중조사용 불필요)

⑤ 중조 1의 능력=B.P 3의 능력 (중조 사용 시 중조의 3배를 B.P에서 빼야 한다)

⑥ [예시]

㉡ 전란=54.5×1.1≒60

㉠ 우유=120+30+(20×1.5)-60

=180-60=120(분유 : 120×0.1=12, 물 : 120×0.9=108)

3. 제조공정

① 믹싱

㉠ 크림법, 블렌딩법, 단단계법이 이용

㉡ 반죽온도 : 22~24℃

㉢ 비중 : 0.75~0.85

② 팬에 넣기 : 팬 용적의 55~60%

③ 굽기 : 180~200℃ 전후

04 초콜릿 케이크(Chocolate Cake)

옐로우 레이어 케이크에 초콜릿을 첨가한 제품으로 초콜릿의 특유한 맛과 향을 제품 자체에서 느낄 수 있는 것이 코팅에 의한 케이크와 다르다.

1. 재료사용범위

재료	사용범위(%)	[연습]*
박력분	100	100
설탕	110~180	120
유화쇼트닝	30~70	(60~6)
전란	쇼트닝×1.1	(66)
탈지분유	변화	(11.4)
물	변화	(108)
B.P	2~6	5
소금	1~3	2
향	0.5~1.0	0.5
초콜릿	24~50	(32)

2. 배합률 조정

① 전란=쇼트닝×1.1

② 우유=설탕+30+(코코아×1.5)-전란

③ 초콜릿

㉠ 62.5%(5/8) 코코아

㉡ 37.5%(3/5) 코코아 버터

④ 초콜릿 중의 코코아

㉠ 천연 : 7%의 중조 사용

㉡ 더취 : 중조를 사용하지 않음

⑤ 베이킹파우더

㉠ 더취 : 원래 사용량 사용

㉡ 천연 : 중조 사용량의 3배 감소

⑥ 쇼트닝 : 초콜릿 중 유지 함량의 1/2을 감소

⑦ [예시]

㉠ 전란=60×1.1=66

㉡ 초콜릿 중의 코코아 : 초콜릿×5/8=32×5/8=20

㉢ 초콜릿 중의 코코아버터 : 초콜릿×3/8=32×3/8=12

㉣ 우유 : 120+30×(20×1.5.-66=114(%)

(분유 : 11.4%, 물 102.6%)

㉤ 초콜릿 중의 유지가 갖는 유화쇼트닝으로서의 효과 : 12×1/2=6

조정한 유화쇼트닝 : 원래 쇼트닝 – 초콜릿 중의 유지 : 60-6=54

3. 제조공정

① 믹싱

㉠ 크림법, 블렌딩법, 단단계법이 이용

㉡ 반죽온도 : 22~24℃

㉢ 비중 : 0.8~0.9

② 팬에 넣기 : 팬 용적의 55~60%

③ 굽기 : 180~200℃ 전후

[레이어 케이크의 믹싱]

1. 크림법(유지 + 설탕 → 크림화)

① 믹서 볼에 유지, 소금, 설탕,(유화제, 유연하게 한 초콜릿)을 넣고 믹싱하여 크림을 만든다.

② 계란을 소량씩 서서히 투입하면서 부드러운 크림을 만든다(계란의 액체와 유지의 분리가 없도록 한다.)

③ 나머지 건조재료(밀가루, 탈지분유, 베이킹 파우더, 향, 코코아 등)를 체질하여 넣고 저속으로 혼합하면서 동시에 물을 첨가시켜 반죽을 마친다.

* 크림을 잘 만들어 공기혼입을 크게 하고 건조 재료를 균일하게 혼합하되 밀가루의 글루텐 발전을 최소로 한다.

2. 블렌딩법(유지 + 밀가루 → 블렌딩 : 유지에 밀가루 코팅하기 : 글루텐 최소화)

① 믹서 볼에 쇼트닝(유화 쇼트닝, 버터, 마가린, *초콜릿 등)을 넣고 비터(beater)로 덩어리를 깨드리면서 체질한 밀가루, 베이킹파우더, *코코아를 투입하여 유지에 의해 표면이 피복되도록 믹싱한다.

② 나머지 건조재료(설탕, 탈지분유, 향, 소금 등)을 넣고 균일하게 혼합되도록 믹싱을 계속하면서 계란과 물 일부를 투입하여 혼합한다.

③ 나머지 물을 넣고 반죽의 되기를 조절한다.

참고

[고율배합과 저율배합]

1. 고율배합

① 설탕 사용량 〉 밀가루 사용량

② 많은 설탕을 녹일 수 있는 많은 물을 사용하게 되므로 제품의 "신선도"를 오래 지속시키는 특성이 있다.

2. 고율배합이 가능한 요인

① 다량의 유지와 다량의 물을 사용해도 분리가 일어나지 않도록 유화쇼트닝(또는 유화제) 사용

② 전분의 호화온도를 낮추어 굽기 과정중 안정을 빠르게 하여 수축 및 손실을 감소시키는 염소표백 밀가루의 사용

3. 고율과 저율의 비교

항목	고율배합	저율배합
믹싱 중 공기 혼입	많다	적다
비중	낮다	높다
화학팽창제 사용	적게	많게
굽는 온도	낮게	높게

04 파운드 케이크

01 재료

1. 재료 사용범위

밀가루	설탕	쇼트닝	계란	향	B.P	유화제
100%	75~125	40~100	40~100	0~1.0	0~3.0	0~4

2. 배합률 작성 시 유의사항

① 쇼트닝 사용량 ≦ 계란 사용량

② 계란 + 우유 ≧ 설탕 또는 밀가루

③ 설탕 : 75~125% 범위에서 자유롭게 선택, 저율배합인 경우는 액체 사용량이 감소된다.

3. 밀가루

① 부드러운 파운드 케이크용 : 박력분

② 과일 파운드와 같이 조직감이 강한 경우 : 박력분 + 강력분

③ 보릿가루(볶은 것), 메옥수수가루 등도 혼합 가능

* 찰옥수수가루는 케이크 내상을 너무 차지게 하는 경향이 있어 부적당

4. 계란

① 전란 : 옐로우 파운드 케이크

② 흰자 : 화이트 파운드 케이크

③ 가급적 신선한 계란

5. 설탕

① 껍질색, 감미, 수분보유제 기능

② 설탕 이외에 포도당, 물엿, 액당, 꿀, 전화당, 이성화당도 사용

③ 과일 파운드에서는 설탕양을 감소 → 원래 과일 맛 회복

6. 유지

① 유화쇼트닝, 버터, 마가린을 단독 또는 혼합하여 사용

② 유화성이 중요 → 다량의 유지와 액체재료의 혼합을 위함

7. 충전물 : 과일 파운드 케이크 제조

① 건과류(乾果類) : 건포도, 서양대추, 자두, 살구

② 과실류(果實類) : 파인애플, 무화과, 체리, 오렌지 필, 레몬 필

③ 견과류(堅果類) : 아몬드, 호두, 개암, 잣, 피칸, 코코넛 등

[건포도의 전처리]

(1) 건과류(건조과일)를 전처리하는 목적

① 씹을 때의 조직감을 개선한다.

② 반죽 내에서 반죽과 건조과일간의 수분이동 방지한다.

③ 건조 과일에 원래 과일의 풍미 회복한다.

(2) 전처리하는 방법 두 가지

① 건포도의 12%에 해당하는 27℃ 물을 첨가하여 4시간가량 정치

② 건포도가 잠길만한 물을 부어 10분간 정치했다가 여분의 물을 가볍게 배수

8. 재료의 상호관계

구분 / 제품	소금 (%)	B.P (%)	우유 (%)	쇼트닝 (%)	전란 (%)	밀가루와 설탕 각 (%)
가	2	2~1.75	60	40	40	100
나	2.25	1~0.5	45	47.5	55	100
다	2.50	0	30	70	75	100
라	2.75	0	16	85	92.5	100
마	3.0	0	0	100	110	100

* 유지가 증가하면 조치사항 ① 전란 증가 ② 우유 감소 ③ B.P 감소 ④ 소금 증가

02 공정

1. 기본배합률

밀가루	설탕	계란	유지	소금
100%	100%	100%	100%	2%

* 유화제 사용 시 30% 정도의 물을 추가로 사용한다.

2. 믹싱

① 크림법, 블렌딩법, 1단계법이 모두 이용될 수 있다.

② 크림법

㉠ 버터에 설탕과 소금을 넣고 믹싱하여 "크림"을 만든다.

㉡ 계란을 서서히 투입하면서 부드러운 크림을 만든다.

㉢ 밀가루를 넣고, 나머지 물을 첨가하여 균일한 반죽을 만든다.

③ 반죽온도 : 20~24℃

④ 비중 : 0.8~0.9

3. 팬에 넣기

① 일반팬의 종류

㉠ 일반팬 : 뚜껑이 없는 식빵 팬과 유사

㉡ 이중팬 : 옆면과 밑면의 급격한 껍질 형성을 방지

㉢ 은박팬

㉣ 종이팬 : 팬 채로 공급

② 분할

㉠ 팬 높이의 70% 정도까지 채운다.

㉡ 깔판종이 : 무독성 식품용

㉢ 반죽량은 1g당 $2.4cm^3$의 용적이 표준이다.

4. 굽기

① 온도

㉠ 분할량이 큰 제품 : 170~180℃ 전후

㉡ 평철판 제품 : 180~190℃ 전후

② 윗면이 터지는 이유

㉠ 반죽에 수분이 불충분함

㉡ 설탕입자가 용해되지 않고 남아 있는 경우

㉢ 팬 넣기 후 오븐에 들어갈 때까지 장기간 방지하여 껍질이 말랐을 때

㉣ 오븐 온도가 높아 "껍질 형성"이 빠를 때

③ 장식과 노른자 칠

㉠ 오븐에서 껍질 형성될 때 체리, 복숭아, 사과조림, 호두 등 장식물을 얹고 껍질이 두꺼워지는 것을 막기 위해 다른 팬을 덮고 굽는다.

㉡ 구운 후 뜨거울 때 노른자(+ 설탕) 칠한다.(또는 녹인 버터 칠하기)

02 재료

1. 필수재료

① 밀가루 ② 계란 ③ 설탕 ④ 소금

* 분유, 물, 우유, 베이킹파우더 등은 부수적인 재료

2. 밀가루

① 특급 박력분 : 연질소맥으로 제분한 저회분(0.29~0.33%), 저단백질(5.5~7.5%)

② 박력분이 없을 때 12% 이하의 전분 사용 가능

3. 설탕

① 설탕(자당) : 가장 보편적, 사탕수수, 사탕무우가 원료

② 포도당 : 설탕의 20~25% 이하를 대치할 수 있음

③ 물엿 : 고형질 기준으로 설탕의 20~25% 대치가능(분산되기 어려운 결점이 있으니 유의)

④ 꿀, 전화당 시럽 : 향 및 수분 보유력이 크다.

4. 계란

① 가급적 신선한 계란 사용한다.(기포성이 좋을 것)

② 노른자에 레시틴이란 유화제 → 유화작용

③ 배합률에서 계란을 감소시킬 필요가 있을 때 조치사항

㉠ 수분 감소를 감안하여 물 추가한다.

㉡ 양질의 유화제 사용한다.

* 밀가루의 50% 이상이어야 한다.

5. 소금

① 전체적인 맛을 내는 데 필수적이다.

② 양이 많지 않도록 유의한다.

02 공정

1. 기본 배합률

밀가루	100%
설탕	166%
계란	166%
소금	2%

① 설탕을 줄이면 수분을 줄여야 한다.

② 수분을 줄이려면 계란을 줄인다.

③ 계란을 줄이면 구조가 약해진다.

④ 수분과 고형질 균형을 맞추어야 한다.

2. 믹싱

(1) 믹싱방법

① 덥게 하는 방법(중탕법)

㉠ 계란 + 설탕 + 소금을 43℃로 예열시킨 후

㉡ 거품을 올린 후 밀가루를 넣고 균일하게 혼합

㉢ 설탕이 모두 녹고, 거품 올리기가 용이

② 일반 방법

㉠ 계란 + 설탕 + 소금을 실온에서 거품을 올리고

㉡ 밀가루를 넣고 균일하게 혼합

㉢ 믹서의 기능이 좋은 경우, B.P 사용 배합률에 적용

(2) 반죽온도 : 일반법은 22~24℃

(3) 비중 : 0.45~0.55

3. 팬에 넣기

(1) 팬

① 원형팬 : 데코레이션 케이크에 적당

② 평철판 : 각종 양과자, 젤리 롤 케이크에 적당

(2) 팬 준비

① 기름칠

② 팬 기름칠(밀가루+쇼트닝)

③ 깔개 종이

(3) 팬 용적의 50~60%

* 팬에 넣은 후 즉시 오븐에서 굽기 한다.

4. 굽기

① 반죽의 양이 많거나 높이가 높은 경우 : 180~190℃

② 반죽의 양이 적거나 얇은 반죽인 경우 : 204~213℃

③ 오븐에서 꺼내면 즉시 팬에서 쏟아내야 한다 : 수축 방지를 위해서

5. 기본적인 제조 원리

① 믹서 볼과 사용 용기는 깨끗하고 기름기가 없어야 한다.

② 냉동 계란 사용 시 적절한 해동이 필요하다.

③ 거품 올리기 최종 단계는 저속으로 하여 공기를 미세하게 나눈다.

④ 볼의 바닥에 물엿, 설탕이 가라앉았는지 확인한다.

⑤ 밀가루, 베이킹파우더 등 건조 재료는 체질한다.

이물질 제거 // 큰 덩어리 제거 // 밀가루에 공기 공급

⑥ 밀가루가 모든 반죽에 고루 분배되도록 믹싱한다.

03 젤리 롤 케이크

젤리 롤 케이크와 초콜릿 롤 케이크는 스펀지 케이크 배합으로 만든다.
롤 케이크를 만들기 위한 스폰지 배합은 설탕 100에 대하여 계란을 75%에서 많게는 200%까지 사용한다.

1. 제조법

① 스폰지 케이크와 같이 거품을 올린 후 밀가루 혼합한다.

② 평철판(깔개종이, 팬 스프레드)을 사용한다.

③ 철판에 넣은 반죽은 두께가 일정하게 펴준다.

④ 160~200℃ 정도의 오븐에서 굽는다.

* 오버 베이킹이 되지 않도록 한다.
* 언더 베이킹(고온 단시간) // 오버 베이킹(저온 장시간)

⑤ 덧가루 칠한 헝겊 또는 물에 담가 짠 헝겊을 뒤집어 놓으면 냉각 중 수분손실을 막는다.

⑥ 말기하는 방법

㉠ 크림 사용 시 : 냉각 후 말아준다.

㉡ 잼이나 젤리 사용 시 : 뜨거울 때 또는 냉각 후 말아준다.

㉢ 계란 사용량 적은 경우 : 뜨거울 때 말아준다.

㉣ 계란 사용량 많은 경우 : 식을 때 말아준다.

㉤ 이음매가 되는 끝부분은 밑바닥에 둔다.

⑦ 롤 케이크는 잼, 젤리, 코코넛, 과일, 기타 충전물을 이용하거나 분당을 뿌려 마무리하기도 한다.

2. 젤리 롤의 결점

① 젤리 롤을 말 때 표면이 터지는 결점 : 표면이 터지면 상품가치가 크게 떨어지므로 적정한 배합률과 공정을 표준화하며, 다음과 같은 조치도 고려한다.

㉠ 설탕(자당)의 일부를 물엿으로 대치

㉡ 덱스트린의 점착성 이용

㉢ 팽창이 과다한 경우 : 팽창 감소(팽창제, 거품 올리기)

㉣ 노른자 비율을 가소시키고 전란을 증가

② 케이크 자체가 축축하여 찐득거리는 조직

㉠ 조직이 너무 조밀하고 습기가 많을 때

㉡ 배합에 수분이 많거나 고온 단시간 굽기를 했을 때

㉢ 팽창이 부족한 경우

㉣ 물 사용량 감소, 믹싱 증가, 적절한 굽기로 보완

06 엔젤 푸드 케이크

엔젤 푸드 케이크는 계란의 거품을 이용한다는 측면에서 스폰지 케이크와 유사한데 단지 계란 흰자를 이용하는게 다르다. 기공과 조직도 스폰지 케이크와 대체로 유사하다.

01 배합률과 재료

1. 배합률 작성

(1) 재료사용범위

흰자	40~50%
설탕	30~42%
주석산크림	0.5~0.625%
소금	0.5~0.375%
박력분	15~18%
합계	100%

(2) 작성방법

① 1단계 : 흰자 사용량 결정

② 2단계 : 밀가루 사용량 결정

③ 3단계 : 주석산크림+소금=1%

④ 4단계 : 설탕 :100-(흰자+밀가루+1)

⑤ 5단계 : 설탕×2/3=입상형
설탕×1/3=분당

(3) 작성연습

흰자	45%
소금	0.5%
주석산크림	0.5%
설탕(입상형)	26%
박력분	15%
분당	13%

① 기름기 없는 볼에 넣고 거품 올리기
거품은 젖은 피크상태

② 설탕 : 100-(45+15+1)=39

→ 입상형 : 39×2/3=26　　　→ 분당 : 39×1/3=13

③ 입상형 설탕 넣으며 중간피크 상태 머랭 만든다.

2. 재료

(1) 밀가루

① 특급박력분 : 저회분(0.29~0.33), 저단백질(5.5~7.5), 연질소맥

② 표백이 잘 된 밀가루 사용하기

③ 박력분이 없는 경우 → 전분을 30% 이하 사용 가능

(2) 흰자

① 기름기 또는 노른자가 섞이지 않아야 한다.

② 고형질 함량이 높은 것을 선택해서 사용하기

(3) 산작용제 : 주로 주석크림〈$KH(C_4H_4O_6)$〉

① 계란 흰자의 알칼리성에 대한 중화 역할을 함

② 산도를 높임(pH수치를 낮춤)으로 등전점에 가깝도록 하여 흰자를 강하게 한다.

→ 머랭도 튼튼해진다.

③ pH가 낮아지면 밝은 흰색이 된다.

* 당밀, 과일즙과 같은 산성재료를 사용하면 산염을 감소시키거나 사용하지 않는 경우 있다.

(4) 설탕

① 감미를 주는 엔젤 푸드 케이크의 유일한 연화제 역할을 함

② 1단계 : 머랭을 만들 때 전체 설탕의 약 2/3을 입상형으로 사용한다.

③ 2단계 : 밀가루와 함께 나머지 1/3을 분당으로 사용한다.

④ 머랭 제조 시 사용되는 설탕의 정도

→ 설탕이 과량 : 흰자의 형성이 과다 공기융합이 불완전하다.

→ 설탕이 소량 : 거품에 힘이 없다.

(5) 소금

① 다른 재료와 어울려 맛과 향을 낸다.

② 계란 흰자를 강하게 만든다.

(6) 기타

① 오렌지를 껍질체 같은 것 10% 사용 : 흰자 10% 감소

② 레몬 껍질체 같은 것 5% 사용 : 주석산 크림 불필요

③ 당밀 10% : 설탕 6% 사용 : 주석산 크림 불필요

④ 견과(호두, 개암, 피칸 등) : 반죽 = 1:9

02 공정

1. 믹싱

(1) 산 사전 처리법

① 계란 흰자 + 소금 + 주석산 크림 → 젖은 피크의 머랭

② 전체 설탕의 2/3를 투입하면서 '중간 피크'의 머랭

③ 밀가루 + 분당을 체질하여 넣고 고루 혼합

④ 기름기가 없는 엔젤 푸드 팬에 물칠을 하고 팬 넣기

* 특징 : 튼튼한 제품, 탄력있는 제품

(2) 산 사후 처리법

① 계란 흰자를 믹싱하여 '젖은 피크'의 머랭

② 전체 설탕의 2/3를 투입하면서 '중간 피크'의 머랭

③ 밀가루 + 분당 + 소금 + 주석산 크림을 넣고 고루 혼합

④ 기름기 없는 엔젤 푸드 팬에 물칠을 하고 팬 넣기

* 특징 : 유연한 제품, 부드러운 기공과 조직

2. 팬에 넣기

① 짜는 주머니 또는 주입기 사용 ② 팬 용적의 60~70%

③ 팬 내부에 물칠을 한다.(기름칠을 해서는 안된다)

3. 굽기

① 오븐 온도 : 160~200℃

② 시간 : 30~35분

③ 언더 베이킹이나 오버 베이킹이 되지 않도록 한다.

④ 오븐에서 꺼내면 뒤집어 놓은 후 팬 채로 냉각한다.

⑤ 케이크를 팬에서 뺄 때 겉껍질은 팬에 붙고 속만 빠진다. 팬은 즉시 물에 담가 씻는다.

4. 온도의 영향

① 반죽 온도 18℃ 이하 : 제품의 기공과 조직이 조밀하고 부피가 작아진다.

② 반죽 온도 27℃ 이상 : 기공이 열리고 커다란 기포 형성한다.

③ 케이크를 부풀게 하는 기작 중 "증기압"이 중요한 작용을 하는데 반죽 온도가 너무 높거나 낮으면 같은 증기압을 발달시키는 데 필요한 굽기 시간이 달라진다.

07 퍼프 페이스트리

퍼프 페이스트리는 반죽과 유지를 성공적으로 말아서 만든 결이 있는 제품으로 '프렌치 파이'로 알려져 있다.

01 재료

1. 기본 배합률

강력분	100%
유지	100%
물(냉수)	50%
소금	1%

* 부수적으로 계란 또는 포도당을 사용하기도 한다.

2. 밀가루

① 양질의 제빵용 강력분

② 동량의 유지 사용, 접기와 밀기, 휴지 공정을 거쳐 반죽과 유지층을 분명히 할 수 있는 특성을 가진 것

3. 유지

① 가소성 범위가 넓은 제품 : 파이용 마가린, 퍼프용 마가린

② 신장성이 좋은 제품 : 밀어펴기가 용이

③ 휴지 또는 밀어펴기 과정 중 기름이 새어나오지 않아야 한다.

④ 쇼트닝, 마가린, 버터 + 고융점 지방(올레오-스테아린)

4. 물

① 반죽 온도 조절 : 믹싱 후 휴지에 들어갈 것을 감안하여 사용하기

② 냉수 사용을 권장함

5. 소금

① 다른 재료의 맛과 향을 나게 한다.

② 유지 중 소금의 양을 감안해야 한다.

02 공정

1. 반죽 제조법

① 스코틀랜드 식

㉠ 유지를 호두 크기 정도로 자르고 물과 밀가루를 섞어 반죽하는 간편한 방법

㉡ 덧가루가 많이 들고 제품이 단단해 진다.

② 일반법

㉠ 불란서 식 또는 롤-인(roll-in)법

㉡ 밀가루 + 일부 유지 + 물을 넣어 반죽을 만들고 유지를 싸서 만드는 방법

㉢ 결을 균일하게 만든다.

2. 접기

① 반죽의 2/3에 충전용 유지를 바르고 접는다.

② 밀어펴기 후 최초의 크기로 3겹을 접는다.

③ 휴지 → 밀어펴기 → 접기를 반복한다.

㉠ 장방형의 모서기가 직각이 되도록 한다.

㉡ 휴지를 주는 이유(수화 // 반죽의 끈적임 방지 // 밀어펴기 용이)

3. 밀어펴기

① 휴지 후 밀어펴기를 할 때 균일한 두께가 되도록 한다.

② 수작업인 경우 밀대로, 기계는 쉬터(sheeter)를 이용한다.

③ 밀어펴기, 접기는 같은 회수로 보통 3×3(3번 접기 3회 : 27겹)

3×4(3번 접기 4회 : 81겹)로 한다.

4. 정형

① 예리한 기구로 절단해야 한다.(칼, 도르레 칼, 커터 칼)

② 파치를 최소로 한다.

③ 굽기 전에 적정한 휴지를 시키고 계란 물칠을 한다.

④ 굽는 면적이 넓은 경우 또는 충전물이 있는 경우의 껍질 : 구멍자국을 낸다.

5. 굽기

① 일반적인 온도 : 210℃ 전후

② ㉠ 너무 고온 : 껍질이 먼저 형성되어 글루텐의 신장성이 결여 된다.

㉡ 너무 저온 : 글루텐이 건조되어 신장성이 감소할 때 증기압 발생한다.

③ 반죽과 유지의 층에 있는 수분이 기화되면서 층을 밀어 올리고 글루텐 피막이 증기압에 의해 늘어난다.(수분을 함유한 유지가 필요)

03 주요 결점과 원인

1. 수축

① 반죽이 너무 단단한 경우
② 밀어펴기를 과도하게 한 경우
③ 굽기 전 휴지 부족
④ 너무 높거나 낮은 오븐 온도

2. 굽는 동안 지방이 흘러나옴

① 약한 밀가루 사용 시
② 과도한 밀어펴기
③ 밀어펴기의 부적절
④ 너무 높거나 낮은 오븐 온도
⑤ 오래된 반죽 사용 시

3. 팽창 부족

① 밀어펴기의 부적절
② 원반죽 또는 정형한 반죽의 휴지 부족
③ 부적당한 유지사용
④ 너무 높거나 낮은 오븐 온도

4. 수포 발생과 결이 떨어짐

① 정형한 반죽에 작은 구멍이 없을 때
② 가장자리의 칠하기 부적절

5. 과일 또는 충전물이 흐르는 것

① 정형한 반죽에 작은 구멍이 없을 때
② 가장자리의 봉합이 부적절
③ 낮은 오븐 온도

6. 제품이 단단함

① 지나치게 작업한 반죽일 경우
② 파치를 많이 넣은 반죽일 경우
③ 팽창이 부족한 제품일 경우

파이, 타르트(tart: 과일이용 파이), 과일 케이크와 같은 제품은 후식용으로 인기가 있는 유명한 제품이다.

08 파이

01 파이껍질

1. 재료

(1) 재료 사용 범위

재료	비율(%)
중력분	100%
쇼트닝	40~80%
냉수	25~50%
소금	1~3%
설탕	0~6%
탈지분유	0~4%
계란	0~6%

* 필수재료 : 밀가루, 유지, 물, 소금의 4가지
* 보조재료 : 설탕이나 탈지분유 등

(2) 밀가루

① 페이스트리 용 : 중력분(연질동소맥, 강력분 40% + 박력분 60%)

② 고 글루텐 형성 밀가루 : 강력분, 단단한 제품

저 글루텐 형성 밀가루 : 박력분, 수분 흡수량과 보유력이 약해 끈적이는 반죽

③ 경제적인 가격이라면 비표백 밀가루를 사용한다.

(3) 유지

① 가소성 범위가 넓은 제품 : 파이용 마가린

② 맛과 향을 높이기 위해 버터와 혼합하여 사용

(4) 물

① 일반적으로 냉수 사용 : 유지가 녹지 않도록 한다.

② 과량의 물 사용 : 껍질 반죽이 익는데 긴 시간이 필요하므로 충전물이 끓어 넘치기 쉽다.

(5) 소금

① 다른 재료의 맛과 향이 나도록 한다.

② 1.5~3.0% 사용 : 물에 완전히 녹여야 반죽에 고루 분배

(6) 착색제

① 설탕(자당) : 밀가루의 2~4%, 껍질색을 진하게 한다.

② 포도당 : 밀가루의 3~6%, 수분 흡수로 눅눅해지는 경향 있다.

③ 물엿 : 껍질이 축축해지고, 반죽에 고루 분산하기가 어렵다.

④ 탈지분유 : 밀가루의 2~3%, 유당에 의해 껍질색 개선과 하절기 곰팡이, 박테리아의 성장 유발

⑤ 탄산수소나트륨 : 0.1% 이하를 물에 풀어 사용, 알칼리에 의해 껍질색을 진하게 함

⑥ 광택제 칠하기 : 노른자를 칠하거나 녹인 버터를 칠한다.

2. 껍질 특성

(1) 결의 길이

① 긴결 : 유지 입자가 호두알 크기로 밀가루와 혼합

② 중간결 : 유지 입자가 강낭콩 크기로 밀가루와 혼합

③ 가루모양 : 유지 입자가 미세한 상태로 밀가루와 혼합

④ 크래커 형 : 쇼트브레드 + 크래커 반죽을 혼합

(2) 믹싱

① 1단계 : 밀가루와 유지를 먼저 혼합한다.

② 2단계 : 소금, 설탕 등을 녹인 냉수를 투입하여 밀가루가 수분을 흡수하는 정도로 혼합한다.

③ 수분 사용량이 적정해야 질긴 제품이 되지 않는다.

④ 표피가 마르지 않도록 조치하여 휴지시킨다.

(3) 껍질의 결점과 원인

① 질기고 단단함 : 강한 밀가루 사용, 믹싱이 지나침, 밀어펴기가 과도함, 많은 파치 혼합, 너무 된 반죽

② 수축이 됨 : 파치 사용, 과도한 믹싱, 휴지 불충분한 경우

③ 결이 없음 : 밀가루와 유지를 너무 많이 비벼댐, 믹싱 과다, 파치를 많이 사용한 경우.

④ 취급 시 반죽이 잘 떨어져 나감 : 유지함량이 너무 많은 반죽, 밀가루가 약함, 유지 덩어리가 너무 큰 경우, 취급 부주의

02 과일충전물

1. 과일의 형태

(1) 생과일

① 계절에 따라 흔하게 쓸 수 있는 과일 사용을 사용한다.

② 흠이 생겨서 변질이 시작되기 전에 충전물을 만든다.

(2) 통조림

① 과일과 시럽을 분리한다.

② 시럽에 전분을 넣고 호화시킨 후 과일과 버무린다.

(3) 냉동과일

① 해동시킨 과일과 주스를 분리하여 주스에 전분을 넣고 조려서 호화한다.

② 호화시킨 충전물에 해동시킨 과일을 넣고 버무린다.

(4) 건조 과일

① 사과, 자두, 살구, 건포도 등

② 수분을 첨가하여 전처리한다.

2. 충전물의 농후화제

(1) 농후화제의 사용 목적

① 충전물을 조릴 때 호화를 빠르게 하고 진하게 한다.

② 충전물에 좋은 광택 제공하며 과일에 들어 있는 산의 작용을 상쇄시킨다.

③ 과일의 색과 향 조절한다.

④ 조린 충전물이 냉각되었을 때 적정농도를 유지시켜준다.

⑤ 과일의 색과 향을 유지시켜준다.

(2) 전분

① 시럽중의 설탕 100에 대하여 28.5%, 물에 대해 8~11%, 설탕을 함유한 시럽에 대하여 6~10% 사용한다.

② 옥수수 전분 대 타피오카 = 3 : 1로 혼합하면 좋은 충전물이 된다.

③ 감자 전분 : 교질체 형성 능력이 작기 때문에 더 많은 양을 써야 되며, 부드러운 교질체를 만든다.

3. 과일 충전물 제조

(1) 과일 충전물 제조의 방법(2가지)

① 과일 시럽에 전분을 젤라틴화 하는 방법

㉠ 과일과 과일시럽을 분리한다(자연적인 배수).

㉡ 과일시럽 + 물 + 전분을 끓여서 호화한다.

㉢ 설탕을 넣고 다시 끓인 후 냉각한다.

㉣ 과일을 넣고 고루 버무린다.

* 페이스트(죽 상태)가 되직하고 투박하다.

② 과일 시럽에 설탕을 넣고 후에 전분을 젤라틴화 하는 방법

㉠ 과일과 과일시럽을 분리한다.

㉡ 과일시럽 + 물+ 설탕을 끓인다.

㉢ 전분(소량의 물에 풀은)을 넣고 끓여서 호화시키고 냉각한다.

㉣ 과일을 넣고 고루 버무린다.

* 페이스트가 다소 연하고 투명하다.

(2) 체리 충전물 제조 “예시”

① 자연 배수(체 사용)로 체리와 체리시럽을 분리 통조림 30kg중 체리 20kg, 체리시럽 10kg

② 체리시럽 : 10kg

③ 물 : 10kg

④ 설탕 : 6kg

㉠ ②+③+④=26kg의 희석한 시럽을 만든다.

⑤ + 4~8%의 전분 : 2.08kg(260×0.08)

⑥ 투명하고 붉은 페이스트가 되도록 끓이고 (호화) 냉각한다.

⑦ 미리 분리해 두었던 체리 20kg를 위 페이스트에 넣고 고루 혼합한다.

※ 커스터드 파이와 크림 파이의 배합률

(1) 커스터드 크림 파이

전란	20~25%
노른자	0~5%
설탕	15~20%
분유	8~12%
소금	0.125~0.5%
향신료	0~0.125%
물	합계 100%

① 필수재료 : 계란

② 계란의 농후화제 역할은 전분의 1/3정도

(2) 크림 파이

설탕	18~25%
소금	0~0.5%
분유	0~8%
계란	0~15%
버터	0~5
전분	4~5%
과일쥬스	0~10%
물	합계 100%

① 농후화제 : 전분

② 계란과 우유는 부수재료

03 공정

1. 공정상 유의 사항

① 파이 껍질은 차가워야 취급이 용이, 끈적거림과 유지가 흘러나옴을 방지한다.

② 덧가루 뿌린 면포 사용 : 밀어펴기 용이, 덧가루 감소한다.

③ 파이의 껍질(위껍질, 밑껍질)을 정확하게 재단하여 파치를 최소화 한다.

④ 밀어 편 반죽의 두께가 균일하게 한다.

⑤ 파이 바닥 껍질의 가장자리 둘레는 충전물을 넣기 전 물칠한다.

⑥ 충전물의 양을 같게 하고 굽기 중 팽창을 감안한다.

⑦ 장과류와 산이 많은 충전물은 팬의 가장자리까지 채우지 않는다.
: 굽기 중에 충전물이 새어나오지 않도록 한다.

⑧ 위 껍질은 바닥 껍질보다 얇게 한다.

⑨ 위 껍질에는 작은 구멍을 뚫어서 굽기 중 수증기가 빠지도록 한다.

⑩ 밑 껍질이 넓은 경우에도 구멍을 뚫어 뒤틀림을 방지한다.

⑪ 파이 껍질의 가장자리 둘레는 적정하게 봉합되어야 한다.

2. 굽기

① 굽기 전에 위 껍질에 희석한 계란물을 칠한다.

② 230℃ 전후의 고온에서 굽는다.

③ 낮은 온도 → 껍질 색 나는 시간이 오래 걸리고 과일이 끓기 쉽다.

④ 충전물의 수분이 밑바닥 껍질이 익는 것을 방해 → 바닥열 필요하다.

⑤ 약한 바닥열 → 파이 밑 껍질이 익지 않거나 축축하게 되는 원인이 된다.

⑥ 수분이 많은 충전물을 넣고 구울 때 바닥에 케이크 크럼을 깔면 바닥 전체가 고루 구어진다.

⑦ 바닥껍질 구운 상태 점검 : 파이가 팬에서 쉽게 움직이면 익은 상태이다.

04 파이의 결점 및 원인

1. 껍질이 심하게 수축

① 부족한 유지사용 ② 과량의 물 사용 ③ 너무 강한 밀가루 사용
④ 과도한 믹싱 ⑤ 질이 낮은 단백질의 밀가루 사용

2. 결이 없음. 바닥껍질이 젖음

① 반죽온도가 높음 ② 유지가 너무 연함 ③ 굽기가 불충분함
④ 유지와 밀가루를 너무 비빔 ⑤ 바닥열 부족함
⑥ 오븐온도 낮음

3. 질긴 껍질

① 너무 강한 밀가루 사용 ② 오버 믹싱 ③ 작업을 너무 많이 한 반죽
④ 과량의 물 사용

4. 과일이 끓어 넘침

① 배합의 부정확함 ② 충전물 온도가 높음 ③ 껍질에 수분이 많음
④ 바닥 껍질이 너무 얇음 ⑤ 오븐 온도 낮음 ⑥ 신 과일 사용
⑦ 설탕이 너무 적음 ⑧ 껍데기에 구멍이 없음
⑨ 윗껍질과 밑껍질이 잘 봉해지지 않음

5. 머랭에 습기가 생김

① 흰자 수분이 많음 ② 흰자의 질이 불량함 ③ 흰자에 기름기가 있음

6. 커스터드가 응유 : 오버 베이킹

7. 파이 껍질에 물집

① 껍질에 구멍을 뚫어 놓지 않음
② 계란 물칠을 너무 많이 함

09 쿠키

쿠키는 조그만 단맛의 과자와 같고, 수분 함량이 상대적으로 낮아 장기간 보존할 수 있는 다양한 제품이다.

01 분류

1. 반죽의 특징에 따른 분류

(1) 반죽형 쿠키

① 드롭쿠키 : 반죽형 쿠키 중 최대의 수분을 함유한 제품으로 '소프트 쿠키'라고도 한다.(짜는 형태로 버터 쿠키와 오렌지 쿠키가 있다)

② 스냅쿠키 : 드롭 쿠키보다 적은 액체재료(계란 등)를 사용하며 굽기 중에 더 많이 건조시킨다. (밀어펴는 형태) 바삭바삭한 상태로 포장, 저장하며 '슈가 쿠키'라고도 한다.

③ 쇼트브레드쿠키 : 스냅 쿠키보다 많은 지방을 사용한다.(밀어펴는 평태)

(2) 거품형 쿠키

① 머랭 쿠키 : 계란 흰자와 설탕을 믹싱하여 얻는 '머랭'을 구성체로 하여 만드는 쿠키로 비교적 낮은 온도의 오븐에서 과도한 착색이 일어나지 않게 굽는다.

② 스폰지 쿠키 : 스폰지 케이크 배합율 보다 더 높은 밀가루 비율을 가진 쿠키이다.(짜는 형태로 핑거 쿠키가 대표적이다.)

2. 제조 특성에 따른 분류

(1) 밀어펴서 정형하는 쿠키

▶ 스냅과 쇼트브레드 쿠키와 같은 반죽 : 쇼트도우(short dough)

① 반죽 완료후 밀어펴기 전에 충분한 휴지

② 덧가루를 뿌린 면포 위에서 밀어편다.

③ 밀어펼 때 과도한 덧가루를 사용하지 않는다.

④ 파치는 새 반죽에 소량씩 섞어 사용한다.

⑤ 전면의 두께가 균일하게 밀어펴야 한다.

(2) 짜는 형태의 쿠키

▶ 드롭 쿠키와 거품형 쿠키처럼 짜는 주머니 또는 주입기를 이용

① 크기와 모양을 균일하게 짠다.

② 간격을 일정하게 하고 굽기 중 퍼지는 정도를 감안하여 떼어 놓는다.

③ 장식물은 껍질이 형성되기 전에 올려놓는다.

④ 젤리나 잼은 소량 사용한다.

(3) 아이스 박스 쿠키

▶ 쇼트도우 쿠키 형태이지만 냉장고에 넣는 공정을 거친다.

① 서양 장기판 등 여러 가지 모양을 만들기 전에 반죽을 냉장한다.

② 너무 진한 색상을 피하고, 반죽 전체에 고르게 분배시켜야 한다.

③ 쿠키 반죽은 썰기 전에 냉동시키고, 예리한 칼을 사용하여 모양을 만든다.

④ 냉동된 쿠키 반죽은 굽기 전에 해동한다.

⑤ 쿠키 껍질색이 얼룩지지 않도록 오븐의 윗불 조정에 유의한다.

* 마카롱(Macaroons)쿠키 : 기본은 머랭 쿠키의 일종으로 마카롱 코코넛을 사용한 제품이다.

02 재료

1. 밀가루

① 계란과 함께 쿠키의 형태를 유지시키는 구성 재료

② 짜는 형태의 쿠키 : 지방 함량에 견딜 수 있고, 구운 후 일정한 형태를 유지하기 위한 밀가루 필요.(페이스트리용)

③ 경제적 가격이면 비표백도 양호

2. 설탕

① 감미를 주고, 밀가루 단백질을 연하게 한다.

② "퍼짐(spread)"에 중요한 역할

㉠ 쿠키 반죽 중에 녹지 않고 남아 있는 설탕 결정체는 굽기 중 오븐 열에 녹아 쿠키의 표면을 크게 한다.

㉡ 너무 고운 입자의 설탕 : 굽기 중 충분한 퍼짐이 일어나지 않아 조밀하고 밀집된 기공의 쿠키

㉡ 설탕 자체의 입자 크기, 믹싱 정도에 따라 퍼짐률이 변화

③ 향, 수분 보유력 증대, 껍질색 개선 등 목적으로 설탕 사용한다.

④ 퍼짐률 : 직경/두께(퍼짐률이 클수록 표면의 크기가 증가)

3. 유지

① 짜는 형태의 쿠키에는 유지가 밀가루 대비 60~70% 함유한다.

② 맛, 부드러움, 저장성에 중요한 역할을 한다.

③ 쿠키는 저장수명이 길기 때문에 유지의 "안정성"이 매우 중요하다.

4. 계란

① 쿠키의 모양을 유지시키고 구조를 형성한다.

② 스폰지 쿠키와 머랭 쿠키의 주재료가 된다.

③ 머랭 또는 전란 거품 일으키기에 온도가 중요하다.

④ 머랭은 중간 피크 상태가 되어야 밀가루 등 재료 혼합 시 오버믹싱을 막을 수 있다.

5. 팽창제

① 사용목적

㉠ 퍼짐과 크기의 조절한다.

㉡ 부피와 부드러움 조절한다.

㉢ 제품의 색과 향 조절한다.

② 베이킹파우더 : 탄산수소나트륨 + 산염 + 부형제

㉠ 중조 과다 : 어두운 색, 소다맛, 비누맛을 낸다.

㉡ 산염 과다 : 여린색, 여린 향, 조밀한 속을 만든다.

③ 암모늄염 : 탄산수소암모늄, 탄산암모늄

㉠ 쿠키의 퍼짐에 유용한 작용을 한다.

㉡ 작용 후 가스 형태로 증발하여 잔류물이 없다.

03 공정상 유의사항

① 믹싱이 부적절하면 쿠키가 단단해진다. → 글루텐의 발달을 최소화 한다.

② 한 철판에 구울 것은 일정한 크기와 모양을 가져야 하고 간격도 균일해야 굽기가 고르게 된다.

③ 철판에 기름칠이 과도 → 퍼짐이 과도

④ 장식물은 쿠키 표피가 건조되기 전에 올려 놓아야 붙는다.

⑤ 쿠키는 단위가 작고 평평한 형태이기 때문에 굽는 시간이 짧다. 196~204℃에서 굽고, 위, 아래 껍질색으로 판단한다.

⑥ 오버 베이킹을 하면 금이 가거나 부서지기 쉽다.

⑦ 쿠키에 마무리 장식하는 것 : 맛을 보강하면서 시각적 효과를 높인다.

04 반죽형 쿠키의 결점

1. 퍼짐의 결핍

① 너무 고운 입자의 설탕 사용
② 한 번에 전체 설탕을 넣고 믹싱
③ 과도한 믹싱
④ 반죽이 너무 산성
⑤ 높은 온도의 오븐

2. 과도한 퍼짐

① 과도한 설탕 사용
② 반죽의 [되기]가 묽다.
③ 팬에 과도한 기름칠
④ 낮은 온도의 오븐
⑤ 반죽이 알칼리성
⑥ 유지가 많거나 부적당한 경우

3. 딱딱한 쿠키

① 유지 부족
② 글루텐 발달을 많이 시킨 반죽
③ 너무 강한 밀가루

4. 팬에 늘어 붙음

① 너무 약한 밀가루
② 계란 사용량 과다
③ 너무 강한 밀가루
④ 불결한 팬
⑤ 반죽내의 설탕 반점
⑥ 팬이 부적당한 금속 재질

5. 표피가 갈라짐

① 오버 베이킹
② 급속 냉각
③ 수분 보유제의 빈약
④ 부적당한 저장

10 도넛

제과점 튀김물의 주종을 이루고 있는 도넛은 빵 도넛과 케이크 도넛의 두 종류로 나눌 수 있다. 외식산업의 발달로 다양한 충전물과 아이싱 및 토핑물을 다르게 함으로 종류도 다양하다.

01 재료

1. 케이크 도넛 재료 사용범위

재료	비율(%)
밀가루(중력분)	100%
설탕	20~45%
유지	5~15%
분유	4~8%
계란	10~20%
소금	0.5~2.0%
물	40~50%
넛메그	0~2%
팽창제	3~6%

* 이외에 감자가루, 대두분 등 가루재료 사용 가능함
* 버터, 마가린, 쇼트닝 사용 가능함
* 도넛에 가장 많이 사용하는 향신료는"넛메그"이다.
* 제품 특성에 맞는 팽창제 사용이 중요하다.

2. 밀가루

① 강력분과 박력분을 혼합한 특성을 가진 중력분을 사용함

② 프리믹스에 사용하는 밀가루는 수분 11% 이하가 가능함

3. 설탕

① 감미제, 수분 보유제, 저장성 증대, 껍질색 개선, 제품의 부드러움을 줌

② 믹싱시간이 짧기 때문에 용해성이 좋은 설탕 : 입자가 고운 입상형 설탕, 특수 처리한 설탕 사용가능함

③ 껍질색 개선 : 대체제로 소량의 포도당을 사용하기도 한다.

4. 계란

① 영양 강화, 풍미, 식욕을 주는 색상, 구조 형성을 위하여 사용함

② 노른자에 함유된 레시틴 : 유화제 역할함

③ 단백질 알부민은 열 응고 후 도넛을 단단하게 하는 역기능함

5. 유지

① 가소성 경화 쇼트닝, 대두유, 옥배유, 채종유, 면실유 등 식용유 사용을 권장함

② 밀가루 글루텐에 대한 윤활 효과를 줌

③ 유지의 가수분해와 산패를 최소로 하는 "안전성"이 높은 유지 필요함

④ 풍미를 위해 버터를 혼용하기도 함

6. 분유

① 흡수율을 증대 시키며 글루텐과의 보완작용으로 구조를 강화함

② 분유 중의 유당은 껍질색 개선시켜줌

7. 팽창제

① 사용량 : 배합률, 밀가루 특성, 설탕 사용량, 도넛 자체의 중량과 크기 등에 따라 결정함

② 과도한 중조 : 어두운 색, 비누맛, 거친 속결을 만들기에 사용 양을 조정하도록 함

③ 과도한 산 : 여린 색, 조밀한 기공, 자극적인 맛을 내기에 사용 양을 조정하도록 함

④ 미세한 입자 사용은 노란 반점 등의 발생을 방지한다.

8. 향 및 향신료

① 구연산 계열(오렌지, 레몬), 바닐라 향

② 향신료 : 넛메그 → 빵도넛, 케이크도넛에 공통으로 사용함

③ 넛메그를 보완하기 위한 향신료 : 메이스

④ 코코아, 초콜릿 등 재료로서의 향 물질도 사용 → 제품의 충전 재료 및 코팅 재료로 사용함

02 공정상 유의사항

1. 믹싱(혼합)

① 크림법

㉠ 유지 + 설탕을 크림화

㉡ 계란 첨가로 부드러운 크림 제조

㉢ 나머지 재료 혼합

* 프리믹스 도넛 가루인 경우는 1단계법(2~4분 정도 믹싱)

② 반죽 온도 : 22~24℃

2. 휴지(일종의 반죽의 숙성 또는 반죽의 휴식시간을 의미함)

① 휴지 시간 : 대략 10~15분 정도

② 휴지 중

㉠ 이산화탄소 가스의 발생을 적절히 생기게 도움을 줌

㉡ 밀가루 등 재료의 수화를 줘서 제품의 품질 향상시켜 줌

㉢ 껍질 형성(표피가 마르는 현상)을 느리게 함

③ 밀어펴기 등 취급이 용이하게 된다. → 글루텐 완화시켜 줌

3. 정형(모양 만들기)

① 밀어펴기 : 두께가 균일하게 한다.

② 성형 : 도넛의 틀 사용 또는 충전용 도넛으로 제조한다.

③ 휴지 : 표피가 건조되지 않도록 한다. 먼저 성형한 반죽부터 튀기면 자연스럽게 휴지가 이루어진다.

4. 튀김

① 온도 : 180~190℃(제품의 크기에 따라 조정이 가능하다)

㉠ 고온 : 껍질색은 진하고 속은 설익는다.

㉡ 저온 : 퍼짐이 크며 기름의 흡수가 많다.

② 주입기와 튀김기름 표면과의 적정거리

㉠ 낮으면 주입기 끝부분 반죽이 익게 되어 제품의 모양이 불량이 됨

㉡ 높으면 낙하하는 동안 모양이 변형되어 제품 모양이 불량이 됨

③ 튀김기름 깊이

※ 튀김기름의 4대 적

① 온도 : 열　　② 물 : 수분　　③ 공기 : 산소　　④ 이물질

03 도넛 설탕과 글레이즈

도넛 자체가 주식(밥)이라 하면 도넛 설탕과 도넛 글레이즈는 부식(반찬)에 해당할 만큼 도넛 제품 전체에 영향이 크다.

1. 종류

① 도넛 설탕 : 도넛 위에 하얀 눈처럼 피복하는 설탕

포도당	56~90%
쇼트닝	5~10%
소금	0%
전분	5~30%
향	0~1%

② 계피 설탕 : 계피 향을 가진 갈색의 피복용 설탕

설탕(입상형)	94~97%
계피가루	3~6%

③ 도넛 글레이즈 : 분당을 소량의 물에 잘 개어서 펀던트와 같이 만들어 도넛 표면을 피복한다.

분당	80~82%
안정제	0~1%
물	18~20%
향	0~1%

* 채색할 수도 있으나 흰색을 주로 많이 사용한다.

④ 스위트 초콜릿 코팅 : 도넛에 씌우는 초콜릿 피복용으로 따뜻할 때 붓거나 도넛을 담가 묻힌다.

초콜릿 원액	20~40%
분당	20~55%
레시틴	약 0.1%

⑤ 기타

㉠ 일반 글레이즈, 코코아 코팅 등이 있다.

㉡ 초콜릿 코팅 후 코코넛 또는 땅콩가루를 묻힐 수 있다.

㉢ 도넛 안에 충전하는 잼류, 젤리류, 크림류가 있다.

2. 주요 문제점

(1) 황화(Yellowing), 회화(Graying)

① 도넛의 지방이 도넛 설탕을 적시는 문제에서 발생되는 현상

② 튀김기름에 "스테아린"을 첨가하여 해결한다.

㉠ 경화제로서 지방침투를 방지할 수 있다.

㉡ 튀김 기름의 3~6% 첨가하여 해결할 수 있다.

(2) 발한(Sweating)

① 도넛에 입힌 설탕이나 글레이즈가 수분에 녹아 시럽처럼 변하는 현상으로 "물"의 문제로 발생되는 현상

② 주어진 설탕에 대해 수분이 많은 경우

③ 설탕에 대한 적정량의 수분 : 온도가 상승하면 발한 현상(20~37℃ 사이에서 온도 5.5℃ 상승마다 포도당 용해도 4% 증가)

④ 포장용 도넛 수분 : 21~25%

⑤ 발한 제거 방법

㉠ 도넛에 묻는 설탕의 양을 증가

㉡ 충분히 냉각

㉢ 냉각 중 더 많은 환기

㉣ 튀김 시간의 증가

㉤ 설탕에 적당한 점착력을 주는 튀김기름의 사용

(3) 글레이즈가 부스러지는 현상

① 일반적인 글레이즈의 품온이 49℃ 근처에서 도넛 피복

② 도넛이 냉각되는 동안 9%의 수분 증발 = 글레이즈 표면 건조

③ 도넛 글레이즈의 설탕 막이 금이 가거나 부스러지는 현상 발생

④ 부스러지는 현상 제거 방법

㉠ 설탕의 일부를 포도당이나 전화당 시럽으로 대치하여 사용하기

㉡ 안정제(한천, 젤라틴, 펙틴 등)를 사용하기

㉢ 안정제는 설탕에 대하여 0.25~1% 사용하기

(4) 과도한 흡유

① 반죽의 수분이 과다할 경우

② 믹싱시간이 짧은 경우

③ 반죽 온도 부적절할 경우

④ 많은 팽창제 사용할 경우

⑤ 과도한 설탕 사용할 경우

⑥ 글루텐 부족할 경우

⑦ 낮은 튀김 온도일 경우

⑧ 튀김시간이 길 경우

⑨ 반죽 중량이 적은 경우

11 아이싱

아이싱(Icing)이란 설탕이 주요 재료인 피복물로 빵과자 제품을 덮거나 피복하는 것을 말하며, 토핑(Topping)이란 아이싱한 제품, 또는 아이싱하지 않은 제품위에 얹거나 붙여서 맛을 좋게 하고 시각적 효과를 높이는 것이다.

01 아이싱의 형태와 제조

1. 단순아이싱

① 분당, 물, 물엿과 향으로 만든다.

② 냉각으로 굳어진 아이싱을 다시 사용하는 방법

㉠ 43℃로 가온(중탕)하여 사용한다.

㉡ 설탕 시럽을 넣어 연하게 한다. (물 첨가는 부적절하다)

③ 단순 아이싱에 코코아 또는 초콜릿을 첨가하여 사용하기도 한다.

2. 크림형태의 아이싱

① 지방, 분당, 분유 계란, 물, 소금, 안정제 등 재료를 전부 또는 일부를 사용해서 만드는 것으로 배합이 다양하다.

② 지방에 설탕을 넣고 크림화하면 버터크림류가 된다.

③ 마쉬멜로우 아이싱 : 흰자를 거품 올리면서 113~114℃로 끓인 설탕 시럽을 투입하면서 만드는 아이싱

3. 컴비네이션 아이싱

① 단순 아이싱과 크림 형태의 아이싱을 함께 하는 아이싱을 말한다.

② 흰자와 펀던트를 43℃로 가온하여 진한 거품을 올리고 유지와 분당을 섞어가며 가벼운 크림을 만든다.

③ 아이싱에 초콜릿을 첨가할 때는 초콜릿이 녹아 흐르는 용액 상태가 되어야 전체에 골고루 혼합된다.

02 휘핑크림

1. 휘핑크림

① 진한 크림 : 우유지방이 40% 이상

② 연한 크림 : 우유지방이 18~20%

③ 휘핑 크림 : 우유지방을 다른 식물성 지방으로 대치하여 기포성과 안정성을 높인 제품을 말함

2. 생크림 및 휘핑크림 제조하기

① 생크림은 최소 24시간 이상 숙성된 것 사용해야 기포형성 양호하다.

② 생크림은 냉장온도 0~5도 유지하고 볼과 거품기가 깨끗하고 차야 거품이 안정적으로 잘 올라온다.

③ 시원한 곳에서 중속으로 유지해야 거품이 안정적으로 잘 올라온다.

④ 크림을 믹싱하여 거품을 일기 시작할 때 10% 전후의 설탕과 소량의 안정제를 첨가하면서 거품을 일으킨다.

⑤ 믹싱 최종단계에 양질의 향인 천연 바닐라를 넣는다. 중간 피크 초기 단계까지만 거품 올리기를 한다.

⑥ 사용하고 남은 것은 냉장고에 보관하고 얼려서는 안된다.

03 펀던트 = 훤던트(Fondant : 혼당 = 폰당)

식힌 시럽을 교반하여 설탕을 부분적으로 결정시켜 희고 뿌연 상태로 만든 것을 말한다.

1. 제조하기

① 설탕 100 : 물 30을 넣고 114~118℃로 끓인다.

② 끓이는 과정 중 용기 내벽에 튀어 붙는 시럽을 붓에 물을 묻혀 닦아준다.

- 결정입자가 생기는 것을 방지한다.

③ 38~44℃까지 냉각시키고 격렬하게 휘젓는다.

- 설탕이 재결정되면서 유백색의 펀던트가 된다.

* 유의사항은 너무 고온에서 교반하면 펀던트가 거칠어지며 너무 저온에서 교반하면 작업이 불편하게 된다.

④ 수분 보유력을 높이기 위해 물엿, 전화당 시럽을 첨가하기도 한다.

2. 아이싱의 끈적거림 방지하는 방법

① 아이싱에 최소의 액체 사용한다.

② 43℃로 가온한 아이싱크림을 사용한다.

③ 굳은 펀던트를 여리게 할 때에는 설탕시럽 첨가한다.(설탕 : 물 = 2:1)

④ 젤라틴, 식물 검 등 안정제 사용한다.

⑤ 전분이나 밀가루와 같은 흡수제 사용한다.

04 머랭

1. 프렌치 머랭(일반법 머랭)

① 기본 배합 비율 : 흰자 100 + 설탕 200의 비율로 제조

② 제조방법 : 실온(18~24℃)에서 거품을 올리면서 설탕을 투입

③ 거품의 안정 : 0.3% 소금과 0.5%의 주석산 크림 첨가하기도 함

2. 스위스 머랭(가온법 머랭)

① 기본 배합 비율 : 흰자 100 + 설탕 180의 비율로 제조

② 제조방법 : 흰자 1/3과 설탕의 2/3를 40℃로 가온

㉠ 거품을 올리면서 레몬즙을 첨가하여 가온 머랭을 만든다.

㉡ 나머지 흰자와 설탕으로 일반 머랭을 만든 후 혼합한다.

㉢ 이 머랭을 구웠을 때 표면에 광택이 난다.

3. 이탈리안 머랭(시럽법 머랭)

① 시럽법 머랭이라고 한다.

② 기본배합 : A형태 : 흰자 100%, 설탕 350%, 물 125%, 레몬즙 1%

B형태 : 흰자 100%, 설탕 275%, 물 60%, 주석산크림 1%

C형태 : 흰자 100%, 설탕 145%, 물 36%, 주석산크림 0.4%

③ 제조방법 : 흰자에 설탕 일부를 (30%) 넣어 50% 정도의 머랭을 만든다.

㉠ 나머지 설탕과 물을 116~120℃까지 끓여 시럽을 만들어 소량씩 넣으면서 휘핑한다.

㉡ 부피가 크고 결이 거친 머랭으로 강한 불에 구워 착색하는 제품, 버터크림, 커스터드 크림과 혼용하는 데 많이 사용한다.

05 크림류

1. 버터크림

① 버터에 단맛이 나는 재료와 기타 재료를 첨가해서 설탕, 분당, 펀던트, 시럽, 우유 등을 넣어 만든 크림이 있다.(매우 다양한 수백 종의 크림을 만들 수가 있다)

② 유지의 크림성과 유화성이 매우 중요하다.

③ 우유버터크림, 바닐라 버터크림, 초콜릿 버터크림, 모카 버터크림, 땅콩 버터크림 등 기타 버터크림

2. 이탈리안 크림

① 비교적 많은 양의 리큐르(술)을 사용하는 크림을 말한다.

② 끓는 우유에 설탕과 계란의 거품을 넣고 끓여서 만든다.

3. 커스터드 크림

① 계란이 주 농후화제인 크림을 정의 함

② 계란, 우유, 설탕, 옥수수 전분 등을 끓여서 만든다.

※ 아이싱에 사용되는 기타 제품

① 글레이즈 종류

② 젤리 종류

③ 각종 충전물 종류

④ 각종 토핑물 종류

PART 05

과자류 제조

예상적중문제 1회

01 비중 컵의 무게가 40g, 컵에 물을 담은 후의 무게가 240g, 컵에 반죽을 담은 후의 무게가 170g인 경우, 이 반죽의 비중은?

① 0.4 ② 0.65
③ 0.8 ④ 0.95

해설 $\frac{170-40}{240-40} = \frac{130}{200} = 0.65$

02 반죽형 케이크를 제조할 때 유지와 설탕을 먼저 믹싱하는 방법은?

① 크림법
② 블렌딩법
③ 설탕물법
④ 단단계법

해설 • 크림법 : 유지 + 설탕.소금 + 체친가루
• 블렌딩법 : 유지 + 밀가루 + 설탕.소금 + 기타가루
• 단단계법 : 모든재료 섞는다.
• 설탕물법 : 설탕 : 물 = 2 : 1

03 반죽형 케이크를 제조할 때 유지와 밀가루를 먼저 믹싱하는 방법은?

① 크림법 ② 블렌딩법
③ 시럽법 ④ 1단계법

04 반죽형 케이크를 제조할 때 전재료를 일시에 넣고 믹싱하는 방법은?

① 크림법 ② 블렌딩법
③ 설탕/물법 ④ 1단계법

해설 단단계법=1단계법

05 반죽형 케이크를 제조할 때 부피가 우선한 경우 택하는 믹싱법은?

① 크림법 ② 블렌딩법
③ 설탕/물법 ④ 다단계법

06 반죽형 케이크를 제조할 때 시간과 노동력이 가장 절약되는 믹싱법은?

① 크림법 ② 블렌딩법
③ 설탕/물법 ④ 1단계법

07 반죽형 케이크를 제조할 때 부피감 보다는 유연성을 위해 택하는 믹싱법은?

① 크림법
② 블렌딩법
③ 설탕/물법
④ 다단계법

해설 블렌딩법은 유지로 밀가루를 코팅하여 밀가루와 물이 만나는 것을 막아준다. 즉, 글루텐의 형성을 억제하므로 유연한 제품을 만들 수 있다.

08 다음 제품 중 팽창 형태가 다른 것은?

① 레이어 케이크
② 스폰지 케이크
③ 케이크 머핀
④ 과일 케이크

해설 제품의 팽창은 ① 물리적팽창 공기포집(스폰지 케이크 등) ② 화학적팽창(레이어케이크 등) ③ 무팽창(비스킷 등) ④ 유지 팽창(페스츄리 등) ⑤ 생물학적 팽창(빵 류)에 의한다.

정답 01 ② 02 ① 03 ② 04 ④ 05 ① 06 ④ 07 ② 08 ②

09 다음 제품 중 팽창 형태가 다른 것은?

① 잉글리쉬 머핀
② 과자빵
③ 커피 케이크
④ 스폰지 케이크

해설 생물학적인 팽창은 제빵에서 주로 사용하는 방법이다.

10 고율배합용 밀가루의 단백질 함량으로 적당한 것은?

① 3% ② 5%
③ 8% ④ 11%

11 계란은 케이크 제품의 구성 재료 기능이 있다. 다음 중 계란의 어느 성분이 구조형성에 관여하는가?

① 수분 ② 단백질
③ 탄수화물 ④ 레시틴

12 계란이 결합제의 역할을 하는 것은?

① 스폰지 케이크
② 레이어 케이크
③ 커스터드크림
④ 쿠키

13 스폰지 케이크 제조 시 2,000g의 전란이 필요하다면 껍질 포함 60g 짜리 계란은 몇 개 있어야 하는가?

① 18개 ② 27개
③ 37개 ④ 42개

해설 계란 60g 중 가식배율은 껍질 10%, 제외한 90%입니다. 즉, 계란 1개는 54g 입니다. 그러므로, 2000g ÷ 54g = 37(개)

14 엔젤푸드 케이크 제조시 500g의 흰자가 필요하다면 껍질 포함 60g짜리 계란은 몇 개가 있어야 하는가?

① 7개
② 14개
③ 21개
④ 28개

해설 계란은 껍질 10%, 노른자 30%, 흰자 60%로 구성됩니다. 즉 계란 1개의 흰자는 36g입니다. 그러므로,500g ÷ 36g = 13.88 개

15 마요네즈 제조 시 500g의 노른자가 필요하다면 껍질 포함 60g 짜리 계란은 몇 개가 있어야 하는가?

① 7개 ② 14개
③ 21개 ④ 28개

해설 500g ÷ 18g = 27.77 개

16 스폰지 케이크 배합표에서 2,000g의 전란 대신 물과 밀가루를 사용하려고 할 때 적당한 조치는?

① 물 1,500g, 밀가루 500g
② 물 1,000g, 밀가루 1,000g
③ 물 500g, 밀가루 1,500g
④ 물 2000g

해설 전란의 수분은 75%, 고형분 25%입니다.
• 수분 : 2000g x 0.75 = 1500g
• 고형분:2000g x 0.25 = 500g

17 고율배합용 밀가루의 회분 함량으로 적당한 것은?

① 0.4% ② 0.6%
③ 0.8% ④ 1.0%

정답 09 ④ 10 ③ 11 ② 12 ③ 13 ③ 14 ② 15 ④ 16 ① 17 ①

18 밀가루의 단백질 함량이 다음과 같을 때 박력분이라 할 수 있는 것은?

① 7~9%
② 9~10.5%
③ 10.5~11.5%
④ 12~13.5%

19 제과에 있어 설탕의 기능이 아닌 것은?

① 감미
② 껍질색
③ 수분 보유제
④ 이스트의 영양

해설 이스트는 제빵에서 생물학적 팽창을 한다.

20 설탕 꽃을 만들기 위한 설탕 시럽의 온도로 맞는 것은?

① 105℃ ② 114℃
③ 125℃ ④ 155℃

21 이탈리안 머랭, 일반 펀던트를 만들기 위한 설탕 시럽의 온도로 적당한 것은?

① 104~108℃
② 114~118℃
③ 124~128℃
④ 134~138℃

22 제과에 있어 유화 쇼트닝은 모노디글리세라이드로 몇 %의 유화제를 혼합한 것인가?

① 1~2%
② 2~4%
③ 6~8%
④ 8~10%

23 유지를 믹싱할 때 공기를 포집하는 성질을 무엇이라 하는가?

① 크림성 ② 쇼트닝성
③ 안정성 ④ 가소성

24 유지가 제품에 부드러움을 주는 성질을 무엇이라 하는가?

① 크림성 ② 쇼트닝성
③ 안정성 ④ 신장성

25 고체지방 성분은 온도에 따라 변화하지만 적정 온도 범위에서 고체 모양을 유지하는 성질은?

① 크림성
② 쇼트닝성
③ 안정성
④ 가소성

26 유지를 장기간 보존할 때 산패에 견디는 성질은?

① 크림성 ② 쇼트닝성
③ 안정성 ④ 가소성

※ [문제 27~30] 옐로우 레이어 케이크의 배합률이 밀가루=100%, 설탕=120%, 쇼트닝 50% 등으로 되어 있다.

27 전체 우유 사용량은?

① 60% ② 70%
③ 80% ④ 90%

해설 • 계란 = 쇼트닝 x 1.1 = 50 x 1.1 = 55%
• 우유 = 설탕 + 25 - 계란
• 우유 = 120 + 25 - 55 = 90%

정답 18 ① 19 ④ 20 ④ 21 ② 22 ③ 23 ① 24 ② 25 ④ 26 ③ 27 ④

28 분유와 물을 사용할 때 분유 사용량은?

① 6% ② 9%
③ 12% ④ 18%

해설 우유는 수분 90%와 고형분 10%로 구성된다.
• 물(90%) + 분유(10%) = 우유
• 물 : 81%, 분유 : 9%

29 분유와 물을 사용할 때 물 사용량은?

① 9% ② 27%
③ 45% ④ 81%

30 전란 60%를 사용하는 옐로우 레이어 케이크를 화이트 레이어 케이크로 바꿀 때 흰자 사용량은?

① 26%
② 52%
③ 78%
④ 104%

해설 • 흰자 = 전란 x 1.3
• 흰자 = 60 x 1.3 = 78 %

※ [문제 31~36] 화이트 레이어 케이크의 배합률이 밀가루=100%, 설탕=120%, 쇼트닝=60% 등으로 되어 있다.

31 화이트 레이어 케이크에 71.5% 의 흰자를 사용했다면 쇼트닝은 얼마가 되는가?

① 25% ② 50%
③ 75% ④ 100%

해설 • 흰자 = 쇼트닝 x 1.43
71.5 = 쇼트닝 x 1.43
• 쇼트닝 = 71.5 ÷ 1.43 = 50%

32 흰자의 사용량은?

① 28.6% ② 57.2%
③ 85.8% ④ 114.4%

해설 • 흰자 = 쇼트닝 x 1.43
• 흰자 = 60 x 1.43 = 85.8%

33 전체 우유 사용량은?

① 64% ② 72%
③ 80% ④ 85%

해설 • 우유 = 설탕 + 30 – 흰자
• 우유 = 120 + 30 – 85.8 = 64.2%

34 우유 대신 분유와 물을 사용 할 대 분유 사용량은?

① 3.2% ② 6.4%
③ 9.65% ④ 12.8%

35 우유 대신 분유와 물을 사용할 때 물 사용량은?

① 28.8%
② 57.8%
③ 86.4%
④ 128%

36 화이트 레이어 케이크에서 밀가루 사용량이 100%일 때 주석산 크림은 약 얼마를 사용하는가?

① 0.2% ② 0.5%
③ 0.8% ④ 1.1%

해설 주석산 크림은 밀가루의 0.5% 사용한다. 주석산은 머랭을 중성으로 만들어 꺼지지 않도록 해주고, 흰자의 색을 더 희게 만들어준다.

정답 28 ② 29 ④ 30 ③ 31 ② 32 ③ 33 ① 34 ② 35 ② 36 ②

※ [문제 37~41] 데블스 푸드 케이크의 배합률이 밀가루=100%, 설탕=120%, 쇼트닝=50%, 베이킹파우더=5%, 코코아=20% 등으로 되어 있다.

37 전란 사용량은?

① 50% ② 55%
③ 60% ④ 65%

38 전체 우유 사용량은?

① 1.5% ② 115%
③ 125% ④ 135%

해설 • 우유 = 설탕 + 30 + (코코아x1.5) – 전란
• 우유 = 120 + 30 + (20 x1.5) – 55 = 125 %

39 우유 대신 분유를 사용할 경우 분유 사용량은?

① 12.5% ② 14.0%
③ 15.5% ④ 17.0%

40 사용한 코코아가 천연코코아라면 탄산수소나트륨은 얼마를 쓰는가?

① 0.7% ② 1.4%
③ 2.1% ④ 2.8%

해설 • 20 x 0.07 = 1.4 %
• 천연 코코아에 7% 중조를 사용하면, 코코아 색이 짙어진다.

41 천연 코코아 사용 시 원래 베이킹파우더는 몇 %로 조정해야 하는가?

① 0.8% ② 2.0%
③ 5.0% ④ 0%

해설 중조는 베이킹파우더의 3배의 효과가 있다. 중조 1.4%는 베이킹파우더 4.2%의 효과를 가진다. 그러므로, 5 - 4.2 = 0.8% 이다.

※ [문제 42~47] 초콜릿 레이어 케이크의 배합률이 밀가루=100%, 설탕=120%, 쇼트닝=60%, 초콜릿=32% 등으로 되어 있다.

42 초콜릿 32% 중 코코아는 몇 % 정도인가?

① 12%
② 16%
③ 20%
④ 24%

해설 초콜릿은 코코아버터 3/8, 코코아 5/8로 구성된다. 32 x 5/8 = 20%

43 초콜릿 32%중 코코아버터는 몇 % 정도인가?

① 6% ② 12%
③ 18% ④ 24%

44 전란 사용량은?

① 54%
② 60%
③ 66%
④ 72%

45 전체 우유 사용량은?

① 79% ② 85%
③ 90% ④ 114%

46 우유 대신 분유를 사용할 때 분유 사용량은?

① 7.9%
② 8.5%
③ 9%
④ 11.4%

정답 37 ② 38 ③ 39 ① 40 ② 41 ① 42 ③ 43 ② 44 ③ 45 ④ 46 ④

47 원래 사용하던 유화쇼트닝 60%는 얼마로 변경해야 되는가?

① 54% ② 60%
③ 66% ④ 72%

해설 코코아버터는 유화쇼트닝의 1/2역할을 한다.
• 12 × 1/2 = 6% 그러므로, 60 − 6 = 54%

※ [문제 48~55] 쉬폰 케이크 제조 시 전란을 150% 사용하고, 밀가루 100% 600g을 사용하였다.

48 흰자 사용 비율은?

① 50%
② 100%
③ 120%
④ 150%

49 흰자 사용 무게는?

① 200g
② 400g
③ 600g
④ 800g

50 노른자 사용 비율은?

① 20%
② 30%
③ 40%
④ 50%

51 노른자 사용 무게는?

① 300g
② 500g
③ 700g
④ 900g

52 우유가 케이크 제품의 껍질색을 진하게 하는 역할은 다음 중 어느 성분 때문인가?

① 수분
② 단백질
③ 유당
④ 회분

해설 메일라이드 반응(마이야르 반응) : 환원당과 아미노산의 반응으로 굽기색이 진하게 나온다.

53 우유(시유) 1,000g 대신 분유를 사용하고자 할 때 분유와 물의 비율로 적당한 것은?

① 분유=100g, 물=900g
② 분유=200g, 물=800g
③ 분유=300g, 물=700g
④ 분유=400g, 물=600g

해설 우유 = 분유(10%) + 물(90%)

54 다음 우유제품 중 단백질 함량이 가장 많은 것은?

① 전지분유
② 탈지분유
③ 전지가당 연유
④ 탈지가당 연유

55 옐로우 레이어 케이크에 50%의 쇼트닝을 사용할 때 전란 사용량으로 맞는 것은?

① 45%
② 50%
③ 55%
④ 60%

해설 전란 = 쇼트닝 x 1.1

정답 47 ① 48 ② 49 ③ 50 ④ 51 ① 52 ③ 53 ① 54 ② 55 ③

56 저율배합에 대한 고율배합의 비교로 틀린 것은?

① 믹싱 중 공기혼입이 많다.
② 비중이 높다.
③ 화학팽창제를 많이 쓴다.
④ 굽기 온도는 낮다.

57 고율배합에 대한 설명으로 틀린 것은?

① 설탕 사용량이 밀가루 사용량보다 많다.
② 많은 양의 액체재료(물)를 사용하여 신선도가 오래간다.
③ 상당량의 유지와 물을 안정시킬 유화쇼트닝을 사용한다.
④ 전분의 호화온도가 높은 밀가루를 사용한다.

58 일반적으로 다음의 제과재료 중 산성이 아닌 것은?

① 맥아시럽
② 계란 흰자
③ 이스트
④ 젤라틴

해설 계란 흰자는 알칼리성 pH 9 이다.

59 일반적으로 다음의 케이크 제품 중 알칼리성이 아닌 것은?

① 과일 케이크
② 초콜릿 케이크
③ 코코아 케이크
④ 화이트 레이어 케이크

해설 과일은 산성이고, 초콜릿과 흰자는 알칼리성이다.

60 다음 중 코코아를 직접 사용하는 케이크 제품은?

① 옐로우 레이어 케이크
② 화이트 레이어 케이크
③ 엔젤 푸드 케이크
④ 데블스 푸드 케이크

정답 56 ③ 57 ④ 58 ② 59 ① 60 ④

PART 05

과자류 제조

예상적중문제 2회

01 언더 베이킹에 대한 설명으로 틀린 것은?

① 낮은 온도의 오븐에서 구울 때의 현상
② 제품의 윗부분 중앙이 올라온다.
③ 완제품 중의 수분 함량이 높다.
④ 주저앉는 경우도 있다.

02 오버 베이킹에 대한 설명으로 틀린 것은?

① 제품의 윗면이 평평하다.
② 제품의 수분이 적다.
③ 높은 온도의 오븐에서 굽는다.
④ 제품의 노화가 빠르다.

03 다음 중 흰자를 직접 사용하는 케이크 제품은?

① 옐로우 레이어 케이크
② 엔젤푸드 케이크
③ 데블스 푸드 케이크
④ 초콜릿 케이크

04 일반적으로 반죽의 비중이 가장 낮은 제품은?

① 옐로우 레이어 케이크
② 데블스 푸드 케이크
③ 엔젤 푸드 케이크
④ 화이트 레이어 케이크

해설 • 크림법 : 0.8±0.05 / 블렌딩법 : 0.85
• 공립법:0.55±0.05 / 별립법 : 0.4±0.055

05 파운드 케이크의 재료로 부적당한 것은?

① 박력분
② 강력분 혼합
③ 중력분 혼합
④ 찰옥수수

06 파운드 케익의 기본 배합률로 알맞은 것은?

① 밀가루=100%, 설탕=100%, 유지=100%, 전란=100%
② 밀가루=100%, 설탕=50%, 유지=100%, 전란=100%
③ 밀가루=100%, 설탕=50%, 유지=50%, 전란=50%
④ 밀가루=100%, 설탕=50%, 유지=50%, 전란=100%

07 일반적으로 파운드 케이크의 비용적은 얼마인가?(1g당 cm^3)

① $1.2cm^3/g$
② $2.4cm^3/g$
③ $3.6cm^3/g$
④ $4.8cm^3/g$

해설 비용적 : 버터스폰지케이크 : 5.08 / 엔젤푸드케이크 : 4.2 / 식빵 : 3.4 / 레이어케이크 : 2.9 / 파운드케이크 : 2.4

정답 01 ① 02 ③ 03 ② 04 ③ 05 ④ 06 ① 07 ②

08 파운드 케이크의 윗면이 터지는 이유로 틀린 것은?

① 반죽에 수분이 많은 경우
② 설탕 입자가 남아 있는 경우
③ 오븐 온도가 너무 높을 때
④ 오븐에 넣기 전 껍질이 말랐을 때

09 파운드 케이크에서 밀가루와 설탕을 고정시키고 유지를 증가했을 때의 설명으로 틀린 것은?

① 계란을 증가
② 우유를 감소
③ 베이킹파우더 증가
④ 소금을 증가

10 파운드 케이크에서 밀가루와 설탕을 고정시키고 유지를 증가했을 때 같이 증가하는 것은?

① 계란 ② 우유
③ 베이킹파우더 ④ 향료

11 기본 스폰지 케이크의 필수재료가 아닌 것은?

① 밀가루 ② 설탕
③ 분유 ④ 소금

12 고급 스폰지 케이크용 밀가루의 단백질 함량으로 적당한 것은?

① 5.5~7.5%
② 9.5~10.0%
③ 10.5~13.0%
④ 13.0 이상

13 고급 스폰지 케이크용 박력분의 회분 함량으로 적당한 것은?

① 0.3%
② 0.4%
③ 0.5%
④ 0.6%

14 스폰지 케이크 믹싱에 있어 덥게하는 방법을 쓸 때 계란과 설탕을 몇 ℃로 예열하는가?

① 18℃ ② 27℃
③ 43℃ ④ 53℃

15 스폰지 케이크 믹싱에 있어 차게하는 방법에 대한 설명으로 틀린 것은?

① 믹서 성능이 좋을 때
② 베이킹파우더를 사용하는 배합표
③ 에어 믹서와 같이 1단계법
④ 계란 사용량을 감소시킬 때

16 젤리 롤 케이크를 말 때 표피가 터지는 경우에 조치할 사항으로 틀린 것은?

① 설탕(자당)의 일부를 물엿으로 대치
② 덱스트린의 점착성 이용
③ 팽창을 증가
④ 계란 중의 노른자비율 감소

17 젤리 롤 케이크를 말 때 표피가 터지는 이유로 가장 큰 영향을 주는 것은?

① 설탕의 일부를 물엿으로 대치
② 낮은 온도에서 오래 굽는다.
③ 덱스트린의 점착성 이용
④ 팽창을 감소

정답
08 ① 09 ③ 10 ① 11 ③ 12 ① 13 ① 14 ③ 15 ④ 16 ③ 17 ②

18 스폰지 케이크의 기본 배합률은?

① 밀가루=100%, 설탕=100%, 계란=100%, 소금=2%
② 밀가루=100%, 설탕=100%, 계란=50%, 소금=2%
③ 밀가루=100%, 설탕=50%, 계란=50%, 소금=2%
④ 밀가루=100%, 설탕=166%, 계란=166%, 소금=2%

※ [문제 19~27] 엔젤 푸드 케이크의 배합률이 밀가루=15%, 주석산크림=0.5%, 소금=0.5%, 계란흰자=45%이다.

19 머랭 제조 시 넣는 1단계의 설탕 사용량은?

① 6% ② 13%
③ 19% ④ 26%

해설 설탕 =100 − (밀가루 + 흰자 + 1)
=100 − (15 + 45 + 1) = 39%
1단계의 설탕은 2/3 넣으므로, 39 x 2/3 = 26%

20 밀가루와 함께 넣는 2단계의 분당 사용량은?

① 6% ② 13%
③ 19% ④ 26%

해설 2단계의 분당은 39 x 1/3 = 13%

21 엔젤 푸드 케이크 제조 시 밀가루, 분당을 넣기 전의 머랭 상태로 바람직한 것은?

① 젖은 피크 초기
② 중간 피크 초기
③ 건조 피크 초기
④ 건조 피크 후기

22 엔젤 푸드 케이크 제조 시 산 전처리법에 대한 설명으로 틀린 것은?

① 흰자에 소금, 산염을 넣고 젖은 피크의 머랭을 만든다.
② 설탕을 넣으면서 중간 피크의 머랭을 만든다.
③ 밀가루, 분당을 넣고, 균일하게 혼합한다.
④ 기름칠을 균일하게 한 팬에 넣고 굽는다.

23 엔젤 푸드 케이크 제조 시 주석산 크림을 넣는 이유가 아닌 것은?

① 흰자의 알칼리성을 중화
② pH를 낮추어 머랭을 튼튼하게 한다.
③ 머랭의 색을 희게 한다.
④ 흡수율을 높여 노화를 지연

24 엔젤 푸드 케이크의 반죽온도로 적당한 것은?

① 18℃ 이하
② 22~24 ℃
③ 27~29℃
④ 41~43℃

25 엔젤 푸드 케이크를 구운 후 수축이 심한 경우가 아닌 것은?

① 오버 베이킹
② 언더 베이킹
③ 흰자의 오버 믹싱
④ 흰자 믹싱 과소

정답
18 ④ 19 ④ 20 ② 21 ② 22 ④ 23 ④ 24 ② 25 ④

26 일정한 조건하에서 엔젤 푸드 케이크를 219℃에서 25분 구웠더니 제품의 수분이 32.3%로 되었다. 제품의 수분이 32.9%가 된 경우의 굽기 온도는?

① 117℃ ② 191℃
③ 204℃ ④ 230℃

27 견과 엔젤 푸드 케이크를 만들 때 일반적으로 견과 1에 대하여 반죽 얼마가 좋은가?

① 3 ② 6
③ 9 ④ 12

28 퍼프 페이스트리용 마가린에서 가장 중요한 성질은?

① 유화성 ② 가소성
③ 안정성 ④ 쇼트닝성

29 퍼프 페이스트리의 기본 배합률은?

① 밀가루=100%, 유지=100%, 물= 50%, 소금=1%
② 밀가루=100%, 유지=100%, 물=100%, 소금=1%
③ 밀가루=100%, 유지= 50%, 물=100%, 소금=1%
④ 밀가루=100%, 유지= 50%, 물= 50%, 소금=1%

30 퍼프 페이스트리용 밀가루의 단백질 함량으로 적당한 것은?

① 5.5~7.5%
② 7~8%
③ 9~10%
④ 10.5~13.0%

해설 퍼프 페이스트리와 데니쉬 페이스트리는 강력분을 사용한다.

31 반죽으로 충전용 유지를 싸서 밀어펴는 퍼프 페이스트리에 대한 설명으로 틀린 것은?

① 결이 균일하다
② 불란서식
③ 롤-인법
④ 스코틀랜드식

32 퍼프페이스트리 제조 작업에 대한 설명으로 틀린 것은?

① 밀어펴기를 할 때 반죽의 두께가 일정해야 한다.
② 밀어펴기를 할 때 모서리는 가급적 직각이어야 한다.
③ 손가락 자국이 생기면 휴지가 안된 상태이다.
④ 성형은 예리한 기구로 절단하여야 한다.

33 퍼프페이스트리가 수축하는 이유가 아닌 것은?

① 밀어펴기를 과도하게 함
② 굽기 전 휴지 불충분
③ 반죽이 너무 단단함
④ 오븐 온도가 낮다

34 파이 껍질의 결의 길이가 가장 긴 경우는?

① 유지 입자가 호두알 크기
② 유지 입자가 콩알 크기
③ 유지 입자가 미세한 크기
④ 크래커형 껍질

정답 26 ④ 27 ③ 28 ② 29 ① 30 ④ 31 ④ 32 ③ 33 ④ 34 ①

35 파이용 마가린에서 가장 중요한 성질은?

① 안정성 ② 유화성
③ 가소성 ④ 기능성

36 파이 껍질의 다음 착색제중 사용량이 가장 적은 것은?

① 설탕
② 포도당
③ 분유
④ 탄산수소나트륨

37 파이껍질의 착색제라 할 수 있는 재료는?

① 물엿 ② 밀가루
③ 유지 ④ 물

38 일반적으로 체리 충전물을 만들기 위해 체리 시럽 10kg에 얼마의 물과 설탕을 넣어 증량하는가?

① 물=5kg, 설탕=5kg
② 물=10kg, 설탕=6kg
③ 물=15kg, 설탕=5kg
④ 물=20kg, 설탕=3kg

39 일반적으로 충전물 시럽 100 에 대하여 전분을 얼마나 넣어 페이스트를 만드는가?

① 6~8% ② 12~14%
③ 16~18% ④ 20~22%

40 커스터드 파이의 커스터드 농후화제는?

① 우유 ② 계란
③ 전분 ④ 타피오카

41 참 커스터드 크림의 필수 재료는?

① 우유 ② 전분
③ 계란 ④ 각설탕

42 과일파이에서 과일 충전물이 끓어 넘치는 이유가 아닌 것은?

① 충전물 온도가 높다.
② 충전물의 설탕이 너무 적다.
③ 가장자리 봉합상태가 불량하다.
④ 밑껍질이 두껍다.

43 파이 껍질이 질기고 단단한 원인이 아닌 것은?

① 약한 밀가루 사용
② 믹싱이 지나침
③ 많은 파치를 혼합
④ 밀어펴기가 과도함

44 파이껍질 반죽을 휴지시키는 이유가 아닌 것은?

① 반죽과 유지의 되기 조절
② 밀어펴기가 용이
③ 반죽의 글루텐이 부드러워지고 수화가 완전히 진행
④ 파치를 감소시킨다.

45 반죽형 쿠키 중 수분함량이 가장 많은 제품은?

① 드롭 쿠키
② 스냅 쿠키
③ 쇼트브레드 쿠키
④ 스폰지 쿠키

정답 35 ③ 36 ④ 37 ① 38 ② 39 ① 40 ② 41 ③ 42 ④ 43 ① 44 ④ 45 ①

46 다음 쿠키 중 제품에 수분이 가장 많은 것은?

① 드롭 쿠키
② 스냅 쿠키
③ 쇼트브레드 쿠키
④ 머랭 쿠키

47 다음 쿠키 중 밀어펴서 성형하는 쿠키는?

① 드롭 쿠키
② 스냅 쿠키
③ 스폰지 쿠키
④ 머랭 쿠키

48 쿠키에 사용하는 유지에서 가장 중요한 성질은?

① 유화성
② 신장성
③ 안정성
④ 가소성

49 쿠키에 사용하는 암모늄염 계열의 팽창제에 대한 설명으로 틀린 것은?

① 물만 있으면 단독으로 사용
② 반응 후 잔류물이 남지 않는다.
③ 쿠키의 퍼짐을 좋게 한다.
④ 제품의 향을 개선한다.

50 쿠키의 퍼짐이 작은 원인이 아닌 것은?

① 고운 입자의 설탕 사용
② 과도한 믹싱
③ 반죽의 알칼리성
④ 너무 높은 온도의 오븐

51 쿠키의 퍼짐이 과도한 원인이 아닌 것은?

① 낮은 오븐온도
② 과량의 설탕 사용
③ 팬 기름칠이 과도
④ 반죽이 산성

52 쿠키의 퍼짐이 과도한 원인은?

① 반죽의 되기가 묽다
② 반죽의 산성
③ 설탕을 넣고 믹싱을 많이 함
④ 높은 온도의 오븐

53 다음 설탕 중 쿠키의 퍼짐이 가장 큰 것은?

① 물엿
② 전화당 시럽
③ 정백당
④ 포도당

54 스냅쿠키와 유사하지만 유지량이 많은 쿠키는?

① 드롭 쿠키
② 쇼트브레드 쿠키
③ 스폰지 쿠키
④ 머랭 쿠키

55 한 철판에 넣어 구울 쿠키의 조건이 아닌 것은?

① 일정한 가격
② 일정한 크기
③ 일정한 모양
④ 일정한 간격

정답
46 ④ 47 ② 48 ③ 49 ④ 50 ③ 51 ④ 52 ① 53 ③ 54 ② 55 ①

56 코코넛 마카롱 쿠키는 다음 중 어느 종류의 쿠키에 속하는가?

① 드롭 쿠키
② 스냅 쿠키
③ 스폰지 쿠키
④ 머랭 쿠키

57 케이크 도넛용 밀가루의 단백질 함량으로 알맞은 것은?

① 5.5~6.5%
② 7~8%
③ 9.5~10%
④ 10.5~13.0%

58 케이크 도넛 반죽을 휴지시키는 이유로 틀린 것은?

① 이산화탄소 가스의 발생
② 전 재료를 수화 한다.
③ 생재료를 없게 한다.
④ 껍질 형성을 빠르게 한다.

59 일반적으로 도넛 튀김 기름의 튀김 깊이로 적당한 것은?

① 3cm
② 7cm
③ 12cm
④ 16cm

60 일반적으로 튀김 기름의 튀김 온도로 적당한 범위는?

① 160~180℃
② 185~194℃
③ 200~210℃
④ 230℃ 이상

정답 56 ④ 57 ③ 58 ④ 59 ③ 60 ②

PART 05

과자류 제조

예상적중문제 3회

01 반죽형 케이크의 특징이 아닌 것은?

① 일반적으로 밀가루가 계란보다 많이 사용된다.
② 주로 화학 팽창제에 의해 부피가 형성된다
③ 상당량의 유지를 사용한다.
④ 해면과 같은 조직력을 가지고 있다.

02 다음 중 본래의 거품형 케이크에 대한 설명으로 틀린 것은?

① 계란 단백질의 공기 포집성과 변성에 의해 만들어진다.
② 계란 노른자가 제품의 부피를 이루는 주 원인이 된다.
③ 일반적으로 계란 사용량이 밀가루 사용량보다 많다.
④ 일반적으로 유지는 사용하지 않는다.

03 다음 중 화학적 팽창과 관계가 먼 것은?

① 커피 케이크
② 반죽형 쿠키
③ 케이크 도넛
④ 레이어 케이크

해설 커피케이크는 생물학적 팽창을 이용한다.

04 레이어 케이크용 밀가루의 질이 불량한 경우의 조치 사항이 아닌 것은?

① 밀가루 증가 ② 계란 증가
③ 유지 감소 ④ 설탕 감소

05 표백이 불량한 밀가루로 만든 제품의 문제점을 최소로하기 위하여 증가하여야 할 재료는?

① 설탕 ② 쇼트닝
③ 밀가루 ④ 계란

06 고율배합에 대한 설명으로 틀린 것은?

① 설탕 사용량이 밀가루 사용량보다 많다.
② 믹싱 중 공기 혼입이 많다.
③ 유화제를 사용하여 유지와 액체를 안정시킨다.
④ 굽는 온도를 높인다.

07 소금의 기능으로 틀린 것은?

① 맛
② 캐러멜화 온도를 낮춤
③ 증기압 형성
④ 감미도 조절

08 레이어 케이크에서 쇼트닝과 전란과의 관계는?

① 전란 = 쇼트닝 × 0.9
② 전란 = 쇼트닝 × 1.1
③ 전란 = 쇼트닝 × 1.3
④ 전란 = 쇼트닝 × 1.43

정답 01 ④ 02 ② 03 ① 04 ① 05 ④ 06 ④ 07 ③ 08 ②

09 화이트 레이어 케이크에서 흰자와 쇼트닝과의 관계는?

① 흰자 = 쇼트닝×0.9
② 흰자 = 쇼트닝×1.1
③ 흰자 = 쇼트닝×1.3
④ 흰자 = 쇼트닝×1.43

해설 흰자 = 전란×1.3 이다.

10 코코아 케이크에 사용한 천연 코코아에는 몇 %의 탄산수소나트륨(중조)을 사용하는가?(코코아의)

① 2% ② 4%
③ 7% ④ 10%

11 천연코코아와 더치코코아를 비교할 때, 더치코코아의 특성이 아닌 것은?

① 부드럽고 깊은 초코맛이 난다.
② 쏘는 듯한 신맛이 난다.
③ 코코아의 색이 깊고 어둡다.
④ 포타시움 용액으로 산성을 중화시켰다.

12 같은 조건일 때 초콜릿의 색상이 가장 진한 경우는?

① pH = 5 ② pH = 7
③ pH = 9 ④ pH 와 무관

해설 초콜릿의 5/8 성분인 코코아는 중조로 알칼리처리 하면 색상이 진하게 된다.

13 초콜릿 유지의 다음 형태 중 가장 안정적인 것은?

① α-알파형 ② γ-감마형
③ δ-델타형 ④ β-베타형

14 초콜릿에서 설탕이나 기름이 표면에 나타내는 현상을 무엇이라 하는가?

① 블룸 ② 브레이크
③ 레드 ④ 오븐스프링

15 파운드 케이크에 사용하는 유지 제품으로 적당하지 못한 것은?

① 버터 ② 유화쇼트닝
③ 마가린 ④ 샐러드유

16 일반 파운드 케이크에 비해 마블 파운드 케이크에 특별히 들어가는 재료는?

① 버터 ② 코코아
③ 탈지분유 ④ 베이킹파우더

17 건포도를 전처리하는 이유가 아닌 것은

① 먹을 때의 조직감 개선
② 과일의 풍미 회복
③ 제품 속과 건포도간의 수분 이동 방지
④ 부피증가

18 건포도를 전처리할 때의 표준 수온과 량은?

① 건포도의 12% 물, 27℃
② 건포도의 24% 물, 30℃
③ 건포도의 36% 물, 32℃
④ 건포도의 48% 물, 35℃

19 파운드 케이크 윗면을 글레이즈하는 노른자 칠의 노른자와 설탕의 비율로 적당한 것은?

① 노른자 100% 에 설탕 30~50%
② 노른자 100% 에 설탕 60~90%

정답
09 ④ 10 ③ 11 ② 12 ③ 13 ④ 14 ① 15 ④ 16 ② 17 ④ 18 ① 19 ①

③ 설탕 100% 에 노른자 30~50%
④ 설탕 100% 에 노른자 60~90%

20 **스폰지 케이크 제조 시 박력분이 없을 때 전분은 몇 %까지 사용할 수 있는가?**

① 6% ② 12%
③ 18% ④ 24%

21 **엔젤 푸드 케이크 제조 시 1단계에 투입하는 설탕량은?**

① 전체 설탕의 30~40%
② 전체 설탕의 40~50%
③ 전체 설탕의 60~70%
④ 전체 설탕의 90~100%

해설 전체 설탕의 2/3는 1단계에서 설탕으로 넣고, 1/3은 2단계에서 분당으로 넣는다.

22 **일반적으로 엔젤 푸드 케이크에서 주석산 크림과 소금 사용량의 합계는 얼마인가? (전체 배합률을 100%로 볼 때)**

① 1% ② 2%
③ 3% ④ 4%

23 **계란 흰자가 안정된 공기포집을 최대로 할 수 있는 온도 범위는?**

① 13~16% ② 22~26%
③ 33~36% ④ 42~45%

24 **엔젤 푸드 케이크 제조시 기구에 기름기가 있다면 어느 재료에 영향이 큰가?**

① 노른자 ② 전란
③ 흰자 ④ 주석산

25 **엔젤 푸드 케이크 반죽 온도가 높을 때 일어나는 현상은?**

① 기공이 조밀하다
② 부피가 작아진다
③ 조직이 조밀하다
④ 기공이 거칠어 진다.

26 **엔젤 푸드 케이크 제조 시 2단계로 사용하는 분당량은?**

① 전체 설탕의 30~40%
② 전체 설탕의 50~60%
③ 전체 설탕의 70~80%
④ 전체 설탕의 90%이상

27 **계란 흰자를 거품 올려 안정성이 높은 머랭을 만드는 데 적당한 믹서의 속도는?**

① 저속
② 중속
③ 고속
④ 속도와 관계가 없다

28 **파이 껍질의 필수재료가 아닌 것은?**

① 계란 ② 유지
③ 밀가루 ④ 소금

29 **파이 껍질 제조에 가장 부적당한 유지는?**

① 버터 ② 라드
③ 대두유 ④ 마가린

30 **파이 껍질에는 밀가루 100 대하여 얼마의 물을 사용하는가?**

① 20 ② 30
③ 50 ④ 70

정답 20 ② 21 ③ 22 ① 23 ② 24 ③ 25 ④ 26 ① 27 ② 28 ① 29 ③ 30 ③

31 순수한 커스터드 크림에 사용하지 않는 재료는?

① 우유
② 전분
③ 설탕
④ 계란

32 파이 반죽을 휴지시키는 이유가 아닌 것은?

① 유지를 굳게 한다
② 밀가루가 수화한다
③ 끈적거림을 방지한다
④ 껍질의 퍼짐을 좋게 한다

33 파이를 높은 온도에서 구울 때 일어날 수 있는 현상은?

① 가운데 부분이 익지 않는다
② 껍질이 익지 않는다
③ 가운데 부분이 먼저 익는다
④ 전체적으로 빨리 구워진다

34 파이 껍질에 결이 형성되지 않는 이유로 틀린 것은?

① 지나치게 많이 접는다
② 너무 얇게 밀어편다
③ 오븐 온도가 낮다
④ 오븐에 증기를 조금 넣는다

35 다음 중 파이 껍질의 착색제가 아닌 것은?

① 설탕
② 주석산크림
③ 탄산수소나트륨(중조)
④ 분유

36 퍼프 페이스트리의 반죽에 사용하는 유지의 사용 한계는?

① 30%
② 50%
③ 70%
④ 90%

37 퍼프 페이스트리 제조 작업 중 덧가루가 많이 묻었을 때의 설명으로 틀린 것은?

① 향미가 나빠진다
② 결이 단단해진다
③ 굽는 시간이 증가된다
④ 부서지기 쉬운 제품이 된다

38 퍼프 페이스트리 반죽에 넣는 유지량을 많게 할 때의 제품 경향이 아닌 것은?

① 밀어펴기가 쉽다.
② 오븐팽창이 크다.
③ 제품이 부드럽다.
④ 결이 분명하지 못하다.

39 퍼프 페이스트리의 충전용 유지에 대한 설명으로 틀린 것은?

① 각 층의 유지 반죽 층을 밀어 올린다.
② 유지가 반죽에 흡수되면서 얇은 조각을 형성한다.
③ 유지가 많을수록 결의 수가 증가한다.
④ 냉각 후 유지공간은 공기로 차고 결을 형성

정답

31 ② 32 ④ 33 ① 34 ④ 35 ② 36 ② 37 ③ 38 ② 39 ③

40 파이와 퍼프 페이스트리 반죽의 휴지에 대한 설명으로 틀린 것은?

① 밀가루 강도가 높으면 길어진다.
② 여름에 길고 겨울엔 짧아진다.
③ 눌렸을 때 자국이 남으면 종료해도 좋다.
④ 냉동 온도가 적당하다.

41 퍼프 페이스트리 반죽에 포도당을 사용하는 설명으로 틀린 것은?

① 감미 제공
② 껍질색 개선
③ 밀어펴기를 돕는다
④ 사용량은 3~5%

42 다음 중 반죽형 쿠키가 아닌 것은?

① 드롭 쿠키
② 머랭 쿠키
③ 스냅 쿠키
④ 쇼트브레드 쿠키

43 쿠키의 퍼짐이 작아지는 원인이 아닌 것은?

① 믹싱 과다
② 지나친 크림화
③ 너무 진 반죽
④ 설탕이 완전 용해

44 쿠키에서 설탕의 기능이 아닌 것은?

① 퍼짐성 조절　② 감미
③ 연화작용　④ 구조 형성

45 쿠키의 크기가 작게 되는 경우는?

① 팽창제 사용
② 높은 온도의 오븐
③ 입자가 큰 설탕
④ 알칼리성 반죽

46 유지 사용량이 가장 많은 쿠키는?

① 드롭 쿠키
② 스냅 쿠키
③ 쇼트브레드 쿠키
④ 머랭 쿠키

47 쿠키 반죽의 믹싱에서 설탕 일부를 최종 단계에 투입하는 이유는?

① 퍼짐의 증가
② 제품의 부드러움
③ 퍼짐의 감소
④ 윤활성 제고

48 도넛의 설탕 사용량이 적은 경우의 설명으로 틀린 것은?

① 껍질색이 여리다
② 제품 속이 거칠다
③ 구조가 약해진다
④ 기름 흡수가 적다

49 도넛에서 계란의 기능으로 볼 수 없는 것은?

① 영양강화　② 속색
③ 구조 형성　④ 부드러움

50 도넛 글레이즈의 안정제로 부적당한 것은?

① 펙틴　② 구연산
③ 젤라틴　④ 로커스트빈 검

정답
40 ④　41 ①　42 ②　43 ③　44 ④　45 ②　46 ③　47 ①　48 ③　49 ④　50 ②

51 도넛의 단면 중 튀김기름 흡수가 가장 많은 부위는?

① 껍질부위
② 껍질과 속의 중간
③ 속(중앙)
④ 전 부위가 동일

52 도넛의 두 번째 튀긴 면은 첫 번째 튀긴 면보다 기름 흡수가 얼마나 증가하는가?

① 1% ② 5%
③ 10% ④ 15%

53 튀김기름의 유리지방산 함량이 얼마 이상이면 연기가 많이 나고 흡유율이 높아지는가?

① 1% ② 3%
③ 5% ④ 7%

54 도넛 반죽에 탄산수소나트륨이 녹지 않았을 때의 현상은?

① 검은색 반점 ② 백색 반점
③ 황색 반점 ④ 수포 형성

55 신선한 튀김 기름의 발연점은 몇 ℃ 이상이어야 하는가?

① 190℃ ② 200℃
③ 218℃ ④ 232℃

56 다음 중 증기압을 형성하여 팽창에 관계하는 재료는?

① 분유 ② 물
③ 쇼트닝 ④ 밀가루

57 다음의 산 작용제 중 베이킹파우더의 가스 발생속도가 가장 느린 것은?

① 주석산 칼륨
② 인산 칼슘
③ 인산알루미늄 소다
④ 황산 알루미늄 소다

58 스폰지 케이크에 녹인 버터를 투입하는 시기는?

① 믹싱 초기 단계
② 계란 투입 단계
③ 밀가루 투입 직전 단계
④ 믹싱 최종 단계

해설 용해 버터의 온도는 60~70℃로 반죽에 섞는다.

59 계란의 신선도 시험을 위한 소금물은 물 1ℓ에 얼마의 소금을 용해시키는가?

① 30g ② 60g
③ 90g ④ 120g

해설 신선한 계란을 구하는 방법
- 껍질에 큐티클층이 있어야 한다.
- 캔들 검사한다.
- 흔들어서 알끈의 고정을 확인한다.
- 소금물에 넣어 가라앉아야 한다.
- 난황·난백검사 한다.

60 제과에 있어 계란의 기능이 아닌 것은?

① 윤활작용
② 스폰지 케익의 팽창제
③ 커스터드의 결합제
④ 노른자 레시틴의 유화제

정답 51 ① 52 ② 53 ① 54 ③ 55 ③ 56 ② 57 ④ 58 ④ 59 ② 60 ①

종목과목

PART 6

빵류 제조

01 빵의 제법

01 스트레이트 법(Straight Dough Method) = 직접법

직접법이라고도 하며 모든 재료를 믹서에 넣고 한 번에 믹싱을 끝내는 제빵법이다.
소금과 유지를 믹싱 중간에 넣는 방법도 포함한다.

1. 공정

① 재료계량 : 전 재료를 정확하게 계량한다.

② 믹싱(반죽)하기

㉠ 시간 : 믹서 성능과 밀가루 성질에 따라 12~25분

㉡ 온도 : 25~28℃(통상 27℃)

③ 1차 발효

㉠ 온도 27℃, 상대 습도 75~80%

㉡ 처음 부피의 3~3.5배(1~3시간)

④ 성형

㉠ 분할

㉡ 둥글리기

㉢ 중간발효 : 15분 전후

㉣ 정형

㉤ 팬 넣기

⑤ 제 2차 발효

㉠ 온도 35~43℃, 상대습도 85~90%

㉡ 시간보다는 상태로 판단

⑥ 굽기 : 온도와 시간은 반죽크기에 따라 조절한다. (통상 150~200℃ 전후 : 상태판단)

⑦ 냉각 : 35~40.5℃ 전후

⑧ 포장 : 35℃ 전후

※ 펀치(punch = 가스 빼기)

① 처음 반죽 부피의 2.5~3배가 되었을 때 펀치하기(2~3회도 가능)

② 반죽의 가스를 빼주므로 여러 가지 영향을 준다.

㉠ 이스트 반죽에 활력을 준다.

㉡ 산소 공급으로 산화, 숙성을 촉진시킨다.

㉢ 반죽 온도를 균일하게 해준다.

2. 재료 사용범위

재료	범위(%)	통상사용범위	종류
밀가루	100	100	단백질 12% 이상
물	56~68	60~64	수돗물
이스트	1.5~5.0	2~3	생이스트
이스트푸드	0~0.5	0.1~0.2	완충형
제빵 개량제	0~0.5(1~2)	0.2 (1~2)	SSL
소금	1.5~2.5	2	정제염
설탕	0~8	4~8	정백당
유지	0.5	2.4	버터, 쇼트닝, 라드
탈지분유	0~8	3~5	건조우유

3. 장점 및 단점(스폰지 도우법 대비)

장점	단점
① 제조공정이 단순	① 발효내구성이 약함
② 제조장, 제조 장비가 간단	② 잘못된 공정을 수정하기 어려움
③ 노동력과 시간 절감	
④ 발효손실 감소	

02 스폰지 도우법(Sponge/Dough Method)

믹싱과정을 2번 행하는 방법으로 처음 반죽을 "스폰지"라 하고 나중 반죽을 "도우"라 한다.

1. 공정

① 재료 계량 : 전 재료를 정확하게 계량하고 스폰지용과 도우용을 구분한다.

② 스폰지 믹싱

㉠ 시간 : 믹서 성능과 밀가루 성질에 따라 4~6분

㉡ 온도 : 22~26℃(통상 24℃)

③ 제1차 발효

㉠ 온도 27, 상대습도 75~80%

㉡ 처음 부피의 3.5~4배(2~6시간)

④ 도우 믹싱

㉠ 스폰지에 "도우"용 재료를 넣고 믹싱(통상 8~12분)

㉡ 온도 : 25~29℃(통상 27℃)

⑤ 플로어 타임

㉠ 스폰지 : 도우 밀가루의 비율을 감안한다.

㉡ 시간 : 10~40분

⑥ 성형

㉠ 분할 ㉡ 둥글리기 ㉢ 중간발효 : 10~15분

㉣ 정형 ㉤ 팬 넣기

⑦ 제2차 발효

㉠ 온도 35~43℃, 상대습도 85~90%

㉡ 시간보다는 상태로 판단하기

⑧ 굽기 : 온도와 시간은 반죽 크기에 따라 조정할 수가 있다.

⑨ 냉각 : 35~40.5℃ 전후

⑩ 포장 : 35℃ 전후

2. 재료 사용범위

스폰지(Sponge)	도우(Dough)
밀가루 = 60~100 *물 = 스폰지 밀가루의 55~60 이스트 = 1~3 이스트푸드 = 0~0.5 개량제 = 0~0.5	밀가루 = 0~40 *물 = 전체 56~68 이스트 = 0~2 소금 = 1.5~2.5 설탕 = 0~8 유지 = 0~5 탈지분유 = 0~8

| 예시 |

• 스폰지의 물

스폰지 밀가루 80%, 스폰지의 55% 물 사용시 : 80 x 0.55 = 44(%)

• 도우의 물

도우 밀가루 20%, 전체 물 60% 사용 시 : 100 x 0.6 = 60(%)…전체물

- 스폰지에 사용한 물 = 44(%)
  도우에 사용할 물 = 16(%)

3. 장점 및 단점(스트레이트법 대비)

장점	단점
① 작업 공정에 대한 융통성	① 발효 손실 증가
② 잘못된 공정을 수정할 기회	② 시설, 노동력, 장소 등 경비 증가
③ 풍부한 발효향	
④ 제품의 저장성 및 부피 개선	

4. 스폰지의 밀가루 사용량

밀가루 품질의 변경, 발효시간 변경, 품질 개선의 경우에 스폰지에 사용하는 밀가루 양을 조절할 수 있다.

* 스폰지에 밀가루 사용량을 증가시키면 나타나는 현상

① 2차 믹싱(도우)의 반죽 시간을 단축한다.

② 스폰지 발효시간은 길어지고, 본 반죽 발효시간은 짧아진다.

③ 반죽의 신장성(스폰지 성)이 좋아진다.

④ 성형공정이 개선된다.

⑤ 품질이 개선(부피증대, 얇은 세포막, 부드러운 조직 등)된다.

⑥ 풍미가 증가한다.

03 액체 발효법

미국 분유 연구소(ADMI)에서 처음 개발된 것으로 일반 스폰지 도우법에서 스폰지 발효에 미치는 여러 가지 결함을 제거하기 위하여 스폰지 대신 액종을 만들어 제조하는 것이다.

대량 발효가 가능하고 공간과 설비의 감소를 가져오는 한편, 단백질 함량이 적어 발효 내구력이 다소 약한 밀가루로 빵을 만드는 데도 권장된다.

1. 재료 사용 범위

(1) 액종

재료	사용범위(%)
물	30
이스트	2~3
설탕	3~4
이스트푸드	0.1~0.3
분유	0~4

(2) 본 반죽

재료	사용범위(%)
액종	35
밀가루	100
물	25~35(조절)
설탕	2~5
소금	1.5~2.5
유지	3~6

※ 이외에 유산칼슘, 인산칼슘, 최소산칼륨, 비타민C 등도 사용

2. 공정

① 재료 계량 : 전 재료를 정확하게 계량하고 "액종"용와 "본반죽(도우)"용으로 구분한다.

② 액종 발효

㉠ 액종용 재료를 잘 혼합한 후 30℃에서 2~3시간 발효

㉡ 분유는 발효 중 생기는 유기산에 대한 완충제 역할

③ 도우 믹싱

㉠ 액종을 넣은 도우 재료를 믹싱(스폰지 도우 보다 25~30% 정도를 더 믹싱)

㉡ 온도 28~32℃ (반죽량이 많으면 낮은 온도)

④ 플로어 타임 : 15분 정도

⑤ 성형

㉠ 분할

㉡ 둥글리기

㉢ 중간발효 : 10~15분

㉣ 정형

㉤ 팬 넣기

⑥ 제2차 발효 : 온도 35~43℃, 상대습도 85~95%

⑦ 굽기: 온도와 시간은 반죽 크기에 따라 조정할 수 있다.

⑧ 냉각 : 35~40.5℃ 전후

⑨ 포장 : 35℃ 전후

04 연속식 제빵법(Continuous Dough Mixing System)

1. 재료 사용 범위

재료	전체(%)	액종(Broth)(%)
밀가루	100	5~70
물	60~70	60~70
이스트	2.25~3.25	2.25~3.25
탈지분유	1~4	1~4
설탕	4~10	-
이스트푸드	(0~0.5)	(0~0.5)
인산칼슘	0.1~0.5	0.1~0.5
브롬산칼륨	50ppm이하	50ppm 이하
영양강화제	1정	-
쇼트닝	3~4	-

2. 공정

① 재료 계량 : 자동 계량하여 공정별로 투입한다.

② 액체 발효 탱크

㉠ 액체 발효용 재료를 넣고 섞는다.

㉡ 온도는 30℃로 조절한다.

③ 열교환기

㉠ 저장 탱크에서 발효된 액종은 열 교환기를 통과시킨다.

㉡ 온도 30℃ 조절한다.

㉢ 예비 혼합기로 보낸다.

④ 산화제 용액 탱크

㉠ 취소산 칼슘, 인산칼슘, (이스트푸드) 등을 용해시킨다.

㉡ 예비 혼합기로 보낸다.

⑤ 쇼트닝 조온 기구(온도조절기구) : 44~47℃의 온도를 유지하여 사용한다.

㉠ 쇼트닝을 용해하여(주로 쇼트닝 프레이크)

㉡ 예비 혼합기로 보낸다.

⑥ 밀가루 급송 장치

㉠ 액체 발효에 들어간 밀가루를 뺀 나머지

㉡ 예비 혼합기로 보낸다.

⑦ 예비 혼합기(Premixer 또는 Incorporator)

㉠ 열교환기　　㉡ 산화제　　㉢ 쇼트닝

㉣ 밀가루를 받아 각 재료를 균일하게 혼합하고 디벨로퍼로 보낸다.

⑧ 디벨로퍼(Developer) = 반죽기(믹싱기)

㉠ 3~4기압 하에서 고속 회전에 의해 글루텐 형성시킨다.

㉡ 분할기로 직접 연결된다.

⑨ 분할기 : 팬 넣기

⑩ 제2차 발효 : 온도 35~43℃, 상대습도 85~95%

⑪ 굽기 : 온도와 시간은 반죽 크기에 따라 조정할 수 있다.

⑫ 냉각 : 35~40.5℃ 전후

⑬ 포장 : 35℃ 전후

3. 장점 : 고성능 자동기계가 계량부터 발효까지 연속적으로 이루어지기 때문에 일반적인 성형 기구가 필요가 없다.

① 설비감소

㉠ 믹서(스폰지, 도우)　㉡ 발효실　㉢ 분할기　㉣ 환목기

㉤ 중간 발효기　㉥ 성형기　㉦ 연결 콘베이어가 불필요

② 공장 면적의 감소 : 일반 공장의 1/3 정도로 충분

③ 인력감소 : 일반 공정 : 6/7명, 연속식 공정 : 1~2명, 청소 : 1/2명, 보수, 윤활작업 : 대폭 감소

④ 발효 손실의 감소 : 일반 공정 : 1.2%, 연속식 공정 : 0.8%

※ 단점은 일시적인 설비 투자가 많은 점이다.

4. 액종에 밀가루 사용량을 증가시키면

① 물리적 성질을 개선(스폰지 성질 양호, 슬라이스 용이)

② 부피증가

③ 발효 내구성을 높인다.

④ 본 반죽 발전에 요구되는 에너지 절감, 디벨로퍼의 기계적 에너지 절감

⑤ 산화제 사용량 감소

⑥ 맛과 향의 개선

5. 산화제

① 디벨로퍼에서 30~60분간 숙성시키는 동안 공기가 결핍되므로 기계적 교반과 산화제에 의해 발달시킨다.

② 브롬산 칼륨과 인산 칼슘이 사용된다.

6. 쇼트닝 프레이크

① 디벨로퍼의 반죽 배출시 온도가 평균 41℃이므로 적정 융점의 유지를 사용해야 함.

② 융점 = 44.4~47.8℃의 쇼트닝 프레이크가 바람직하다.

③ 식물성 쇼트닝에 약 6%의 쇼트닝 프레이크를 첨가한다.

05 비상 반죽법(Emergency Dough)

1. 비상 반죽법을 사용하는 경우

① 기계 고장 등 비상 상황

② 계획된 작업에 차질이 생겼을 때

③ 주문이 늦어서 제조시간을 단축시킬 때

2. 원리(필수적 조치)

① 1차 발효시간의 단축 = 스트레이트법 : 15~30분 발효, 스폰지 도우법 : 30분 발효

② 믹싱 시간 증가

㉠ 20~25% 증가

㉡ 기계적 발달

③ 발효 속도 증가

㉠ 이스트 : 2배 사용

㉡ 믹싱 종료 후 반죽 온도:30~31℃

㉢ 이스트푸드 증가

④ 껍질색 조절 : 설탕을 1% 감소하여 사용

⑤ 반죽되기 및 반죽 발달 조절 : 가수량을 1% 증가

⑥ 선택적 조치

㉠ 소금을 1.75%로 감소(발효 속도 증가)

㉡ 분유감소(완충 작용에 의한 발효 속도가 늦어짐을 감안)

㉢ 이스트푸드 증가

㉣ 식초를 0.25~0.75% 사용(pH하강 : 약산성)

3. 스트레이트법 → 비상 스트레이트법으로 변환

재료	스트레이트(%)	비상스트레이트(%)
밀가루	100	100
물	63	64
이스트	2	4
이스트푸드	0.2	0.2
설탕	5	4
쇼트닝	4	4
탈지분유	3	3(2)
소금	2	2(1.75)
식초	0	0(0.5)
※ 반죽온도	27℃	30℃
※ 반죽시간	18분	22분
※ 발효시간	2시간	15분 이상

필수 조치(*표시)	선택적 조치
① 이스트 = 2배	① 소금 = 2 ~ 1.75
② 반죽 온도 = 30℃	② 이스트푸드 = 증가
③ 가수량 = 1% 증가	③ 분유 감소
④ 설탕 = 1% 감소	④ 식초 사용
⑤ 반죽 시간 = 20~25분 증가	
⑥ 발효시간 = 15분 ~ 30분	

4. 스트레이트법 → 비상 스폰지 도우법으로 전화

<table>
<tr><th>재료</th><th>스트레이트(%)</th><th colspan="2">비상 스폰지 도우법</th></tr>
<tr><td rowspan="8">밀가루
물
이스트
이스트푸드
소금
설탕
탈지분유
쇼트닝</td><td rowspan="8">100
63
2
0.2
2
5
3
4</td><td rowspan="4">스폰지</td><td>*밀가루 80% - 스폰지에 80%</td></tr>
<tr><td>*물 62%-1%감소, 전체 사용</td></tr>
<tr><td>*이스트 = 4(2배 사용)</td></tr>
<tr><td>이스트푸드 = 0.2(0.5)</td></tr>
<tr><td rowspan="4">도우</td><td>밀가루 = 20%</td></tr>
<tr><td>물 = 0</td></tr>
<tr><td>설탕 = 4</td></tr>
<tr><td>분유 = 3(2)</td></tr>
</table>

재료	스트레이트(%)	비상 스폰지 도우법	
			쇼트닝 = 4
			소금= 2(1.75)
			젖산= 0(0.05)
반죽 온도	24℃	*30℃ - 스폰지 온도 30℃	
반죽 시간	16분	*20분 – 반죽 믹싱 시간 20~25% 증가	
발효 시간	2.5~3.0시간	*30분 이상-스폰지 발효 30분 이상	

5. 일반 스폰지 도우법 → 비상 스트레이트법으로 전환

스폰지 도우법		비상 스트레이트 법
스폰지	밀가루 80%	밀가루 = 100% 물 = 62 *이스트 = 4(2배 사용) 이스트푸드 = 0.1(0.2) 설탕 = 5 분유 = 3(2) 쇼트닝 = 4 소금 = 2(1.75)
	물 = 44	
	이스트 = 2	
	이스트푸드 = 0.1	
도우	밀가루 = 20%	
	물 = 18	
	설탕 = 5	
	분유 = 3	
	쇼트닝 = 4	
	소금 = 2	
스폰지 온도 = 24℃		*반죽 온도 = 30℃
스폰지 발효 = 3~4시간		*1차 발효 = 15~30분
반죽 믹싱= 16분		*믹싱시간 = 20분

6. 일반 스폰지 도우법 → 비상 스폰지 도우법으로 전환

일반 스폰지 도우법		비상 스폰지 도우법
스폰지	밀가루 = 60%	밀가루 80% - 스폰지에 80% 물 64% - ① 1% 증가(총량), ② 스폰지에 전량 사용 * 이스트 - 4(2배 사용) 이스트푸드 - 0.2(0.4) 도우 밀가루 = 20% * 물 = 0
	물 = 35	
	이스트 = 2	
	이스트푸드 = 0.2	
도우	밀가루 = 40	
	물 = 28%	

일반 스폰지 도우법		비상 스폰지 도우법
도우	설탕 = 6	설탕 = 6 분유 = 3(2) 쇼트닝 = 4 소금 = 2(1.75)
	분유 = 3	
	쇼트닝 = 4	
	소금 = 2	
스폰지 온도 = 24℃		30℃
스폰지 발효 = 3~4시간		30분 이상
반죽 믹싱 = 16분		20분
식초나 젖산 = 0		0(0.5)

06 재반죽법(Remixed Strainght)

스트레이트법의 변형으로 기계적성, 공정 시간의 단축 등 장점으로 사용하고 있다.
스폰지 도우법과 가장 유사한 제법이다.

1. 조치

① 8~10%의 물은 재반죽에 사용
② 반죽 온도 = 25.5~28℃
③ 이스트 = 2~2.5%, 이스트푸드 = 0.5%
④ 발효시간 = 2~2.5시간 후 나머지 물을 넣고 재반죽
⑤ 플로어 타임 = 15~30분
⑥ 제2차 발효를 15% 정도 증가

2. 장점

① 공정상 기계적성 양호
② 스폰지 도우법에 비해 짧은 시간
③ 균일한 제품으로 식감이 양호
④ 색상이 양호

3. 제시 예

재료	비율(%)	공정 중 중요 사항
밀가루 설탕 이스트 이스트푸드	100 4 2.5 0.5	① 믹싱 = ㉠ 저속 : 2분, 고속 : 1분 ㉡ 온도 : 25~26℃ ② 발효실 온도 = 26~27℃ 발효시간 = 2~2.5시간

재료	비율(%)	공정 중 중요 사항
소금 쇼트닝 탈지분유 물 재반죽용 물	2 4 2 58 5	③ 재반죽 시간 = ㉠ 저속 : 3분, 고속 : 6~7분 ㉡ 온도 : 28~28.5℃ ④ 플로어 타임 12~16분 ⑤ 제2차 발효 = ㉠ 온도 : 36~38℃ ㉡ 시간 : 32~40분 ⑥ 굽기 = 200~205℃

07 노타임 반죽(No Time Dough)

1. 산화제 및 환원제의 사용

① 환원제의 사용으로 밀가루 단백질 사이의 S-S결합을 환원시켜 반죽 시간을 25%정도 단축시킨다.

② 발효에 의한 글루텐 강화를 산화제의 사용으로 대신함으로써 (발효 내구성이 다소 약한 밀가루에 유리하게 적용)발효시간을 단축시킨다.

2. 스트레이트법 → 노타임법으로 전환할 때의 비교

스트레이트법	노타임법
믹싱 = 12~20분	10~15분(환원제 사용)
반죽온도 = 26~28℃	27~29℃
발효시간 = 2~3시간	*0~45분
성형 = 20~30분	20~30분
2차 발효 = 50~60분	50~60분
물 = 61~63%	*62~66%(1~3%증가, 산화제 사용)
설탕 = 5%	*4%(1%감소)
이스트 = 2%	*2.5~3%(0.5~1%증가)
산화제 = 0	*30~75ppm($KBrO_3$)
환원제 = 0	*10~70ppm(L-시스테인)
산성염 = 0	*사용(인산 칼슘)

3. 산화제와 환원제

① 산화제

㉠ 브롬산 칼륨($KBrO_3$) : 지효성 작용(효과를 지속시키는 작용)

㉡ 요오드 산 칼륨(KIO_3) : 속효성 작용(효과를 빨리 나타나는 작용)

㉢ 믹싱 후 공정을 거치는 동안 밀가루 단백질의 -SH 결합을 -SS결합으로 산화시켜 글

루텐의 탄력성과 신장성을 증대

② 환원제

㉠ 프로테아제 : 단백질을 분해하는 효소로 믹싱 과정 중에 영향이 없고 2차 발효 중 일부 작용한다.

㉡ L-시스테인(L-Cystein) : S-S 결합을 절단하는 작용이 빨라 믹싱 시간을 25% 정도 단축한다. 노타임법 빵 제품에 10~70ppm사용한다.

㉢ 빵 도우넛에 솔빈산 10~30ppm, 연속식 제빵에 비타민 C등이 사용, 이상의 제법 외에도 밀가루와 물을 혼합했다가 반죽하는 침지법(Soaker Process), 고속 믹싱으로 반죽을 기계적인 발달을 유도하는 찰리우드 법, 냉동 반죽법 등 변형된 방법이 많다.

02 반죽 제조

01 믹싱 목적

① 모든 재료를 균일하게 분산시키고 혼합
② 수화(水化)
③ 글루텐을 발전

02 믹싱 단계

① 픽업 상태(Pick up stage) : 재료의 혼합, 수화(데이쉬 페이스트리 등)
② 클린업 상태(Clean up stage) : 믹서 볼의 내면이 깨끗해지는 상태(장시간 발효 불란서빵, 냉장 발효 빵 등)
③ 발전 상태(Development stage) : 반죽이 매끄러운 상태로 되는 단계로 최대의 탄력성을 가지며, 믹서에서도 최대의 에너지가 요구됨(불란서빵, 공정이 많은 빵 등)
④ 최종 상태(Fimal sage) : 탄력성과 신장성을 갖는 단계(대부분의 빵류)
⑤ 렛 다운 상태(Let down stage) : 탄력성이 감소하면서 신장성이 큰 상태로 반죽이 약해지기 시작한다. (팬을 사용하는 햄버거 빵, 잉글리쉬 머핀 등)
⑥ 피괴 상태(Brdak down stage) : 탄력성과 신장성이 상실되며 반죽의 생기가 없어지고 찢어지는 반죽이 된다.

03 흡수에 영향을 주는 요인

① 밀가루 단백질의 질과 양, 숙성도
② 반죽 온도 : 온도 ±5℃에 흡수율 ∓3%
③ 탈지분유 : 1% 증가에 흡수율 1% 증가
④ 물의 종류 : 연수 - 흡수율이 낮고, 경수 - 흡수율이 높다
⑤ 설탕 : 설탕 5% 증가 시 흡수율 1% 감소
⑥ 손상 전분 함량 : 손상전분의 흡수율 〉 전분의 흡수율
⑦ 제법에 따라 다를 수가 있다.

04 수화 정도의 영향

수화부족	수화과다
1. 분할 및 둥글리기 불편	1. 성형이 불편 = 덧가루 사용량 증가
2. 수율 = 낮아진다 3. 부피 = 작아진다.	2. 전체 중량만 증가 단위 무게 당 부피 감소
4. 외형의 균형 = 불량	3. 외형의 균형 = 불량
5. 제품에 낮은 수분 노화가 빠르다	4. 38% 이상의 수분 가능 5. 무겁고 축축한 두꺼운 기공
6. 빵 속이 건조	6. 옆면이 들어가기 쉽다.

05 반죽 속도가 미치는 영향

① 흡수율은 고속이 저속보다 흡수율이 증가한다.
② 반죽시간은 고속이 글루텐 발전 속도가 빠르다.
③ 발효시간은 고속이 약간 짧아진다.
④ 부피는 발효 시간이 같을 때는 고속 믹싱의 반죽이 부피가 크나, 저속 믹싱 반죽도 발효 시간을 증가 시키면 좋은 부피가 된다.
⑤ 표피 특성은 저속으로 만든 식빵의 표피는 다소 단단하고 질기다.
⑥ 기공과 속결
　㉠ 저속 : 기공이 열리고 속결이 거칠다.(상대적)
　㉡ 고속 : 이스트푸드를 사용할 때 좋은 기공
⑦ 속색은 고속과 저속 모두 이스트푸드를 사용할 때 더 밝아진다.
⑧ 향과 맛에는 큰 영향이 없다.
⑨ 껍질색에는 영향이 별로 없으나 저속인 경우에 줄무늬 가능성이 있다.
⑩ 과도한 고속, 저속은 빵 품질에 나쁜 영향을 준다. 저속에 비해 고속(적정 속도 범위 내)이 유리하다.

06 반죽 온도 조절

흡수율, 각종 공정, 제품 품질에 미치는 반죽 온도의 중요성 때문에 물 온도를 조절할 필요가 있다.

1. 마찰계수(Friction Factor)

※ 마찰계수 = 반죽 결과 온도×3-(실내온도+밀가루온도+사용수 온도)

〈조건〉

실내 온도	20℃
밀가루 온도	20℃
사용수 온도	20℃
반죽결과 온도	29℃

F.F=29×3-(20+20+20)
=87-60=27℃
이 믹서의 마찰계수는 27℃로 본다.

2. 스트레이트법의 물 온도 계산

※ 사용할 물 온도=희망 온도×3-(실내온도+밀가루온도+마찰계수)

〈조건〉

실내 온도	30℃
밀가루 온도	26℃
수돗물 온도	20℃
마찰계수	24℃
희망 온도	27℃

계산된 물 온도=27×3-(30+26+24)
=81-80=1℃

1℃의 물을 사용하면 희망하는 반죽 온도가 27℃로 된다.

3. 스폰지 도우법의 물 온도 계산

※ 사용할 물 온도=희망온도×4-(실내온도+밀가루온도+스폰지온도+마찰계수)

〈조건〉

실내 온도	30℃
밀가루 온도	27℃
수돗물 온도	20℃
스폰지 온도	26℃
마찰계수	25℃
희망 온도	27℃

계산된 물 온도=27×4-(30+27+26+25)
=108-108=0℃

본 반죽(도우)에 사용하는 물을 0℃로 하면 반죽 온도가 27℃로 된다.

4. 얼음 사용량 계산

$$※ 얼음 = \frac{물 사용량 \times (수돗물 온도 - 계산된 물 온도)}{80 + 수돗물 온도}$$

〈 조건 〉

실내 온도	30℃
밀가루 온도	27℃
수돗물 온도	20℃
스폰지 온도	26℃
마찰계수	25℃
희망 온도	27℃

$$얼음 = \frac{1,000 \times (20-1)}{80+20} = \frac{1000 \times 19}{100} = 190g$$

물 = 1000−190 = 810g

얼음 = 190g

03 발효(Fermentation)

01 발효 일반

1. 발효의 목적

① 이산화 탄소(Co_2)의 발생 : 팽창 작용

$C_6H_{12}O_6 \rightarrow 2CO_2 + 2C_2H_5OH + 66kcl$

100g 42.4g 48.6g 5g

② 향의 발달

㉠ 유기산과 에스텔 ㉡ 알코올 ㉢ 알데히드

③ 반죽의 발전 : 글루텐의 숙성

㉠ 가스 포집과 보유능력 개선

㉡ 팽창 시 신장성이 큰 구조형성

㉢ 이스트에 있는 효과에 의해 반죽의 유연성 증대

2. 발효에 관계하는 효소

효소	공급원	기질	생성물
알파 아밀라아제	맥아 곰팡이, 박테리아	전분 손상된 전분	수용성 전분 덱스트린
베타 아밀라아제	밀가루, 맥아	전분 덱스트린	맥아당
말타아제	이스트	맥아당	포도당+포도당
인벌타제	이스트	설탕(자당)	포도당+과당
찌마제	이스트	포도당, 과당	CO_2, 알코올, 유기산

02 발효에 영향을 주는 요소

1. 이스트의 양

① 적정한 조건하에서 이스트의 양이 많으면 가스 발생 량이 많아진다. 즉, 설탕이 충분할 때 이스트의 양과 발효시간은 반비례한다.

② $\frac{\text{정상적인 이스트 양(y)} \times \text{정상발효 시간(t)}}{\text{변경할 발효 시간(n)}} = \text{X(변경할 이스트의 양)}$

| 예 |

이스트 2%로 4시간 발효하여 좋은 결과를 얻었다면 발효시간을 2.5시간으로 단축하려면, 이스트 사용량은?

$\frac{2 \times 4}{2.5} = \frac{8}{2.5}$ = 3.2% 사용

2. 온도

① 이스트는 7℃이하에서 휴지(休止)상태이나 이보다 높은 온도에서는 38℃까지 활성이 증가되고, 다시 활성이 감소되어 60℃가 되면 완전히 불활성화 된다.(30℃는 20℃의 3배 활성)

② 정상 범위 내에서 반죽 온도 0.5℃상승 = 발효시간 15분 단축이 된다.

3. pH

① 발효 속도는 pH 5 근처에서 최대(알파 아밀라아제 = pH 5.2)

② 스폰지 믹싱 후 pH 5.5인 반죽이 3~4시간 발효 후에 pH 4.6 근처가 되고, 본 반죽 후 다시 pH 5.4인 반죽이 2차 발효 말기에 pH 4.9~5.0이 된다.

③ 완제품 빵의 pH 는 발효 상태를 표현

㉠ pH 5.0 = 지친 반죽

㉡ pH 5.7 = 정상

㉢ pH 6.0 이상 = 어린 반죽

4. 삼투압

① 발효성 당이 5% 이상의 농도가 되면 이스트의 활성이 저해되기 시작한다.

② 소금이 1%를 초과하면 이스트의 활성이 저해되기 시작 2~2.5%에서는 저해 작용

〈예〉 1.5%에서 929mmHg, 2.5%에서 753mmHg

5. 탄수화물과 효소

① 이스트도 생물이기 때문에 탄수화물을 비롯한 각종 영양소를 필요로 한다.

② 밀가루의 주성분인 전분(손상된 전분 포함)은 아밀라아제에 의해 덱스트린과 맥아당으로 분해

③ 맥아당은 효소 "말타아제"에 의해 포도당 + 포도당으로 분해

④ 설탕은 효소 "인벌타아제"에 의해 포도당 + 과당으로 분해

⑤ 포도당과 과당은 효소 "찌마제"에 의해 이산화탄소와 알코올로 분해
⑥ 굽기 과정 중 이스트의 세포는 사멸되어도 이스트에 들어 있는 효소는 더 오래 작용한다.

6. 이스트푸드

① 밀가루의 단백질을 산화함으로 탄력성과 신장성을 증가시켜 발생되는 가스를 포집하는 능력이 커진다.
② 황산 암모늄과 같은 성분은 이스트 세포에 직접 필요한 "질소"를 공급함으로 발효에 관계한다.

03 발효 관리

1. 발효 관리의 목적

① 가스 생산력과 가스 보유력이 최대인 점을 일치시키는 데 있다. (가스 발생이 절정일 때 반죽의 가스 보유력이 최적)
② 기공, 조직, 껍질색이 양호하게 되고 부피가 증대

2. 발효 상태

① 부피 증가
② 발효상태를 "직물구조"상태로 보는 법
㉠ 발효 부족 상태 : 무겁고 조밀하여 저항이 약하다.
㉡ 발효 적정 상태 : 부드럽고 건조하며 유연하고 잘 늘어난다.
㉢ 발효 과다 상태 : 가스가 많이 차고 탄력이 없이 축축하다.

3. 발효 실제

① 스폰지
㉠ 스폰지 온도는 23~26℃(통상 24℃가 표준)
㉡ 반죽 상태에 따라 3~4.5시간 발효(온도 상승이 5.6℃를 초과하지 않도록 한다)
㉢ 드롭(또는 브레이크) : 스폰지의 부피가 4~5배고 부푼 후 다시 수축되는 현상으로 전체 발효시간의 75% 수준으로 본다.
② 도우(또는 스트레이트 법)
㉠ 반죽 온도는 26~28℃(통상 27℃가 표준)
㉡ 모든 재료를 함유하기 때문에 그 중에 소금, 설탕, 분유 등 이스트의 활성을 저해하는 요소가 있으므로 스폰지보다 높은 온도가 요구된다.

③ 펀치(Punch)

㉠ 목적

- 전체 온도를 균일하게 해 주어 균일한 발효를 유도한다.
- 산소 공급으로 CO_2가스 과다축적에 의한 발효지연 효과를 감소시켜 발효 속도 증가시킨다.

㉡ 방법

- 반죽의 가장 자리 부분을 가운데로 뒤집어 모은다.
- 60%, 90%, 100%(단백질의 질이 좋을 때)
  (일반적) * 부피가 2.5~3배
- 66%,100%
- 75%,100%
  } (일반적) * 부피가 2.5~3배

㉢ 펀치를 하지 않는 경우 = 100%(처음 부피의 3.5~4배)

4. 발효 손실

① 발효 손실의 원인

㉠ 수분 증발

㉡ 탄수화물의 발효로 CO_2가스 발생

② 손실량

㉠ 0.5~3-4%

㉡ 통상 1~2%

③ 발효 손실에 관계되는 요소

㉠ 반죽온도

㉡ 발효시간

㉢ 배합률(설탕, 소금이 많으면 손실이 감소)

㉣ 발효 온도 및 습도

④ 손실 계산

분할 무게 600g자리 식빵 100개를 만들려고 한다. 발효 손실이 1.5%, 전체 배합률이 180%일 때 밀가루의 사용량은?(밀가루의 kg미만은 올린다.)

㉠ 총 분할 무게=600×100=60000g=60kg

㉡ 총 재료 무게=60kg÷0.985=60.914kg

㉢ 밀가루 무게=60.914×(100÷80) 33.84kg → 34kg

대부분의 경우 밀가루는 “올림”처리한다.

04 성형(Make-up)

성형 공정은 1차 발효를 마친 반죽을 적절한 크기로 나누고 희망하는 모양으로 만드는 과정으로 다음과 같이 분류할 수 있다.

01 분할

1. 기계 분할

① 1차 발효를 끝낸 반죽을 기계로 적정한 무게의 개체 단위로 나누는 것

② 분할기(Divider)

㉠ 포켓에 들어가는 반죽의 부피에 의해 분할되므로 빠른 시간 내에 완료해야 무게 편차가 적다.

㉡ 식빵류 = 20분 이내, 과자 빵류 = 30분 이내

③ 분할 속도

㉠ 통상 12~16회/분(25회 정도 가능)

㉡ 과도하게 빠르면 기계 마모 증가

㉢ 과도하게 느리면 반죽의 글루텐이 파괴

④ 분할 중량 조절

㉠ 분할 시간의 제한 필요(분할기 내에서 발효가 지속되면 부피가 커지므로 무게 감소)

㉡ 가스 빼기 장치로 분할 무게 편차를 감소

⑤ 윤활유

㉠ 반죽과 접촉되는 분할기의 각 부분에 윤활유를 공급

㉡ 윤활성이 양호한 광유 사용

㉢ FDA 허용 기준 : 1500ppm(통상 200~1100ppm) 무색, 무미, 무취, 무형광

2. 손 분할

① 주로 소규모 빵집에서 분할하는 공정

② 기계 분할에 비해 반죽을 더 부드럽게 다루므로 약한 밀가루로 만든 반죽 분할에 유리

③ 지나친 덧가루 사용은 빵 속에 줄 무늬를 만든다.

02 둥글리기

분할에 의해 상처를 받은 반죽의 표피를 연결된 상태로 만드는 공정으로 환목기(rounder)가 사용된다.

1. 둥글리기의 목적

① 분할로 흐트러진 글루텐의 구조를 정돈한다.

② 반죽의 단면은 절착성이 있으므로 이들이 안에 들어가도록 반죽 표면에 얇은 표피를 형성시켜 끈적거림을 제거한다.

③ 분할에 의한 형태의 불균일을 일정한 형태로 만들어 다음 공정인 정형을 쉽게 한다.

④ 중간 발효 중에 새로 생성되는 이산화탄소 가스를 보유할 수 있는 표피를 만들어 준다.

2. 반죽이 환목기에 달라 붙는 결점 방지

① 최적 가수량

② 적정한 덧가루 사용

③ 반죽에 유화제 사용

④ 최적 발효 상태 유지

⑤ 표피 건조

3. 환목기 형태

① 우산형 ② 사발형 ③ 팬-오-멧형 ④ 인티그라형

4. 덧가루 과다 사용시 현상

① 제품에 줄무늬가 생김

② 이음매의 봉합을 방해하여 중간발효 중 벌어짐 현상 생김

03 중간 발효

1. 둥글리기 한 반죽을 정형 공정에 들어가기까지 휴식을 갖게 하는 공정

① 벤치 타임(Bench time)

② 중간 발효(Intermediate proof)

③ 오버 헤드 프루프(Over head proof)

2. 중간 발효의 목적

① 글루텐 조직과 구조를 다시 정돈한다.

② 가스 발생으로 반죽의 유연성 회복한다.

③ 탄력성, 신장성 회복으로 밀어펴기 과정 중 찢어지지 않도록 한다.

3. 중간 발효 관리

① 시간 : 2~20분(통상 10~15분)

② 온습도 : 온도 27~29℃, 상대습도 75% 전후

③ 낮은 습도 : 껍질이 형성되어 빵 속에 단단한 소용돌이가 생성된다.

④ 높은 습도 : 끈적거리는 표피로 불필요한 덧가루가 많이 필요하다.

04 정형과 팬 넣기

1. 정형(Moulding)

중간 발효를 거친 반죽을 일정한 모양으로 만드는 공정

① 밀어펴기(Sheeting)

㉠ 밀어 펴는 작업을 통해 가스를 뺀다(기계, 손작업)

㉡ 점차 얇게 민다.(0.64cm → 0.38cm → 0.15cm 두께)

㉢ 롤러 : 2~3개 또는 2~3회(반죽이 늘어 붙지 않게 한다.)

* 롤러의 주변 속도=롤러의 원주×회전수

② 말기(Rolling)

㉠ 밀어 편 반죽을 균일하게 마는 과정(기계, 손작업)

㉡ 기계인 경우 사슬망과 벨트로 된 콘베이어 통과한다.

③ 봉하기(Seaming)

㉠ 목적 : 거친 공기 세포를 제거, 이음매를 단단하게 봉함

㉡ 기계 : 압착 보드를 통과

* 정형기를 몰더(moulder)라 한다.

㉠ 롤러가 따로 3개 있는 연속식 몰더

㉡ 왕복 운동의 콘베이어를 롤러의 간격으로 조절하는 리버스 쉬터 기능

㉢ 반죽의 진행 방향을 직각으로 바꾸어 기공을 개선하는 크로스 그레인 몰더 등이 사용되고 있다.

2. 팬 넣기

① 팬의 온도 : 32℃가 적당

② 팬 기름

㉠ 발연점이 높은 기름을 적정량만 사용한다.

㉡ 팬 오일은 산패에 강해야 악취를 방지한다.

㉢ 반죽 무게에 대해 0.1~0.2% 사용한다.

㉣ 과다 사용 시 → 껍질이 두껍고 어둡다.

→ 옆면이 약해서 슬라이스 할 때 찌그러진다.

* 여러 가지 방식으로 자동에 의해 기름칠이 된다.

③ 팬의 코팅

㉠ 실리콘 레진, 테프론 코팅

㉡ 반영구적으로 팬 기름 사용량이 크게 감소된다.

④ 팬의 수

㉠ 오븐에 1세트

㉡ 2차 발효실에 2세트

㉢ 팬 넣기, 냉각, 기름칠 공정에 3~5세트 필요

⑤ 팬의 크기 : 반죽에 대한 비용적(cc/g)

	미국	일본
윗면 개방형(산모양, 둥근모양)	3.35~3.47	3.15~3.35
풀만식빵(샌드위치)	3.47~4.00	3.33~3.89

㉠ 바닥 면적당≑$2.4g/cm^2$

㉡ 윗면 면적당≑$2.03g/cm^2$

| 연습 |

바닥 면적이 250이면 2.4g×250=600g

윗 면적이300이면 2.0g×300=600g 분할

※ 식빵 팬의 간격(복사열 감안)

1파운드	1.5파운드	3파운드
1.8cm	2.4cm	4cm

05 2차 발효

성형 과정을 거치는 동안 반죽은 거친 취급에 의해 상처를 받은 상태이므로 이를 회복시켜 바람직한 외형과 좋은 식감의 제품을 얻기 위하여 글루텐 숙성과 팽창을 도모하는 과정

01 온 도

1. 2차 발효실 온도

제품에 따라 33~54℃

① 스폰지(많은 반죽 = 40~46℃, 적은 반죽 = 37~43℃)
② 스트레이트 법 식빵(37~43℃)
③ 데니쉬 페이스트리 (32~35℃)
④ 빵 도넛(손 = 37~43℃, 기계 = 46~54℃)

2. 2차 발효실에 들어가는 반죽 온도

① 연속식 제빵법의 반죽 온도는 39~43℃
② 스폰지 법의 반죽 온도는 27~29℃
③ 반죽 온도 29℃가 43℃의 발효실에 들어가면 온도 전달에 시간이 걸리므로 외부와 내부 발효 상태가 다르게 된다. 그러므로, 반죽 온도는 같거나 높아야 한다.

3. 발효 온도에 영향을 주는 요인

① 밀가루의 질 ② 배합율 ③ 산화제와 개량제 ④ 유지 종류와 특성
⑤ 발효 정도 ⑥ 믹싱 상태 ⑦ 성형 방법 ⑧ 제품의 특성

〈온도와 2차 발효 시간〉

빵	2차 발효실 온도(℃)	2차 발효 시간(분)	파운드당 빵의 부피(ml)
1	13.3	270	2.160
2	21.1	120	2.200
3	30.0	60	2.280
4	35.0	50	2.270
5	40.0	47	2.290
6	46.1	41	2.260
7	57.2	36	2.110

02 상대습도

① 2차 발효실 상대 습도 : 75~90%

② 75%이하(반죽의 수분보다 낮은 상태)

㉠ 반죽 표피의 수분 증발 : 반죽 상태에서 껍질 형성

㉡ 껍질 형성 반죽 - 굽기 중 팽창을 저해 → 부피감소, 터짐

- 껍질 색이 불균일

③ 높은 습도

㉠ 반죽 표피에 수분이 응축되어 수포 형성 ㉡ 질긴 껍질

〈습도의 영향〉

빵	상대습도(%)	2차 발효 시간(분)	2차 발효와 굽기 손실(g)	파운드당 부피
1	35	57	74	2.230
2	50	52	72	2.320
3	60	54	71	2.230
4	80	49	64	2.250
5	90	46	64	2.270

03 시간

① 온도, 습도와 함께 발효에 영향을 주는 기본 요소로 식빵인 경우 2차 발효시간은 55~65분 (통상 60분)

* 발효는 여러 가지의 영향을 주는 요소가 많으므로 시간 보다는 "상태"로 판단하는 것이 좋다.

② 연속식 제빵법의 반죽은 온도가 높고 기계적 발전이 많으므로 2차 발효시간이 짧다(통상 55분 이내).

〈2차 발효시간이 미치는 빵의 부피, pH, 굽기 손실〉

2차 발효시간(분)	파운드당 빵의 부피(ml)	빵의 pH	굽기 손실(g)
0	1,270	5.49	46
15	1,610	5.46	52
30	1,980	5.41	61
45	2,310	5.40	69
60	2,640	5.34	72
75	2,780	5.31	73
90	3,033	5.26	80
120	3,550	5.16	88
150	4,090	5.13	89

06 굽기(Baking)

굽기 과정은 제빵에 있어 가장 중요한 단계중의 하나이다. 2차 발효 과정까지 계속된 생화학적 반응이 굽기 후반기에 이르러 정지되고, 단백질과 전분 등이 변성되어 가볍고 소화가 잘 되는 제품으로 만들기 때문이다.

01 굽기 중의 변화

1. 오븐 팽창

① 처음 크기의 1/3정도가 급격히 팽창하는 것

② 반죽 내 가스가 오븐 열의 영향으로 압력이 증가되어 세포벽의 팽창을 일으킨다.

③ 반죽 온도가 49℃로 상승되면 CO_2 가스의 용해도가 감소하여 여분이 방출된다.

④ 비점(끓는 온도)이 낮은 액체가 증발되어 기체로 변화. 알코올 등은 79℃부터 증발 시작

⑤ 이스트의 생세포는 60℃에서 사멸하지만 알파, 베타 아밀라제는 그 이후에도 활성을 가지고 있으므로 가스 팽창에 영향(79℃까지 진행)

⑥ 오븐 스프링에 대해

㉠ 57%는 온도 상승에 따른 가스의 팽창

㉡ 39%는 액체에 녹아 있던 이산화탄소 가스의 방출

㉢ 4%는 이스트의 활성에 기인

2. 전분의 호화

① 굽기 과정 중 전분 입자는 40℃에서 팽윤하기 시작하고 50~65℃에 이르면서 유동성이 크게 떨어진다.

② 전분의 팽윤과 호화 과정에서 전분 입자는 반죽 중의 유리수와 단백질과 결합된 물을 흡수한다.

③ 전분의 호화는 주로 수분과 온도에 달려 있지만 전분에 대한 온도의 지속성에도 영향이 크다(온도-시간).

④ 불란서 빵 : 내부 온도 99℃, 도달시간이 8분, 이후에 20분

식빵 : 내부온도 99℃, 도달시간이 20분, 이후에 6~10분(호화되지 않는 전분이 남는다)

⑤ 빵의 외부 층에 있는 전분은 내부의 전분보다 더 높은 온도에서 더 오랜 시간 노출되므로 호화가 많이 진행이 된다.

3. 단백질 변성

① 글루텐 단백질은 반죽 총 흡수율의 약 31%의 물을 흡수한 상태로 전분의 작은 입자를 함유한 세포간질 (matrix)을 만들어 반죽의 구조 형성에 관여한다.

② 빵 속의 온도가 60~70℃에 이르면 단백질은 열변성을 일으키기 시작하며, 물과의 결합 능력을 잃어 물이 단백질에서 호화하는 전분으로 이동한다.

③ 74℃이상에서 단백질은 팽윤된 전분과의 상호작용에 의해 반고형질 구조를 형성하여 공기 방울을 둘러싼다.

④ 가스 세포가 팽창할 때 세포벽 안에 있는 유연성이 큰 전분 입자가 길게 늘어나서 글루텐막이 더욱 얇게되도록 한다.

4. 효소 활성

① 아밀라아제는 적정 온도 범위 내에서 10℃ 상승에 따라 그 활성이 2배가 된다.

② ㉠ 맥아 알파 아밀라아제의 변성 : 65~95℃

㉡ 가장 빠르게 불활성되는 온도 : 68~83℃ (굽기 시간 : 4분)

㉢ 곰팡이류 알파 아밀라아제 : 50℃에서 최대활성, 60℃에서 불활성,
박테리아류 알파 아밀라아제는 내열성이 강하다.

〈굽기 온도에 따른 빵 속의 온도 변화〉

굽는 온도(℃)	빵 속의 온도가 55℃에서 95℃로 올라가는데 필요한 시간(분)
179	9.6
196	8.5
213	7.2
229	7.0
246	7.4

5. 세포 구조 형성

① 빵 속에 세포 구조의 특성은 굽기 과정 이전의 공정에 크게 좌우된다.
중간 발효에서 발효시간이 불충분하면 가스 빼기가 어려워 불규칙한 세포구조와 큰 구멍의 원인이 된다.

② 발효가 부족한 반죽은 무거운 세포벽, 거친 세포조직, 불규칙적인 세포 크기와 큰 기공이 생긴다.

③ 발효가 지친 반죽은 세포막이 얇고 부스러지기 쉬우며, 둥글게 열린 세포를 만든다.

④ 믹싱이 부족한 반죽은 어린 반죽의 세포 구조를 갖는다.

⑤ 반죽 분할 무게에 대한 팬의 비용적이 적으면 곱고 조밀한 세포가 되고, 팬의 비용적이 크면 2차 발효가 지나친 경우와 같다.

6. 향의 발달

① 향은 주로 빵의 껍질부분에서 발달하여 빵 속으로 침투되고 흡수에 의해 보유된다.

② 향의 원천

㉠ 재료

㉡ 이스트와 박테리아에 의한 발효 산물

㉢ 기계적, 생화학적 변화

㉣ 열 반응 산물

③ 향에 관계하는 물질

㉠ 알코올 : 에탄올, 이소부탄올, 프로판올, 이소아밀 알코올 등

㉡ 산 : 초산, 뷰티린산, 이소뷰티린산, 젖산, 카프린산 등

㉢ 에스텔 : 에틸 아세테이트, 에틸 락테이트, 에틸 석시네이트 등

㉣ 알데히드 : 포름 알데히드, 프로피온 알데히드, 푸르푸랄 등

㉤ 키톤 : 아세톤, 디-아세틸, 말톨, 에틸-n-뷰틸 등

㉥ - 캐러멜화 : 당류가 온도에 의해 색이 변하는 반응

- 갈변 반응 : 메일라드(Maillard) 반응으로 환원당이 단백질의 아미노산과 함께 갈색으로 변한다. 껍질 색과 더불어 향의 발달에도 중요한 역할을 한다.

02 오 븐

1. 오븐 구역

① 제1구역

㉠ 전체 굽기 시간 26분의 1/4인 6.5분쯤 소요(최초 단계)

㉡ 분당 4.7℃씩 빵 속 온도가 상승하여 60℃에 도달

㉢ 용액중의 이산화탄소 가스가 방출되어 빵의 부피를 증가

㉣ 오븐의 유지 온도는 204℃

② 제2구역과 제3구역

㉠ 전체 굽기 시간의 1/2인 13분 가량 소요

㉡ 분당 5.4℃씩 빵 속 온도가 상승하여 98~99℃

㉢ 증발과 단백질의 변성이 완성되어 빵의 구조가 형성

㉣ 오븐의 유지 온도는 238℃

③ 제4구역

㉠ 전체 굽기 시간의 1/4인 6.5분 가량 소요(최종 단계)

㉡ 옆면을 굳게 하고 최종 껍질색을 낸다.

㉢ 오븐의 유지 온도는 221~238℃

2. 굽기의 일반 원칙

① 고배합, 무거운 제품은 저온에서 장시간 굽는다.
반죽 450g(18~20분), 반죽 570g(19~21분), 680g(20~22분) 큰 것은 200℃, 작은 것은 240℃에서 굽는다.

② 언더 베이킹 : 높은 온도로, 단시간에 구운 상태로 제품에 수분이 많고, 설익어 가라앉기 쉽다.

③ 오버 베이킹 : 낮은 온도로 장시간 구운 상태로 제품에 수분이 적고, 노화가 빠르다.

3. 오븐 조건

① 굽기 공정 중의 오븐의 열과 습도는 제품의 종류에 따라 조절 되어야 한다(통상적인 굽기 온도는 191~232℃).

② 굽기 시간은 온도와 제품의 크기에 따라 달라진다(통상 18~35분).

③ 식빵은 굽기 초기 단계에서 1~2분간 증기를 주입하면서 218~232℃의 온도를 유지하면 반죽 28g당 약 1분의 굽기 시간이 필요하다(510g인 경우 약 18분).

④ ㉠ 하드 롤, 호밀 빵 등은 높은 온도와 많은 양의 증가가 필요하다.
㉡ 당 함량이 높은 과자빵, 분유가 많이 사용된 빵은 저온에서 굽는다.

⑤ 저율 배합의 반죽, 발효가 지쳐 잔류당이 적은 반죽을 보통 온도로 구우면 적절한 껍질색을 내기 어렵다.

4. 굽기의 문제점

① 불충분한 오븐 열 : 빵의 부피가 크고, 기공이 거칠고 두꺼우며, 굽기 손실이 많이 발생한다.

② 과량의 오븐 열 : 빵의 부피가 작고, 껍질이 진하고, 옆면이 약해지기 쉽다.

③ 과다한 섬광열 : 굽기 초기 단계에 주로 나타나게 되며, 껍질색이 너무 빨리 붙게 되므로 속이 잘 익지 않을 수 있다.

④ 너무 많은 증기 : 오븐 스프링을 좋게 하며 빵의 부피를 증가 시키지만 질긴 껍질과 표피에 수포 형성 을 초래한다. 높은 온도에서 많은 증기는 바삭바삭한 껍질을 만든다(하스 브레드).

⑤ 불충분한 증기 : 표피에 조개껍질 같은 구열을 형성. 어린반죽, 강한 밀가루, 건조한 2차 발효의 반죽에도 유사한 상태가 된다.

⑥ 높은 압력의 증기 : 빵의 부피를 감소

⑦ 부적절한 열의 분배 : 불충분한 바닥열은 위껍질이 완성 되는 동안 바닥과 옆면은 덜 구워진다. 오븐의 위치에 따라 굽기 상태가 달라지기도 한다.

⑧ 팬의 간격 부적절 : 팬의 간격을 너무 가깝게 하면 열 흡수량이 적어진다. 빵 반죽 450g인 경우 2cm, 680g인 경우 2.5cm 정도의 간격이 필요하다.

07 빵의 냉각과 포장

01 빵의 냉각

① 빵 속의 적정한 냉각 온도 : 35~40.5℃

② 증발 손실이 많은 오븐 조건에서 구운 빵은 증발을 적게 하는 빵의 냉각 조건이 필요하고, 수분 증발이 적은 오븐 조건에서 구운 빵은 수분 증발이 촉진되는 냉각 조건이 필요

③ 빵의 온도가 높을 때 수분은 내부에서 껍질부분으로 빠르게 이동되며, 껍질에서 대기 중으로 증발되는 속도는 빵과 대기 중의 수증기압 차이에 영향을 받는다.

④ 냉각 방법

㉠ 자연 상태로 냉각 : 3~4시간 소요

㉡ 배출 장치가 있는 냉각 방법 : 신선한 공기가 하부에서 상부로 이동하고 온도가 상승된 공기는 상부에서 배출. 빵은 상부에서 하부로 이동하면서 냉각(2~2.5시간 소요)

㉢ 공기 조절 방법 : 22~25.5℃, 85%의 상대습도로 조절된 공기 중에서 냉각(32℃로 냉각되는데 90분 소요)

∵ 공기의 속도 = 180~240m/분

∵ 43℃까지 52분, 38℃까지 65분

* 진공 냉각에 의하면 32분 냉각 완료

⑤ 높은 온도에서 포장 : ㉠ 슬라이스가 어려워 형태가 변하기 쉽다.
㉡ 포장지에 수분이 응축되어 곰팡이 발생 가능성이 크다.

낮은 온도에서 포장 : ㉠ 노화가 가속된다.
㉡ 껍질 건조가 빠르다.

02 포장

포장이란 물품의 유통과정에 있어 그 물품의 가치 및 상태를 보호하기 위하여 적합한 재료 또는 용기 등으로 장식하는 방법 및 상태를 말한다.

1. 포장 용기의 위생성

① 용기·포장지의 재질

용기와 포장지의 기본 재질에 유해 물질이 있어 식품에 옮겨져서는 안된다.

② 용기, 포장 중의 첨가제

기본 재질을 원료로 하여 가공할 때 재질의 결점을 보완하고 가공성을 높이기 위하여 가소제, 안정제, 산화방지제, 유약, 안료 같은 유해 물질이 용출되어 식품에 옮겨져서는 안 된다.

③ 용기·포장 방법에 따른 식품 보존성의 저하

㉠ 세균, 곰팡이 등의 발생 원인이 되는 미생물 오염 포장

㉡ 유지의 산화, 식품의 변색 등을 고려하지 않은 포장

㉢ 공기나 자외선의 투과율, 내약품성 내산성, 내열성, 내한성, 내광성, 투명도, 신축성, 유해물질의 용출 등을 감안하지 않은 포장

2. 용기 · 포장의 재질

① 합성수지

㉠ 페놀 수지　㉡ 요소 수지　㉢ 멜라민 수지

㉣ 염화 비닐 수지　㉤ 폴리에틸　㉥ 폴리프로필렌

㉦ 폴리스티렌

② 금속제 : 통조림용 관(주석 또는 납의 용출에 유의)

③ 유리 : 액체 식품용 용기(알칼리 성분, 규산의 용출에 유의)

④ 도자기 : 도자기, 옹기류(유약, 안료 성분의 납 용출에 유의)

⑤ 셀로판 : 투명하고 무미 무취의 재질(찢어지기 쉬움, 내수성이 약함)

⑥ 알루미늄 박 : 알루미늄 단독 또는 종이나 플라스틱에 붙여 사용(내약품성이 약하고 접히는 부분이 찢어지기 쉬움)

3. 포장 식품의 품질 변화

① 최초 포장된 내용물의 색, 향, 맛이 변하지 않아야 하고, 독성 물질의 생성이 없어야 한다.

② 포장 재료의 강도, 유연성, 접착성, 수축성, 내유성, 내산성, 내열성, 내한성, 투광성, 투습성 등의 특성을 잘못 선택함으로 식품의 고유성이 변화되어서는 안된다.

③ 포장 환경과 저장 조건이 불량하면 포장 식품의 품질이 변할 수 있다. 미생물, 해충, 습기, 산소, 효소, 온도, 금속이온, 광선, 충격, 마찰 등의 물리적, 생화학적인 요인에 유의해야 한다.

08 빵의 노화

빵·과자 제품이 신선도를 잃고 단단하게 굳는 현상으로 곰팡이나 세균과 같은 미생물에 의한 부패 또는 변질과는 구분이 된다.

01 노화 상태

1. 껍질의 노화

① 신선한 빵의 껍질 : 바삭바삭하고 특유의 방향
노화가 진행 : 표피가 부드러워지고 질겨지며 방향을 잃는다.

② 빵 속의 수분이 껍질로 이동
㉠ 껍질이 부드러워진다.
㉡ 빵 속은 건조하고 거칠게 된다.

2. 빵 속의 노화

① 빵 속이 굳어지고 부스러지기 쉬우며, 거칠어지고 탄력성을 잃어 신선한 향미를 잃는다.

② 수분이 껍질로 이동하여 거칠어지는 원인 이외에 전분의 퇴화가 더 큰 원인이 된다.

02 노화 속도에 영향을 주는 요인

1. 저장 시간

① 오븐에서 꺼낸 직후부터 노화현상이 시작

② 냉장온도와 실온 사이에서 최초 1일 동안에 4일간의 노화의 반이 진행된다(신선할 때 노화가 빠르다).

2. 온도

① 냉장 온도에서 노화 속도가 최대

② -18℃ 이하에서는 노화가 정지

③ 높은 온도(43℃ 이상)에서는 노화 속도가 느려지지만, 미생물에 의한 변질은 빠르다.

3. 배합률

① 물 : 수분이 많으면 노화가 지연된다. 제품의 수분함량이 38%인 경우 35~36%인 제품보다 신선도가 오래 유지시킨다.

② 단백질 : 밀가루 단백질의 양과 질이 노화 속도에 관계하며, 탈지분유, 계란 등 재료의 단백질이 증가해도 노화를 지연시킨다.

③ 펜토산 : 물에 녹지 않고 수분을 흡수하는 펜토산은 수분 보유능력이 높아 노화를 지연시킨다.

④ 계면 활성제 : 빵 속을 부드럽게 하고 수분 보유력을 높이며, 빵의 부피를 증대시켜 딱딱하게 굳는 것을 지연시킨다.

〈노화에 영향을 주는 재료〉

재료	껍질의 신선도	빵속의 신선도
밀가루 단백질	+	+
당	+	+
덱스트린	+	+
유제품	+	–
소금	±	±
유지	–	+
맥아	+	+
유화제	+	++

+ = 신선도 개선　　± = 신선도에 무영향　　– = 신선도 감소 요인

〈노화에 영향을 주는 공정〉

공정	껍질의 신선도	빵속의 신선도
믹싱		
지친 반죽	–	–
정상 반죽	+	+
어린 반죽	–	–
발효 상태		
어린 발효	–	–
정상 발효	+	+
지진 발효	–	+
굽기		
오버 베이킹	–	–
언더 베이킹	+	+

※ 가열처리(토스트 등)로 신선도를 회복하는 것은 수분의 문제가 아니라 "전분"의 변화에 의한 것이다.

09 제품 평가

01 노화 상태

외부와 내부에 대한 여러 가지 특성을 평가한다.

1. 외 부

① 부피 : 분할 무게에 대한 완제품 부피로 평가한다.

② 껍질색 : 식욕을 돋구는 황금 갈색이 바람직하며, 색상이 고르지 못하거나 줄무늬 등이 없어야 한다.

③ 외형의 균형 : 균일한 대칭형이 바람직하다.

④ 굽기 상태 : 표피, 옆면, 밑면이 구워진 상태로 본다.

⑤ 껍질 특성 : 두께, 질긴 정도, 딱딱한 정도로 본다.

2. 내 부

① 기공 : 가급적 얇은 세포벽으로 부위별로 균일한 것이 바람직하다.

② 조직 : 촉감에 의해 판단, 일반적으로 기공과 밀접한 관계를 갖는다.

③ 속 색상 : 얼룩이나 줄무늬가 없으며 광택이 나는 밝은 색을 나타낸다.

④ 향 : 후각에 의해 판단, 유쾌한 향이 바람직하다.

⑤ 맛 : 밀 고유의 맛이 나면서, 유쾌하고 만족스러운 식감이 있어야 바람직하다.

3. 어린 반죽과 지친 반죽으로 만든 제품의 특성

항목	어린반죽	지친반죽
부피	작다	크다 → 작다
껍질 색	어두운 적갈색	밝은 색
브레이크와 슈레드	아주 적음	거칠다 → 적다
구운 상태	어두운 윗부분, 옆면, 바닥	밝은 윗부분, 옆면, 바닥
외형의 균형	예리한 모서리 유리같은 옆면	둥근 모서리 움푹 들어간 옆면
껍질 특성	두껍다, 질기다, 물집 가능성	두껍다, 단단하다, 부서지기 쉽다
기공	거칠고 열린 두꺼운 세포벽	거칠고 열린 얇은 세포벽 → 두꺼운 세포벽
속색	무겁고 어두운 속색	거칠다
조직	거칠다	거칠다
향	적다	강하다

02 빵의 결함 원인과 교정

1. 식빵 밑바닥이 움푹 패이는 결점

① 원인

㉠ 2차 발효 초과
㉡ 팬의 기름칠 부적당
㉢ 언더 믹싱
㉣ 믹서의 회전수가 느릴 때
㉤ 팬 바닥에 구멍이 없음
㉥ 굽기 초기의 온도가 높음
㉦ 팬이 뒤틀린 경우

② 교정방법

㉠ 2차 발효 감소
㉡ 적절한 팬 기름칠
㉢ 믹서의 회전 속도를 높임
㉣ 밑면에 구멍이 있는 팬 사용
㉤ 오븐 열 조정
㉥ 양질의 팬 사용

2. 옆면이 쑥 들어간 결점

① 원인

㉠ 오븐 속의 열 분배가 불균일
㉡ 어린 반죽
㉢ 회전수가 느린 믹서 사용
㉣ 팬 용적보다 많은 반죽
㉤ 지친 2차 발효

② 교정방법

㉠ 오븐의 열 분배를 조절
㉡ 오븐 내에서의 팬 위치 이동
㉢ 믹서의 회전 속도를 높임
㉣ 팬 용적에 맞는 반죽 사용

3. 껍질 아래에 구멍이 생기는 결점

① 원인

㉠ 믹싱 부족
㉡ 믹싱 과다
㉢ 팬 넣기 또는 오븐에 넣을 때 취급 상태가 거칠음
㉣ 2차 발효실 습도가 낮아 표피가 건조
㉤ 유지 사용량이 너무 적을 때

② 교정방법

㉠ 믹싱 시간 증가
㉡ 믹서의 회전 속도 증가
㉢ 취급 주의
㉣ 2차 발효실 습도 조절
㉤ 유지 사용량 증가

4. 너무 큰 부피

① 원인

㉠ 2차 발효 과다
㉡ 분할 무게 과다
㉢ 낮은 오븐 온도
㉣ 이스트 사용량 과다
㉤ 느슨한 정형
㉥ 소금 사용량 부족
㉦ 저율 배합
㉧ 팬 기름칠 부족

② 교정방법

㉠ 2차 발효 감소
㉡ 믹싱 시간 연장
㉢ 분할 무게 감소
㉣ 오븐 열을 높임
㉤ 이스트 사용량 감소
㉥ 팬의 기름칠 증가
㉦ 배합률 조정

5. 작은 부피

① 원인

㉠ 믹싱 과다
㉡ 2차 발효 부족
㉢ 팬 기름칠 과다
㉣ 1차 발효 부족
㉤ 고율 배합
㉥ 오븐 온도가 초기에 너무 높음
㉦ 분할 무게 부족
㉧ 산화제 부족

② 교정정책

㉠ 2차 발효 증가
㉡ 팬 기름칠 감소
㉢ 1차 발효 연장
㉣ 배합률 조정
㉤ 초기의 오븐 온도 감소
㉥ 분할 무게 증가
㉦ 산화제 증가

6. 연한 껍질색

① 원인

㉠ 1차 발효 과다
㉡ 오븐 온도가 낮을 때
㉢ 저율 배합
㉣ 2차 발효실 습도가 낮을 때
㉤ 2차 발효실에서 꺼내 오븐에 넣기 까지 장시간 방치
㉥ 덧가루 사용 과다

② 교정방법

㉠ 1차 발효 감소
㉡ 오븐 온도 증가(윗불)
㉢ 설탕 증가
㉣ 2차 발효실 습도 높임
㉤ 오븐에 넣기 전까지 실내 방치 시간 감소

ⓑ 덧가루 사용 감소

7. 기공과 조직의 결함

① 원인

㉠ 산화제 사용량 부족
㉡ 믹싱의 부족 또는 과다
㉢ 유지 사용량 부족
㉣ 1차 발효 부족
㉤ 설탕, 우유, 유지의 사용량이 과다

② 교정방법

㉠ 산화제 증가
㉡ 믹서의 회전 속도와 시간 조정
㉢ 유지 사용량 증가
㉣ 1차 발효 시간 연장
㉤ 배합률 조정

8. 진한 껍질색

① 원인

㉠ 1차 발효 부족
㉡ 설탕 사용량 과다
㉢ 높은 오븐 온도
㉣ 2차 발효실 습도가 너무 높음
㉤ 믹싱 과다

② 교정방법

㉠ 1차 발효 증가
㉡ 설탕과 우유 사용량 감소
㉢ 오븐 온도 감소
㉣ 2차 발효실 습도 하강
㉤ 2차 발효실의 증기 밸브 점검
㉥ 2차 발효 증가

9. 꼭대기 부분이 평평함

① 원인

㉠ 오버 믹싱
㉡ 반죽에 물이 너무 많음
㉢ 이스트푸드 부족
㉣ 고율 배합

② 교정방법

㉠ 믹싱시간 감소
㉡ 물 사용량 감소
㉢ 산화제 사용량 증가
㉣ 저율 배합으로 조정

10. 꼭대기 중앙부분이 솟아남

① 원인

㉠ 믹싱 부족
㉡ 배합에 물 사용량 부족
㉢ 산화제(요오드) 사용량 과다

② 교정방법

㉠ 믹서의 회전속도 증가

㉡ 물 사용량 증가

㉢ 요오드 사용량 감소

11. 오븐 속에서 반죽이 약해짐

① 원인

㉠ 믹싱 과다

㉡ 2차 발효 과다

㉢ 산화제 부족

㉣ 밀가루의 강도가 약함

㉤ 분유 사용량 부족

② 교정방법

㉠ 믹서의 회전 속도 감소

㉡ 2차 발효 감소

㉢ 산화제 사용량 조정

㉣ 강력분(질 양호) 사용

㉤ 우유 사용량 증가

12. 껍질 표면의 물집

① 원인

㉠ 발효 부족

㉡ 2차 발효실의 습도가 과다

㉢ 오븐에서 거칠게 다룸

㉣ 부적당한 정형

㉤ 질은 반죽

㉥ 오븐의 윗불이 너무 높음

② 교정방법

㉠ 발효 증가

㉡ 2차 발효실 습도 감소

㉢ 취급 주의

㉣ 정형시 조심스럽게 작업

㉤ 물 사용량 감소

㉥ 오븐열 조정

13. 두꺼운 껍질

① 원인

㉠ 쇼트닝 사용량 부족

㉡ 낮은 오븐 온도

㉢ 지친 발효

㉣ 오븐의 증기 부족

㉤ 2차 발효실의 습도 부족

㉥ 설탕 사용량 부족

㉦ 이스트푸드 과다

② 교정방법

㉠ 유지 사용량 증가

㉡ 오븐 온도 조절

㉢ 오븐의 증기 증가

㉣ 2차 발효실의 습도 증가

㉤ 설탕 사용량 감소

㉥ 발효 감소

14. 브레이크와 슈레드 부족

① 원인

㉠ 발효 부족
㉡ 발효 과다
㉢ 2차 발효 과다
㉣ 너무 높은 오븐 온도
㉤ 2차 발효실의 습도 부족
㉥ 너무 질은 반죽
㉦ 연수 사용

② 교정방법

㉠ 적정한 발효
㉡ 2차 발효 감소
㉢ 오븐 온도 조절
㉣ 2차 발효실 습도 증가
㉤ 물 사용량 조절
㉥ 이스트푸드 증가

15. 빵속의 줄무늬

① 원인

㉠ 덧가루 사용 과다
㉡ 반죽통에 과도한 기름칠
㉢ 중간 발효시 표면이 말라 껍질이 형성
㉣ 분할기의 기름 과다
㉤ 팬 기름칠 과다
㉥ 너무 된 반죽
㉦ 발효실에서 껍질 형성

② 교정방법

㉠ 덧가루 사용 감소
㉡ 발효시 표피 건조 방지
㉢ 반죽통, 분할기, 팬의 기름을 감소
㉣ 물 사용량 조절
㉤ 철저한 믹싱

PART 06

빵류 제조

예상적중문제 1회

01 빵 반죽의 수화와 직접 관계가 적은 것은?

① 설탕 ② 분유
③ 물 ④ 쇼트닝

02 제빵에서의 소금 기능이 아닌 것은?

① 발효조절 ② 맛이 나게 한다.
③ 흡수율 조절 ④ 글루텐 강화

03 제빵용 이스트가 최대의 활성을 갖는 반죽의 pH는?

① pH 3.5
② pH 4.9
③ pH 5.7
④ pH 6.3

04 후염법으로 소금을 투입하는 단계는?

① 픽업 단계 이후
② 클린업 단계 이후
③ 발전 단계 이후
④ 최종 단계 이후

05 발효에 영향을 주는 재료가 아닌 것은?

① 쇼트닝 ② 이스트
③ 소금 ④ 설탕

06 팬 기름으로 쓰는 유지는 어느 특성이 가장 중요한가?

① 가소성 ② 유화성
③ 발연점 ④ 크림가

07 2차 발효관리의 3대 요인이 아닌 것은?

① 온도 ② 습도
③ 시간 ④ 속도

해설 온도 : 35~40℃ / 습도 : 85~90%

08 표준 스트레이트를 비상 스트레이트로 고칠 때의 설명으로 틀린 것은?

① 흡수율 1% 감소
② 설탕 사용량 1% 감소
③ 분유 사용량 1% 증가
④ 반죽 온도를 30℃로 높임

해설 비상스트레이트법 필수조치
- 이스트 2배 늘인다.
- 물 1% 늘인다.
- 설탕 1% 줄인다.
- 렛다운 단계로 반죽한다.
- 1차 발효는 15~30분한다.

09 표준 스트레이트를 비상 스트레이트로 고칠 때의 필수적인 조치는?

① 분유 사용량 감소
② 소금 사용량 감소
③ 믹싱시간의 증가
④ 이스트푸드 사용량 증가

해설 최종단계에서 렛다운단계로 반죽시간 증가한다.

정답 01 ④ 02 ③ 03 ② 04 ② 05 ① 06 ③ 07 ④ 08 ③ 09 ③

10 제빵에서 "비상법"을 사용하는 이유가 아닌 것은?

① 제품 저장성 증대
② 기계의 고장으로 작업 차질
③ 갑작스런 주문
④ 제조시간을 단축

11 다음 중 스트레이트법이 아닌 제법은?

① 비상 스트레이트법
② 노타임법
③ 액체 발효법
④ 재반죽법

12 이스트의 활동에 영향을 주는 설탕의 %는?

① 1~2% ② 2~3%
③ 3~4% ④ 6~8%

13 제빵에 가장 알맞은 물의 형태는?

① 연수
② 아연수
③ 아경수
④ 경수

※ (문제 14~16) 실내온도=25℃, 수돗물 온도=20℃, 반죽결과 온도=30℃, 희망온도=27℃, 물 사용량 = 1,000g, 밀가루 온도=25℃일 때

14 마찰계수는 얼마가 되는가?

① 10℃ ② 20℃
③ 30℃ ④ 40℃

해설 마찰계수
=(결과온도x3)-(실내온도+밀가루온도+수돗물온도)
=(30x3)-(25+25+20)=90-70=20℃

15 희망온도 27℃를 맞추려면 몇℃의 물을 사용해야 하는가?

① -3℃ ② 0℃
③ 11℃ ④ 23℃

해설 사용수온도
=(희망온도x3)-(실내온도+밀가루온도+마찰계수)
=(27x3)-(25+25+20)=81-70=11℃

16 희망온도 27℃를 맞추려면 얼마의 얼음을 사용하는가?

① 90g ② 180g
③ 270g ④ 필요 없다.

해설 얼음량

$$= \frac{\text{물사용량x(수돗물온도-사용수온도)}}{\text{80+수돗물 온도}}$$

$$= \frac{1000x(20-11)}{80+20} = \frac{9000}{100} = 90g$$

17 스트레이트법 중에서 스폰지법과 가장 비슷한 것은?

① 비상 스트레이트법
② 침지법
③ 노타임법
④ 재반죽법

18 제빵용 압착 생이스트의 고형질은?

① 30% ② 50%
③ 70% ④ 90%

19 스폰지 도우법에서 스폰지에 사용하는 밀가루 비율은?

① 0~20% ② 20~40%
③ 50~60% ④ 55~100%

정답 10 ① 11 ③ 12 ④ 13 ③ 14 ② 15 ③ 16 ① 17 ④ 18 ① 19 ④

20 일반적으로 스폰지에는 사용하지 않는 재료는?

① 밀가루 ② 설탕
③ 이스트 ④ 물

21 스폰지 믹싱 후의 온도로 적당한 것은?

① 16~18℃ ② 18~21℃
③ 23~25℃ ④ 27~30℃

22 스폰지를 발효하는 동안 반죽내의 pH 변화는?

① 떨어진다.
② 올라간다.
③ 변화가 없다.
④ 떨어지다가 올라간다.

23 일반 스폰지에 사용하는 물의 양은?

① 스폰지 밀가루의 35~40%
② 스폰지 밀가루의 55~60%
③ 전체 밀가루의 55~60%
④ 물 전량을 스폰지에 사용

24 표준 스폰지 발효실의 일반적인 온도는?

① 24℃ ② 27℃
③ 30℃ ④ 36℃

25 스폰지 발효의 발효점은 반죽이 처음 부피의 몇 배일 때가 알맞은가?

① 1~2배 ② 2~3배
③ 4~5배 ④ 6~7배

26 스폰지 발효가 적정할 때의 반죽 상태는?

① 탄력성이 강한 직물 구조
② 습하고 끈적거리는 직물 구조
③ 가볍고 부드러운 직물 구조
④ 탄력성을 잃은 직물 구조

27 이스트푸드의 기능이 아닌 것은?

① 물 조절제
② 온도 조절제
③ 반죽 조절제
④ 이스트의 영양

28 제빵에서 이스트푸드를 특히 사용해야 하는 사용수는?

① 연수 ② 아경수
③ 경수 ④ 영구 경수

29 제빵에서 설탕의 기능이 아닌 것은?

① 이스트의 영양
② 캬라멜화 작용
③ 완충작용
④ 수분 보유

30 제빵에서 다음과 같은 당을 같은 양 사용했다면 어느 당이 제품에 가장 많이 잔류하는가?

① 포도당 ② 설탕(자당)
③ 맥아당 ④ 유당

31 제빵에서 쇼트닝의 역할이 아닌 것은?

① 반죽의 유동성 ② 글루텐 강화
③ 저장성 증가 ④ 윤활 작용

정답
20 ② 21 ③ 22 ① 23 ② 24 ② 25 ③ 26 ③ 27 ② 28 ① 29 ③ 30 ④ 31 ②

32 제빵에서의 분유 기능 중 pH와 관계되는 것은?

① 완충작용 ② 껍질색
③ 영양강화 ④ 저장성 증대

33 일반적인 영양강화빵에 첨가하지 않는 것은?

① 철분 ② 나이아신
③ 리보플라빈 ④ 불소

34 스폰지 발효실의 습도로 알맞은 범위는?

① 55~60% ② 65~70%
③ 75~80% ④ 85~90%

35 스폰지를 발효하는 동안 반죽의 온도변화는?

① 하강한다.
② 상승한다.
③ 변화가 없다.
④ 하강후 상승한다.

36 스폰지 도우법에서 도우(본반죽)의 표준 온도는?

① 18℃ ② 24℃
③ 27℃ ④ 36℃

37 다음 조건이 같을 때 부피가 가장 커지는 것은?

① 60% 스폰지
② 80% 스폰지
③ 90% 스폰지
④ 100% 스폰지

38 스폰지법의 장점이 아닌 것은?

① 발효 손실의 감소
② 저장성의 증가
③ 부피의 증가
④ 이스트 사용량 감소

39 스폰지에 밀가루 사용비율을 높일 때의 현상이 아닌 것은?

① 스폰지성 증가
② 본 발효시간 증가
③ 본 반죽시간 감소
④ 향의 증가

40 어린 스폰지로 도우(본반죽) 믹싱을 할 때 정상과 비교하여 믹싱시간이 어떻게 변화하는가?

① 길어진다.
② 짧아진다.
③ 변화가 없다.
④ 짧아지거나 길어진다.

41 스트레이트법의 단점이 아닌 것은?

① 노화가 빠르다.
② 발효에 대한 내구성이 적다.
③ 공정시간이 짧다
④ 공정 중 잘못이 있을 때 조정방법이 적다.

42 스트레이트 반죽의 이상적인 반죽 온도는?

① 23℃
② 27℃
③ 30℃
④ 36℃

정답
32 ① 33 ④ 34 ③ 35 ② 36 ③ 37 ④ 38 ① 39 ② 40 ① 41 ③ 42 ②

43 일반적인 식빵을 스트레이트법으로 만들 때 1차 발효실 습도는?

① 50~60%
② 60~70%
③ 75~80%
④ 85~95%

해설 2차 발효실 습도는 85~90% 이다.

44 스트레이트법의 장점이 아닌 것은?

① 노동력 감소
② 발효 손실의 감소
③ 전력의 감소
④ 굽기 손실의 감소

45 펀치를 하는 이유가 아닌 것은?

① 반죽 온도를 균일하게 한다.
② 반죽에 산소공급
③ 정형 작업을 용이하게 한다.
④ 이스트의 작용을 활성화

46 제빵 공정 중 성형 공정이라 할 수 없는 것은?

① 분할 ② 둥글리기
③ 중간 발효 ④ 냉각

해설 성형에는 분할, 둥글리기, 중간발효, 정형, 팬닝을 포함한다.

47 통상적인 제빵용 밀가루의 단백질 함량은?

① 7~9%
② 9~10.4%
③ 11~13%
④ 15% 이상

48 농산물 규격에 있는 밀가루의 수분 함량은?

① 5% 이하
② 10% 이하
③ 15% 이하
④ 20% 이하

49 2차 발효에 있어 적정 범위 내에서 온도와 시간의 관계로 맞는 것은?

① 온도 상승 = 시간 감소
② 온도 상승 = 시간 상승
③ 온도 하강 = 시간 감소
④ 온도와 시간은 무관하다.

50 비상 스트레이트법의 장점이 아닌 것은?

① 저장성이 길어진다.
② 공정시간이 짧다.
③ 노동력이 절약된다.
④ 갑작스런 주문에 응할 수 있다.

51 스폰지 발효시 온도와 pH의 변화는?

① 온도와 pH가 동시에 상승한다.
② 온도와 pH가 동시에 하강한다.
③ 온도는 상승하고 pH는 하강한다.
④ 온도는 하강하고 pH는 상승한다.

52 스폰지에 사용하는 밀가루가 다음 보기와 같을 때 본반죽(도우)의 믹싱시간이 가장 짧아지는 것은?

① 60%
② 70%
③ 80%
④ 100%

정답 43 ③ 44 ④ 45 ③ 46 ④ 47 ③ 48 ③ 49 ① 50 ① 51 ③ 52 ④

53 스폰지에 사용하는 밀가루가 다음 보기와 같을 때 본 반죽 후의 플로어타임이 가장 길어야 되는 경우는?

① 60% ② 70%
③ 85% ④ 100%

※ [문제 54~55] 80% 스폰지에서 전체 밀가루=1000g, 전체 가수율=63%일 때

54 스폰지에 440g의 물을 사용했다면 스폰지 밀가루의 몇 %인가?

① 50%
② 55%
③ 60%
④ 65%

해설 스폰지 밀가루=800g, 물=440g 이므로 440/800x100=55%

55 본 반죽에 사용할 물량은 얼마가 되겠는가?

① 190g
② 380g
③ 570g
④ 630g

해설 총물량=1000x0.63=630g, 스폰지에 440g을 사용했으므로 630-440=190g

56 제빵에 있어 믹싱의 주요 목적이 아닌 것은?

① 글루텐 발달
② 재료의 수화
③ 설탕의 용해
④ 각 재료의 혼합

57 제빵에서 믹싱시간에 영향을 주지 않는 것은?

① 설탕
② 쇼트닝
③ 이스트
④ 분유

58 반죽온도가 낮은 경우의 설명으로 맞는 것은?

① 수화도 늦고 믹싱시간도 길다.
② 수화는 빠르고 믹싱시간은 길다.
③ 수화도 빠르고 믹싱시간도 짧다.
④ 수화는 늦고 믹싱시간은 짧다.

59 믹싱 단계에서 최대의 탄력성을 갖는 단계는?

① 픽업 단계
② 클린업 단계
③ 발전 단계
④ 최종 단계

60 믹싱 단계에서 최대의 신장성을 갖는 단계는?

① 픽업 단계
② 클린업 단계
③ 발전 단계
④ 최종 단계

정답
53 ① 54 ② 55 ① 56 ③ 57 ③ 58 ① 59 ③ 60 ④

PART 06

빵류 제조

예상적중문제 2회

01 하스브레드(불란서 빵 등)의 재료로 일반 빵보다 적게 쓰는 재료가 아닌 것은?

① 분유 ② 이스트
③ 설탕 ④ 쇼트닝

02 빵의 노화로 보지 않는 현상은?

① 빵껍질의 변화
② 빵 속의 변화
③ 풍미의 변화
④ 곰팡이에 의한 변화

03 빵의 노화현성과 거리가 먼 것은?

① 껍질이 누굴누굴 해진다.
② 빵 속이 부스러지기 쉽다.
③ 빵 속의 탄력성이 커진다.
④ 껍질이 질기게 된다.

04 포장을 완벽하게 해도 빵제품에 노화가 일어나는 원인은?

① 전분의 퇴화
② 향의 변화
③ 수분의 이동
④ 단백질 변성

05 빵의 노화가 가장 빨리 일어나는 온도 범위는?

① -7~10℃ ② 15~24℃
③ 25~30℃ ④ 32~36℃

06 연속식 제빵법의 장점이 아닌 것은?

① 제조 면적의 감소
② 설비의 감소
③ 인력의 감소
④ 재료의 감소

07 제빵에 사용하는 산화제가 아닌 것은?

① 과산화칼슘
② 리폭시다제
③ 브롬산 칼륨
④ 요오드산 칼륨

08 건포도를 믹싱 초기부터 넣었을 때의 현상이 아닌 것은?

① 과즙에 의한 변색
② 이스트의 활력 저해
③ 지저분한 껍질색
④ 반죽의 알칼리화

09 데니쉬 페이스트리 반죽의 온도로 알맞은 것은?

① 12~16℃
② 18~20℃
③ 24~27℃
④ 29~32℃

해설 • 파이, 페이스트리의 반죽온도는 18~20℃
• 도우반죽 온도는 27℃
• 스폰지반죽 온도는 24℃

정답 01 ② 02 ④ 03 ③ 04 ① 05 ① 06 ④ 07 ② 08 ④ 09 ②

10 호밀빵의 필수재료가 아닌 것은?

① 호밀가루 ② 물
③ 당밀 ④ 이스트

해설 당밀은 호밀빵의 색을 짙게하고, 발효력을 도와준다.

11 사우어를 사용하는 효과로 틀린 것은?

① 반죽시간 감소
② 저장성 증가
③ 발효시간 증가
④ 독특한 향

12 반죽을 냉동할 때 일어나는 현상이 아닌 것은?

① 이스트 세포의 일부 사멸
② 갈변반응 가속
③ 구조의 약화
④ 반죽 내 얼음 결정 형성

13 다음 제품 중 가장 되게 반죽해야 하는 것은?

① 잉글리쉬 머핀
② 식빵
③ 과자빵
④ 불란서 빵

14 활성글루텐을 사용한 반죽의 특성이 아닌 것은?

① 부피 증가
② 흡수율 증가
③ 향의 개선
④ 발효 내구성 증가

15 과일이 많이 들어 있는 빵에 곰팡이가 잘 피지 않는 것은 무엇 때문인가?

① 유기산 ② 비타민
③ 무기질 ④ 단백질

16 밀가루 50g에서 젖은 글루텐 18g을 얻었다면 이 밀가루의 단백질은 얼마로 보는가?

① 10% ② 12%
③14% ④ 16%

해설 • 젖은 글루텐 %=18/580x100=36%
• 건조 글루텐%=밀가루 단백질%= 36÷3=12%

17 데니쉬 페이스트리의 롤-인 유지에서 가장 중요한 특성은?

① 가소성 ② 안정성
③ 유화성 ④ 쇼트닝가

18 피자에 사용하는 거의 필수적인 향신료는?

① 계피 ② 오레가노
③ 넛메그 ④ 올스파이스

해설 넛메그-도넛의 필수 향신료

19 불란서 빵 제조 시 2차 발효실의 상대습도는?

① 75~80% ② 80~85%
③ 85~90% ④ 90~95%

20 일반 스폰지를 비상 스폰지로 변경시킬 때 스폰지에 35% 도우에 27%를 사용한 물은 얼마로 변경되는가?

① 57% ② 61%
③ 63% ④ 65%

정답 10 ③ 11 ③ 12 ② 13 ④ 14 ③ 15 ① 16 ② 17 ① 18 ② 19 ① 20 ②

21 빵의 노화방지에 유효한 첨가물은?

① 에스에스엘(SSL)
② 이스트푸드
③ 중조
④ 황산암모늄

22 빵의 부피가 크게 되는 경우는?

① 오래된 밀가루
② 소금량이 다소 부족
③ 낮은 반죽 온도
④ 소금량이 과다

23 빵의 껍질색이 여러게 되는 경우는?

① 분유 사용량 증가
② 높은 오븐 온도
③ 설탕 사용량 감소
④ 어린 반죽

24 빵 껍질에 물집이 생기는 원인이 아닌 것은?

① 믹싱 부적절
② 진 반죽
③ 정형 부적절
④ 덧가루 과다

25 빵속 색상이 어둡게 되는 원인이 아닌 것은?

① 높은 오븐 온도
② 믹싱 과다
③ 지친 발효
④ 이스트푸드 과다 사용

26 빵속에 줄무늬가 생기는 원인이 아닌 것은?

① 덧가루 과다 사용
② 부적절한 팬 기름칠
③ 중간 발효시 껍질 형성
④ 설탕 사용 과다

27 조건이 같을 때 빵의 부드러움이 더 오래 지속되는 경우는?

① 당함량 부족
② 쇼트닝 과다
③ 된 반죽
④ 덧가루 과다 사용

28 빵 껍질이 갈라지는 이유가 아닌 것은?

① 급격한 냉각
② 높은 윗불
③ 질은 반죽
④ 저율 배합

29 식빵을 구워낸 직후의 위 껍질 수분함량은?

① 6%
② 12%
③ 18%
④ 24%

30 식빵을 구워낸 직후의 빵속의 수분 함량은?

① 14%
② 20%
③ 38%
④ 45%

정답 21 ① 22 ② 23 ③ 24 ④ 25 ① 26 ④ 27 ② 28 ③ 29 ② 30 ④

31 믹싱단계에서 반죽이 탄력성을 잃고 찢어지는 단계는?

① 픽업단계
② 클린업단계
③ 최종단계
④ 브레이크다운단계

32 통상 픽업단계에서 믹싱을 완료하는 제품은?

① 스트레이트 식빵
② 햄버거 빵
③ 스폰지 도우 식빵
④ 데니쉬 페이스트리

33 가수율이 부족한 반죽에 대한 설명으로 틀린 것은?

① 수율이 낮다.
② 둥글리기가 어렵다.
③ 노화가 지연된다.
④ 부피가 작다.

34 일반적으로 가장 질은 상태의 반죽인 제품은?

① 불란서 빵
② 식빵
③ 과자빵
④ 잉글리쉬 머핀

35 제빵에서 설탕을 5% 증가시키면 흡수율은 어떻게 되는가?

① 1% 감소　② 1% 증가
③ 3% 감소　④ 3% 증가

36 물 흡수에 영향을 주는 요인이 아닌 것은?

① 밀가루 단백질의 질과 양
② 반죽온도
③ 설탕 사용량
④ pH

37 흡수에 영향을 주는 요인의 설명으로 틀린 것은?

① 반죽 온도 5℃ 증가 = 흡수율 3% 감소
② 탈지 분유 1% 증가 = 흡수율 1% 증가
③ 연수 흡수율이 경수 흡수율보다 높다.
④ 설탕 5% 증가 = 흡수율 1% 감소

38 제빵에서 탈지분유 1%를 증가시킬 때 흡수율은?

① 1% 증가　② 1% 감소
③ 5% 증가　④ 5% 감소

39 식빵의 수분 함량은 다음 중 어느 것에 가까운가?

① 18%　② 28%
③ 38%　④ 48%

40 글루텐을 질기게 하는 재료는?

① 설탕　② 소금
③ 쇼트닝　④ 유화제

41 제빵에서 반죽의 삼투압에 영향을 주지 않는 것은?

① 소금
② 밀가루
③ 설탕
④ 무기염류

정답
31 ④　32 ④　33 ③　34 ④　35 ①　36 ④　37 ③　38 ①　39 ③　40 ②　41 ②

42 제빵에서 둥글리기의 목적이 아닌 것은?

① 매끄러운 표피 형성
② 가스 포집
③ 글루텐 발달
④ 끈적거림 방지

43 제빵에서 중간 발효의 목적이 아닌 것은?

① 탄력성 회복
② 가스발생으로 유연성 회복
③ 글루텐 조직의 구조를 재 정돈
④ 거친 공기 세포 제거

44 제빵에서 중간 발효에 알맞은 온습도는?

① 상대습도 70%, 온도 24~26℃
② 상대습도 75%, 온도 27~29℃
③ 상대습도 80%, 온도 30~32℃
④ 상대습도 85%, 온도 33~36℃

해설 • 1차발효 상대습도 75~80% 온도 27℃
• 2차발효 상대습도 85~90% 온도 35~40℃

45 정형한 빵 반죽을 팬에 넣을 때 이음매의 위치는?

① 좌측
② 우측
③ 위쪽
④ 아래쪽

46 제빵에서 팬 기름으로 적당하지 못한 요인은?

① 무색
② 무미
③ 무취
④ 낮은 발연점

47 일반적으로 2차 발효실의 적정한 온도 범위는?

① 18~25℃ ② 27~29℃
③ 32~43℃ ④ 51~62℃

48 제빵에서 2차 발효실의 적정한 상대습도 범위는?

① 90~95% ② 75~90%
③ 60~75% ④ 60%이하

49 다음 중 밀가루에 들어 있는 단백질 종류가 아닌 것은?

① 글루텐 ② 글루테닌
③ 글리아딘 ④ 글로불린

50 굽기 중 오븐 팽창이 일어나는 이유가 아닌 것은?

① 가스압 증가
② 이산화탄소 용해도 감소
③ 캬라멜화
④ 알코올의 증가

51 이스트의 활동은 빵속 온도가 몇 도가 될 때까지 계속 되는가?

① 30℃ ② 40℃
③ 50℃ ④ 60℃

52 당의 캐러멜화와 관계가 적은 것은?

① 껍질색
② 알코올 생성
③ 향 발달
④ 껍질 형성

정답 42 ② 43 ④ 44 ② 45 ④ 46 ④ 47 ③ 48 ② 49 ① 50 ③ 51 ④ 52 ②

53 빵 반죽 중의 알파 아밀라제가 변성되는 반죽의 온도는?

① 30~40℃
② 40~50℃
③ 50~60℃
④ 65℃ 이상

54 빵의 냉각온도로 적당한 범위는?

① 12~18℃
② 27~30℃
③ 35~40℃
④ 45~50℃

55 정상적인 발효조건에서 평균 발효손실은?

① 1~2%
② 3~4%
③ 4~6%
④ 6~8%

56 이스트 2.4% 사용시 최적 발효시간이 120분이라면, 발효시간을 90분으로 단축할 때의 이스트 사용량은?

① 1.8% ② 2.4%
③ 3.2% ④ 4.8%

57 제빵시 밀가루를 체로 치는 이유가 아닌 것은?

① 공기 혼합
② 표백 효과
③ 이물질 제거
④ 덩어리 제거

58 제빵에 있어 이스트의 기능이 아닌 것은?

① 풍미
② 팽창 효과
③ 전분 호화
④ 발효

59 제빵에서 이스트푸드가 영향을 주지 않는 것은?

① 흡수율
② 기공
③ 부피
④ 발효

60 빵 발효과정 중 전분을 맥아당으로 분해하는 효소는?

① 아밀라제
② 찌마제
③ 말타제
④ 인벌타제

해설 • 찌마제-포도당과 과당을 분해한다.
• 말타제-맥아당을 포도당 2분자로 분해한다.
• 인벌타제-자당을 포도당 과당으로 분해한다.

정답 53 ④ 54 ③ 55 ① 56 ③ 57 ② 58 ③ 59 ① 60 ①

PART 06

빵류 제조

예상적중문제 3회

01 빵의 포장온도로 가장 바람직한 범위는?

① 25~30℃ ② 30~35℃
③ 35~40℃ ④ 45~50℃

02 빵의 노화를 억제하는 방법으로 적합하지 못한 것은?

① 냉장고 보관
② 적절한 공정
③ 유화제 사용
④ 냉동

03 건포도 50%를 사용한 건포도 빵 반죽은 일반 식빵에 비하여 분할무게를 어떻게 조절하는가?

① 10% 감소 ② 10% 증가
③ 25% 감소 ④ 25% 증가

04 일반 식빵의 물 흡수율이 64%이라면, 같은 밀가루로 불란서 빵을 제조할 때의 물 흡수량으로 적당한 것은?

① 60% ② 64%
③ 68% ④ 71%

05 불란서 빵에 맥아를 사용하는 이유가 아닌 것은?

① 껍질색 개선
② 가스 생산 증가
③ 향
④ 감미 발달

06 연속식 제빵법과 관계가 없는 것은?

① 액체 발효기
② 예비혼합기
③ 몰더
④ 디벨로퍼

07 다음 시험 기구 중 글루텐의 질, 흡수율, 믹싱 시간 등을 판단할 수 있는 것은?

① 믹스 그래프
② 패리노 그래프
③ 익스텐시 그래프
④ 아밀로 그래프

08 밀가루의 전분 분해 효소력을 판단할 수 있는 것은?

① 믹스 그래프
② 패리노 그래프
③ 익스텐시 그래프
④ 아밀로 그래프

09 피자에 쓰이는 다음 토마토 제품 중 부적합한 것은?

① 토마토 페이스트
② 토마토 소스
③ 토마토 케찹
④ 토마토 퓨레

정답 01 ③ 02 ① 03 ④ 04 ① 05 ④ 06 ③ 07 ② 08 ④ 09 ③

10 전밀가루는 일반 밀가루 보다 저장성이 나쁘다. 어떤 성분 때문인가?

① 탄수화물 ② 지방
③ 단백질 ④ 무기질

11 호밀빵 제조시 호밀 함유량이 많을수록 이스트 사용량은?

① 감소시킨다.
② 증가시킨다.
③ 같게 한다.
④ 관계가 없다.

12 같은 양을 생산하는 데 공장면적이 가장 작은 제법은?

① 스트레이트법 ② 스폰지법
③ 액체 발효법 ④ 연속식 제빵법

13 식빵에서 소금이 과다할 때의 현상은?

① 부피가 작다.
② 껍질색이 여리다.
③ 껍질이 부서지기 쉽다.
④ 속색이 희다.

14 식빵에서 설탕이 과다할 때의 현상은?

① 발효가 빨라진다.
② 발효가 늦어진다.
③ 부피가 커진다.
④ 껍질색이 여리다.

15 식빵에 설탕이 정상보다 많을 때의 대응책은?

① 소금량을 늘인다.
② 이스트량을 늘인다.
③ 반죽온도를 낮춘다.
④ 분유량을 늘인다.

16 일반 식빵에 비해 옥수수 식빵을 제조할 때의 조치로 맞는 것은?

① 믹싱시간을 늘인다.
② 발효시간을 늘인다.
③ 이스트 양을 늘인다.
④ 활성글루텐 양을 늘인다.

17 스폰지 도우법에서 스폰지에 사용하는 일반적인 재료가 아닌 것은?

① 밀가루
② 소금
③ 이스트
④ 이스트푸드

18 데니쉬 페이스트리 제조 공정 중 휴지할 때 냉장고 온도가 너무 낮으면 어떤 현상이 일어나는가?

① 밀어펴기가 용이하다.
② 밀어펴기 중 반죽이 찢어진다.
③ 유지가 흘러 나온다.
④ 층이 단단하게 붙는다.

19 불란서 빵 제조시 반죽을 되게 하는 이유는?

① 바삭바삭한 껍질을 만들기 위하여
② 표피 자르기를 용이하게 하려고
③ 반죽의 흐름을 억제하여 모양을 유지하려고
④ 제품의 신선도를 오랫동안 지속시키려고

정답
10 ② 11 ① 12 ④ 13 ① 14 ② 15 ② 16 ④ 17 ② 18 ② 19 ③

20 튀김기름 온도가 낮은 경우의 빵 도우넛의 현상이 아닌 것은?

① 과도한 흡유
② 팽창 부족
③ 껍질색이 연하다.
④ "링"이 커진다.

21 피자 제조시 주로 사용하는 치즈는?

① 크림 치즈 ② 에담 치즈
③ 모짜렐라 치즈 ④ 코티지 치즈

22 다음 중 두 번 굽기를 하는 제품은?

① 브라운 서브 롤
② 사바린
③ 브리오슈
④ 프렌치 파이

23 스트레이트 법의 장점이 아닌 것은?

① 노동력과 시간 절감
② 발효 손실 감소
③ 발효 내구성이 크다.
④ 제조 공정이 단순

24 스폰지 도우법의 장점이 아닌 것은?

① 공정에 대한 융통성이 있다.
② 시설, 노동력 등 경비 증가
③ 제품의 저장성이 양호
④ 발효향과 부피가 양호

25 스폰지에 밀가루 양을 증가할 때의 설명이 아닌 것은?

① 2차 믹싱(본 반죽) 시간이 단축
② 스폰지 발효시간 증가
③ 본 반죽 발효시간 증가
④ 스폰지성(해면성)이 증가

26 액체 발효법의 액종에 들어가지 않는 재료는?

① 밀가루 ② 물
③ 이스트 ④ 설탕

27 액종용 재료를 혼합한 후의 온도로 표준인 것은?

① 24℃ ②27℃
③ 30℃ ④ 36℃

28 연속식 제빵법에서 고압, 고속 회전에 의해 글루텐을 발달시키는 장치는?

① 예비혼합기 ② 디벨로퍼
③ 분할기 ④ 열교환기

29 연속식 제빵법에서 산화제로 쓰이지 않는 것은?

① 취소산 칼륨 ② 인산 칼슘
③ 앨-시스테인 ④ 이스트푸드

30 일반 스트레이트법을 비상 스트레이트법으로 전환할 때 스트레이트법의 이스트 2%는 얼마로 되는가?

① 2% ② 4%
③ 6% ④ 8%

해설 비상 스트레이트법의 필수조치
- 이스트 2배 증가
- 물 1% 증가
- 설탕 1% 감소
- 렛다운 반죽단계 진행
- 1차발효 15~30분 단축

정답 20 ② 21 ③ 22 ① 23 ③ 24 ② 25 ③ 26 ① 27 ③ 28 ② 29 ③ 30 ②

31 이스트가 휴면 상태로 되는 온도는?

① 7℃ ② 15℃
③ 18℃ ④ 24℃

32 팬 기름이 팬에 골고루 묻게 하는 작용을 하는 것은?

① 항산화제 ② 전분
③ 유화제 ④ 영양강화제

33 고속 믹싱으로 기계적 발달을 도모하는 제빵법은?

① 스트레이트법
② 스폰지법
③ 비상법
④ 찰리우드법

34 일반적으로 2차 발효온도가 가장 낮아도 좋은 제품은?

① 식빵
② 데니쉬 페이스트리
③ 과자빵
④ 불라서 빵

35 굽기 중 스팀을 분사해야 좋은 제품이 되는 것은?

① 식빵 ② 옥수수빵
③ 불란서 빵 ④ 단과자 빵

36 다음 중 빵의 발효산물이라 할 수 없는 것은?

① 이산화탄소 ② 알코올
③ 산 ④ 질소

37 다음 중 빵의 발효속도 가속과 관계가 먼 것은?

① 충분한 물
② 적정 pH
③ 활성 글루텐 첨가
④ 온도 상승

38 다음 밀가루의 성분중 흡수율과 관계가 먼 것은?

① 지방질
② 단백질
③ 손상 전분
④ 펜토산

39 제빵에서 후염법 사용에 대한 설명으로 틀린 것은?

① 믹싱시간의 감소
② 수분 흡수가 빠르다.
③ 클린업 단계 이후에 소금 첨가
④ 반죽의 유동성을 증대

40 다음 중 곰팡이 성장을 억제하는 물질이 아닌 것은?

① 건포도 즙 ② 비타민 C
③ 식초 ④ 프로피온산염

41 정형기(몰더)를 통과한 빵 반죽이 아령 모양이 되었다면 정형기의 압력은?

① 압력이 강하다.
② 압력이 약하다.
③ 가운데와 가장자리의 압력이 다르다.
④ 압력과 관계가 없다.

정답
31 ① 32 ③ 33 ④ 34 ② 35 ③ 36 ④ 37 ③ 38 ① 39 ④ 40 ② 41 ①

42 빵의 굽기 손실과 관계가 적은 것은?

① 배합률
② 굽기 온도
③ 굽기 시간
④ 믹싱 시간

43 다음 중 춘맥에 대한 설명으로 틀린 것은?

① 높은 흡수율
② 높은 믹싱 내구성
③ 높은 산화제 요구
④ 좋은 부피

44 노타임 반죽에 사용하는 환원제는?

① 엘-시스테인
② 브롬산 칼륨
③ 인산 칼슘
④ 과산화 칼슘

45 밀가루에 부족한 필수아미노산이 분유에 많은 것은?

① 트레오닌 ② 라이신
③ 페닐알라닌 ④ 트립토판

해설 성인에게 필요한 필수아미노산
• 라이신, 페닐알라닌, 트립토판, 트레오닌, 류신, 이소류신, 메치오닌, 발리

46 이스트푸드의 성분 중 이스트의 영양이 되는 것은?

① 황산칼슘
② 전분
③ 브롬산 칼륨
④ 황산 암모늄

47 식빵 제조시 설탕이 과다한 경우의 현상이 아닌 것은?

① 부피가 작다.
② 모서리가 예리하다.
③ 껍질이 얇고 부드럽다.
④ 속결이 거칠다.

48 생 효모 3% 대신 건조효모는 얼마나 사용하는가?

① 1.5% ② 2%
③ 3% ④ 4%

해설 드라이이스트는 생이스트의 1/2과 같은 발효력을 가진다.

49 제빵에서 필수재료가 아닌 것은?

① 밀가루 ② 설탕
③ 이스트 ④ 소금

50 다음 제빵법에서 노화가 가장 빠른 것은?

① 스트레이트법 ② 스폰지법
③ 액체발효법 ④ 속성법

51 액종(액체 발효)의 필수재료가 아닌 것은?

① 밀가루 ② 이스트
③ 물 ④ 발효성탄수화물

52 액체발효의 액종에 분유를 넣을 때의 주요 목적은?

① 영양물질
② 소포작용
③ 완충작용
④ 발효가속 작용

정답 42 ④ 43 ③ 44 ① 45 ② 46 ④ 47 ③ 48 ① 49 ② 50 ④ 51 ① 52 ③

53 액체발효의 액종에서 발효점을 찾는 가장 좋은 기준은?

① 냄새
② 거품 상태
③ 시간
④ pH

54 믹싱과정 중 반죽기에 가장 부하가 많이 걸리는 단계는?

① 픽업 단계
② 클린업 단계
③ 발전 단계
④ 최종 단계

55 빵 발효의 목적에 대한 설명으로 틀린 것은?

① 반죽 글루텐을 숙성시킨다.
② 반죽의 가스 보유력을 증가시킨다.
③ 풍미를 발전시킨다.
④ 글루텐의 탄력성을 증가시킨다.

56 최종 발효를 통해 생성되는 물질이 아닌 것은?

① 글루텐
② 이산화탄소
③ 알코올
④ 유기산

57 설탕과 소금은 각각 몇 %부터 발효를 현저히 저해하기 시작하는가?

① 소금 = 0.5%, 설탕 = 1%
② 소금 = 1%, 설탕 = 5%
③ 소금 = 1.5%, 설탕 = 8%
④ 소금 = 2%, 설탕 = 10%

58 기계적인 방법과 화학적인 방법으로 반죽을 발전시키는 제법은?

① 스트레이트법
② 스폰지법
③ 노타임법
④ 비상법

59 제빵용 이스트에 가장 부족한 효소는?

① 찌마제
② 말타제
③ 인벌타제
④ 알파 아밀라제

60 윗면 개방형 식빵의 비용적이 3.3~3.5cc/g 이라면 풀만형 식빵의 비용적으로 알맞은 것은?

① 2.6 ~ 3.2
② 3.5 ~ 4.0
③ 4.2 ~ 4.6
④ 4.8 ~ 5.2

해설 오븐 팽창에 한계가 있으므로 다소 큰 비용적

정답 53 ④ 54 ③ 55 ④ 56 ① 57 ② 58 ③ 59 ④ 60 ②

모의고사

- 제과기능사 예상모의고사
- 제빵기능사 예상모의고사

제과기능사

1회 예상모의고사

01 반죽형 케이크의 믹싱방법 중 제품에 유연감(부드러움)을 목적으로 사용하는 것은?

① 쉬폰법
② 단단계법
③ 블렌딩법
④ 크림법

해설 제과제법 분류 및 특징
- 반죽형법 : 크림법(부피감)/블랜딩법(유연감)
  단단계법/설탕물법(대량생산)
- 거품형법 : 공립법(전란거품)/별립법(전란분리)
  쉬폰법(흰자거품)/머랭법(흰자사용)

02 계량컵에 물을 가득 채웠더니 240g 이었다. 비중컵의 무게는 40g 이다. 과자 반죽을 넣고 달았을 때 200g 이라면, 이 반죽의 비중과 케이크 종류가 알맞은 것은?

① 0.45, 쉬폰케이크
② 0.6, 버터스폰지케이크
③ 0.8, 파운드케이크
④ 0.34, 식빵

해설 비중 공식

$$\frac{\text{컵의 반죽무게}-\text{컵무게}}{\text{컵의 물 무게}-\text{컵무게}} = \text{비중}$$

$$\frac{200-40}{240-40} = \frac{160}{200} = 0.8$$

03 반죽의 비중에 대한 설명으로 옳은 것은?

① 비중이 높으면 부피가 커진다.
② 비중이 낮으면 부피가 커진다.
③ 비중은 부피와 관계가 없다.
④ 비중이 높으면 기공이 커지고 노화가 느리다.

해설 비중은 '반죽의 밀도'를 나타내는 것으로, 물과 비교했을 때 반죽이 얼마나 가벼운지를 나타내는 척도이다.
- 물의 비중은 '1', 공기의 비중은 '0'
- 비중이 0에 가까운 숫자일수록 '반죽의 비중이 낮다'라고 말하고, 반죽이 가볍다는 의미
- 비중이 1에 가까운 숫자일수록 '반죽의 비중이 높다'라고 말하고, 반죽이 무겁다는 의미

04 제품평가의 기준중 외부평가 기준이 되는 것은?

① 부피
② 속색
③ 맛
④ 기공

해설
- 외부평가 : 부피, 균형, 굽기균일화, 껍질색
- 내부평가 : 내상, 기공, 속결, 속색
- 식감평가 : 맛, 향

05 고율배합의 특징이 아닌 것은?

① 설탕량이 밀가루 사용량보다 많다.
② 비중이 낮다.
③ 화학적 팽창제 사용량이 적다.
④ 언더베이킹하여 굽는다.

정답 01 ③ 02 ③ 03 ② 04 ① 05 ④

해설

구분	고율배합	저율배합
분류기준	설탕〉밀가루	설탕≤밀가루
공기혼입도	많음	적음
화학팽창제사용	적음	많음
굽는온도	오버베이킹	언더베이킹
비중	낮다(가볍다)	높다(무겁다)

06 **달걀의 기능을 잘못 설명한 것은?**

① 농후화제 : 커스터드크림, 푸딩을 만든다.
② 결합제 : 열에 의한 단백질응고로 유동성 줄인다.
③ 유화제 : 노른자의 레시틴은 마요네즈를 만든다.
④ 팽창제 : 스펀지 케이크의 팽창제 역할을 한다.

해설 달걀의 기능
- 팽창제(기포성)/유화제/결합제/농후화제/
- 완전식품(영양학)/구조형성/수분공급/노른자 색

07 **다음 중 수중유적형(O/W)) 제품이 아닌 것은?**

① 마요네즈
② 우유
③ 아이스크림
④ 버터

해설 수중유적형(oil in water : O/W형)
- 친수성 유화제에 의한 유화작용
- 우유, 아이스크림, 마요네즈를 만든다.

유중수적형(water in oil : W/O형)
- 친유성 유화제에 의한 유화
- 버터, 마가린을 만든다.

08 **다음 제품 중 팽창 형태가 다른 것은?**

① 레이어 케이크
② 스폰지 케이크
③ 케이크 머핀
④ 과일 케이크

해설 제품의 팽창은
- 물리적팽창 공기포집(스폰지 케이크 등)
- 화학적팽창(레이어케이크 등)
- 무팽창(비스킷 등)
- 유지 팽창(페스츄리 등)
- 생물학적 팽창(빵 류)에 의한다.

09 **공장 설비중 제품의 생산능력의 기준이 되는 것은?**

① 오븐의 철판수
② 반죽기 수
③ 작업 테이블 수
④ 발효기 수

해설 제품의 생산능력은 오븐을 기준으로 한다.

10 **다음 중 반죽에 따른 쿠키의 분류에서 다른 제품은?**

① 드롭쿠키
② 스냅쿠키
③ 스펀지쿠기
④ 쇼트브레드쿠키

해설 • 반죽형쿠키는 드롭쿠키, 스냅쿠키, 쇼트브레드쿠키가 속한다.
- 거품형쿠키는 스펀지쿠키와 머랭쿠기가 속한다.

정답 06 ② 07 ④ 08 ② 09 ① 10 ③

11 **케이크의 비중이 높은 경우 제품의 특징은?**

① 기공이 거칠다.
② 부피가 크다.
③ 조직이 가볍다.
④ 기공이 조밀하다.

해설 • 비중은 외부적 특성(부피)과 내부적 특성(기공, 조직)에 영향을 준다.
• 높은 비중은 기공이 조밀하고, 무거운 조직으로, 부피감이 작아진다.
• 낮은 비중을 기공과 조직이 느슨하고, 거칠다. 부피감은 커진다.

12 **밀가루 50g에서 젖은 글루텐 12g을 얻었다면 이 밀가루는 다음 어디에 속하는가?**

① 제과용
② 제빵용
③ 제면용
④ 스파게티용

해설 젖은 글루텐%
=젖은글루텐 중량/밀가루 중량x100%
=12/50x100=24%
건조 글루텐%
=젖은 글루텐/3
=24/3=8%

13 **버터스폰지 케이크 제조 시 2,000g의 전란이 필요하다면 껍질 포함 60g 짜리 계란은 몇 개 있어야 하는가?**

① 18개　② 27개
③ 38개　④ 42개

해설 계란 60g 중 가식배율은 껍질 10%, 제외한 90%입니다. 즉, 계란 1개는 54g 입니다.
그러므로, 2000g÷54g=37.037(개)

14 **엔젤푸드 케이크 제조시 500g의 흰자가 필요하다면 껍질 포함 60g짜리 계란은 몇 개가 있어야 하는가?**

① 7개
② 14개
③ 21개
④ 28개

해설 계란구성 : 껍질 10%, 노른자 30%, 흰자 60% 계란 1개의 흰자는 36g 그러므로, 500g÷36g=13.88 개

15 **케이크 제조시 제품의 부피가 크게 팽창했다가 가라앉는 원인이 아닌 것은?**

① 물 사용량 증가
② 밀가루 사용의 부족
③ 분유 사용량의 증가
④ 베이킹파우더 증가

해설 분유는 단백질로 아루어져 구조 작용을 하며, 부피를 가능한 크게 유지한다.

16 **어느 제과점의 이번 달 생산 예상 총액이 1000만원인 경우, 목표 노동 생산성은 5000원/시/인, 생산가동 일수가 20일, 1일 작업시간 10시간인 경우 소요인원은?**

① 4명　② 6명
③ 8명　④ 10명

해설 • 한달 생산 예상 총액=1000만원
• 인당 시급=5000원
• 인당 생산 시간=10시간
• 가동 일수=20일
시간당 5000원을 받고 10시간 일하고 20일을 일했으므로, 5000x10x20=1000000
한달 예상 총액이 천만원 이고, 1인당 백만원이므로 최대 소요인원은 10명 이다.

정답 11 ④　12 ①　13 ③　14 ②　15 ③　16 ④

17 **아이스크림 제조시 교반에 의해 크림의 체적이 증가하는 것을 무엇이라 하는가?**

① 오버런
② 오버베이킹
③ 발한
④ 언더베이킹

해설 • 오버런(Overrun)이란 아이스크림 제조시 교반에 의해 크림의 체적이 몇 % 증가하는가를 나타내는 수치이다.
• 오버베이킹은 낮은 온도에서 오래 굽기하는 것이다. 고율배합에서 굽기 형태이다.
• 언더베이킹은 높은 온도에서 짧게 굽기하는 것이다. 저율배합의 굽기 형태이다.

18 **슈 반죽을 팬닝후 분무한다. 그 이유가 아닌 것은?**

① 껍질을 얇게 한다.
② 팽창을 크게 한다.
③ 균일한 모양을 얻도록 한다.
④ 굽기색을 진하게 한다.

해설 슈 반죽을 분무(또는 침지)하는 이유는 껍질을 얇게 하여 부피팽창을 크게 하려는 것이다. 또한 기형 없이 균일한 모양을 얻을 수 있다.

19 **우유의 살균법으로 맞는 것은?**

① 초저온장시간 : 10℃, 3시간 가열
② 저온장시간 : 50℃, 1시간 가열
③ 고온단시간 : 71.7℃, 30분 가열
④ 초고온순간 : 150℃, 3초 가열

해설 우유 살균법
• 저온장시간 : 60~65℃, 30분 가열
• 고온단시간 : 72~75℃, 15초 가열
• 초고온순간 : 130~150℃, 3초 가열

20 **다음 중 굽기색을 낼때, 이스트에 의해 발효되지 않고 갈변반응을 일으켜 껍질색을 진하게 만드는 것은?**

① 유당 ② 물엿
③ 전화당 ④ 당밀

해설 유당 : 동물성 당류로 단세포 생물인 이스트에 의해 발효되지 않고 갈변반응(마이야르반응)을 일으켜서 껍질색이 진하게 된다.
• 마이야르반응(메일라이드반응) : 유당의 환원당과 아미노산이 결합하여 굽기색이 진하게 된다.

21 **곡물이나 과일을 원료로하여 효모로 발효한 술은?**

① 증류주
② 혼성주
③ 양조주
④ 리큐르

해설 • 양조주 : 곡물이나 과일을 원료로 효모 발효, 알코올 농도가 낮음.
• 증류주 : 발효시킨 양조주를 증류한 것, 알코올 농도가 높음.
• 혼성주(리큐르) : 증류주 기본으로 정제당과 과일의 추출물로 향미낸 것, 알코올 농도가 높음.

22 **유도지방에서 식물성 스테롤로, 비타민 D의 전구체가 되는 지질은?**

① 글리세린
② 지방산
③ 에르고스테롤
④ 콜레스테롤

해설 • 에르고스테롤 : 맥각, 곰팡이, 효모, 버섯 등에 함유된 식물성스테롤. 비타민D2의 전구체이다.
• 콜레스테롤 : 뇌, 신경조직, 혈액에 있는 동물성 스테롤. 비타민D3의 전구체이다.

정답 17 ① 18 ④ 19 ④ 20 ① 21 ③ 22 ③

23 탄수화물의 하루 적정 섭취량으로 맞는 것은?

① 40%
② 60%
③ 80%
④ 100%

해설 탄수화물은 총열량의 60~70%로 하고 이에 해당하는 대부분을 복합당질에서 취하며, 만성퇴행성질환의 예방적 차원에서 총식이섬유질은 1일 20~25g 섭취를 권장하고 있다.

24 인체 내의 단백질 이용 정도를 평가하는 방법은?

① 단백가
② 생물가
③ 제한아미노산
④ 질소계수

해설 • 단백가 : 표준단백질을 100으로 놓고, 다른 단백질의 아미노산 함량을 비교
• 생물가 : 체내의 단백질 이용 정도를 평가
• 제한아미노산 : 필수아미노산의 표준량에 비해 부족한 필수아미노산
• 질소계수: 질소는 단백질의 16%를 차지하므로, 질소계수는 6.25이다.

25 다음 중 혈액응고와 관련 있는 비타민과 무기질로 묶인 것은?

① 비타민K, 칼슘(Ca)
② 비타민K, 불소(F)
③ 비타민D, 인(P)
④ 비타민D, 요오드(I)

해설 • 비타민 D : 지용성비타민, 결핍증은 구루병
• 비타민 K : 지용성비타민, 결핍증은 혈액응고지연
• Ca : 경조직(뼈)구성, 혈액응고 관여, 효소 활성화
• F : 충치관련
• P : 경조직(뼈, 치아)구성, 연조직(근육, 신경)구성
• I : 갑상선호르몬(티록신)의 구성성분

26 눈의 망막세포 구성에 필요한 비타민은?

① 비타민 A
② 비타민 C
③ 비타민 D
④ 비타민 K

해설 • 비타민 A : 지용성비타민, 결핍증은 야맹증
• 비타민 C : 수용성비타민, 결핍증은 괴혈병
• 비타민 D : 지용성비타민, 결핍증은 구루병
• 비타민 K : 지용성비타민, 결핍증은 혈액응고지연

27 물의 기능이 아닌 것은?

① 삼투압을 조절하여 채액을 정상으로 유지한다.
② 체온을 조절한다.
③ 외부 자극에서 내장기관을 보호한다.
④ 체내 40% 수분으로 구성된다.

해설 물의 기능
• 영양소와 노폐물을 운반한다.
• 체온을 조절한다.
• 외부 자극에서 내장기관을 보호한다.
• 삼투압조절하여 체액을 정상으로 유지한다.
• 체내 60~70%를 물로 구성한다.
• 영양소와 노폐물을 운반한다.
• 체온을 조절한다.

28 소화효소 중 단백질 분해 효소가 아닌 것은?

① 펩신
② 트립신
③ 레닌
④ 리파아제

정답 23 ② 24 ② 25 ① 26 ① 27 ④ 28 ④

해설 단백질 소화효소의 종류

- 프로테아제 : 단백질을 펩톤, 폴리펩티드, 펩티드, 아미노산으로 분해
- 펩신 : 위액에 존재 단백질 분해효소
- 트립신 : 췌액에 존재 단백질 분해효소
- 레닌 : 위액에 존재 단백질응고 효소
- 펩티다아제 : 췌장에 존재 단백질 분해효소
- 에렙신 : 장액에 존재 단백질 분해효소

29 반죽형 반죽법 중 껍질색이 균일하고 대량생산이 용이한 제법은?

① 크림법
② 블랜딩법
③ 설탕물법
④ 단단계법

해설 설탕물법

- 설탕과 물의 비율은 2:1이다.
- 유지에 설탕물 혼합한후, 가루재료 넣고 달걀을 혼합한다.
- 껍질색일 균일한 제품을 만든다.
- 설탕이 물에 녹아서 별도의 스크랩핑이 필요 없다.

30 거품형 반죽에서 달걀의 특성이 아닌 것은?

① 기포성
② 유화성
③ 응고성
④ 가소성

해설 거품형반죽의 특성

- 달걀의 기포성,유화성,열응고성을 이용한다.
- 밀가루보다 달걀을 많이 사용하여 비중이 낮다.
- 전란을 사용하는 공립,별립법과, 흰자를 사용하는 머랭법이 있다.

31 제과공정 중 반죽의 결과온도가 낮을 때 제품에 미치는 영향 중 올바른 것은?

① 기공이 열리고, 큰 공기구멍이 생긴다.
② 조직이 거칠다.
③ 노화가 빠르다.
④ 부피가 작다.

해설

반죽온도 낮음	기공조밀, 부피작음, 식감나쁨
반죽온도 높음	기공열리고 큰구멍, 조직거침, 노화빠름

32 포도당과 결합하여 유당을 이루며 뇌신경 등에 존재하는 단당은?

① 과당
② 젖당
③ 리보오스
④ 갈락토오스

해설 갈락토스는 단당류이다. 상대적감미도는 34정도이며 해조류에 많이 들어 있다. 자연계에 혼자 존재하기는 어려워 포도당과 결합하여 유당의 형태로 존재한다.

33 비중이 완제품에 미치는 영향으로 맞는 것은?

① 높은 비중은 부피를 크게 한다.
② 높은 비중은 조직을 조밀하게 한다.
③ 낮은 비중은 기공을 작게 한다.
④ 낮은 비중은 색을 진하게 한다.

해설

제품에 미치는 영향	높은비중	낮은비중
부피(외부)	작다	크다
기공(내부)	작다	크다
조직(내부)	조밀하다	거칠다

정답 29 ③ 30 ④ 31 ④ 32 ④ 33 ②

34 **과자류 제품 반죽 pH를 조절하기 위하여 첨가하는 재료로 맞지 않는 것은?**

① pH를 낮추기 위해 주석산크림을 첨가한다.
② pH를 낮추기 위해 레몬즙을 첨가한다.
③ pH를 낮추기 위해 중조를 첨가한다.
④ pH를 낮추기 위해 사과식초를 첨가한다.

해설 • 반죽 pH를 낮추는 첨가물 : 주석산크림, 레몬즙, 식초
• 반죽 pH를 높이는 첨가물 : 중조

35 **제품 팬닝시, 제품별 팬닝 정도가 올바른 것은?**

① 스폰지케이크 : 60%
② 레이어케이크 : 55%
③ 파운드케이크 : 70%
④ 커스터드푸딩 : 80%

해설 • 빈죽량은 팬닝틀의 부피를 비용적으로 나누어 산출
• 커스터드푸딩은 95% 팬닝한다.

36 **화이트 레이어 케이크에서 밀가루 사용량이 100%일 때 주석산 크림은 약 얼마를 사용하는가?**

① 0.2%
② 0.5%
③ 0.8%
④ 1.1%

해설 주석산 크림은 밀가루의 0.5% 사용한다. 주석산은 머랭을 중성으로 만들어 꺼지지 않도록 해주고, 흰자의 색을 더 희게 만들어준다.

37 **파운드 케이크 굽기시 사용하는 이중팬을 사용하는 이유가 올바른 것은?**

① 제품윗면에 두꺼운 껍질 형성을 방지한다.
② 오븐의 열전도를 효율적으로 높인다.
③ 옆면의 두꺼운 껍질 형성을 방지한다.
④ 제품의 조직과 맛에 영향을 주지 않는다.

해설 파운드케이크 굽기시 이중팬 사용하는 이유
• 바닥의 두꺼운 껍질 형성을 방지하기 위해
• 옆면의 두꺼운 껍질 형성을 방지하기 위해
• 제품의 맛과 조직을 좋게 하기 위해

38 **데블스푸드케이크의 배합이 밀가루=100%, 설탕=120%, 쇼트닝=50%, 베이킹파우더=5%, 코코아=20%이 경우, 우유 사용량으로 맞는 것은?**

① 1.5% ② 115%
③ 125% ④ 135%

해설 • 우유=설탕+30+(코코아x1.5)−전란
우유=120+30+(20x1.5)−55=125%

39 **과일케이크에서 충전과일이 가라앉는 이유로 맞는 것은?**

① 과일이나 견과류의 크기가 너무 크다.
② 강도가 강한 밀가루를 사용하였다.
③ 침지 건과일은 충분히 배수한다.
④ 믹싱시 큰 공기방울이 반죽에 없다.

해설 케이크 제조시 충전과일이 가라앉는 이유
• 강도가 약한 밀가루를 사용한 경우
• 믹싱이 지나치고 큰 공기방울이 반죽에 남은 경우
• 시럽에 담긴 과일에 액체가 많이 섞여 있는 경우
• 과일이나 견과류가 너무 크고 무거운 경우

정답 34 ③ 35 ④ 36 ② 37 ③ 38 ③ 39 ①

40 **퍼프페이스트리 정형시 반죽이 수축하는 원인은?**

① 밀어펴기가 과도한 경우
② 휴지를 오래한 경우
③ 진 반죽
④ 반죽 중 유지 사용량이 많은 경우

해설 정형시 반죽이 수축하는 경우
- 과도한 밀어펴기
- 불충분한 짧은 휴지
- 된반죽
- 반죽 중 유지 사용량이 적은 경우

41 **슈를 제조후 굽기시 바닥껍질 가운데가 위로 올라오는 이유인 것은?**

① 팬에 기름이 작아서 반죽이 붙었다.
② 슈 반죽을 짤때 바닥에 공기가 들어갔다.
③ 오븐 바닥 온도가 너무 낮다.
④ 슈 반죽 온도가 너무 낮았다.

해설 굽기시 슈바닥이 위로 올라오는 원인
- 팬에 기름칠이 과다한 경우
- 오븐 바닥 온도가 너무 높은 경우
- 슈반죽 짜기시 밑바닥에 공기가 들어간 경우

42 **초콜릿 40% 중 카카오버터는 몇 % 정도인가?**

① 12%
② 15%
③ 20%
④ 24%

해설 • 초콜릿은 코코아버터 3/8, 코코아 5/8로 구성된다.
- 코코아버터=40%x3/8=15%
- 코코아=40%x5/8=25%

43 **튀김시 과도한 흡유의 원인이 아닌 것은?**

① 반죽의 글루텐 형성이 부족하다.
② 반죽 시간이 짧았다.
③ 반죽의 수분 적었다.
④ 튀김기름의 온도가 낮았다.

해설 튀김시 과도한 흡유의 원인
- 반죽 시간이 짧았을 때
- 반죽의 글루텐 형성이 부족할 때
- 반죽의 수분이 과다할 때
- 팽창제를 과도하게 사용했을 때
- 튀김기름의 온도가 낮았을 때

44 **과자류제품의 냉각시 손실이 발생하는 원인으로 틀린 것은?**

① 여름보다 겨울에 냉각 손실이 크다.
② 평균 2%의 냉각 손실이 발생한다.
③ 냉각동안 수분 증발로 무게가 감소한다.
④ 자연냉각은 냉각방법중 수분 손실이 가장 많다.

해설 냉각방법
- 자연냉각 : 실온에서 3~4시간 냉각
  수분 손실이 가장 작다.
- 터널식냉각 : 공기 배출기를 이용해 2~2.5시간 냉각
- 공기조절식냉각 : 온도 20~25℃, 습도 85% 공기에 통과 90분 냉각

45 **커스터드크림의 재료가 아닌 것은?**

① 생크림 ② 달걀
③ 설탕 ④ 옥수수전분

해설 커스터드 크림은 달걀, 설탕, 우유, 안정제(옥수수전분 또는 박력분)을 넣고 끓인 크림이다. 커스터드 크림과 생크림을 섞어 디플로매트 크림을 만든다.

정답 40 ① 41 ② 42 ② 43 ③ 44 ④ 45 ①

46 **과자류 제품의 저장시 실온저장을 하는 경우 잘못 설명한 것은?**

① 건조 창고의 온도는 10~20℃ 이다.
② 상대 습도는 50~60% 를 유지한다.
③ 채광과 통풍이 돼지 않도록 유지한다.
④ 선반은 바닥에서 15cm, 벽에서 5cm 띄운다.

해설 과자류 제품의 저장 및 유통
- 실온저장 : 10~20℃,50~60%, 채광, 통풍이 잘 되어야함.선입선출함
- 냉장저장 : 0~10℃, 75~95%, 용량의 70% 저장
- 냉동저장 : -23~-18℃, 75~95%, 정기적 성에 제거

47 **화학적팽창제에 대한 설명으로 맞지 않는 것은?**

① 베이킹파우더는 탄산수소나트륨과 전분과 산제제로 구성된다.
② 베이킹파우더는 산제제에 의해 가스 발생속도가 결정된다.
③ 동량의 베이킹파우더는 베이킹소다보다 가스 발생력이 더 크다.
④ 이스파타는 암모늄계열의 화학적팽창제이다.

해설 베이킹소다는 중탄산나트륨이 주성분으로 팽창제역할을 한다. 베이킹파우더는 베이킹소다에 중화제 역할이 산성가루와 완충제로서 전분이 섞여 있다.

48 **초콜릿을 템퍼링하는 이유로 맞지 않는 것은?**

① 광택이 좋다.
② 펫 불룸을 방지한다.
③ 초콜릿이 잘 굳지 않도록 한다.
④ 내부 결정 조직을 안정화 한다.

해설 템퍼링이란 초콜릿이 녹은 후 다시 굳을 때 흐트러진 초콜릿 속 결정 구조들이 원래대로 다시 복구되며 안정화 될 수 있도록 하는 작업이다. 카카오버터가 있는 커버춰 초콜릿에 작업한다.

49 **식품첨가물의 조건이 아닌 것은?**

① 미량으로는 효과가 없어야 한다.
② 무미, 무취이어야 한다.
③ 사용이 간편해야 한다.
④ 사용이 경제적이아야 한다.

해설 식품첨가물의 조건
- 미량으로 효과가 클것
- 독성이 없거나 극히 적을 것
- 사용하기 간편하고 경제적일 것
- 무미, 무취하고 자극성이 없을 것
- 변질 미생물에 대한 증식 억제 효과가 클것
- 공기, 빛, 열에 안정성 있을 것
- pH에 영향을 받지 않을 것

50 **엔젤푸드케이크의 이형제로 알맞은 것은?**

① 식용유
② 버터
③ 물
④ 라드

해설 이형제란 반죽을 구울 때 달라붙지 않고 모양을 그대로 유지하기 우해 사용하는 첨가제이다. 천연이형제는 물이다.

51 **살균이 불충분한 육류 통조림으로 인해 식중독이 발생했을 경우 가장 관련이 깊은 식중독균은?**

① 살모넬라균
② 웰치균
③ 황색포도상구균
④ 보튤리누스균

정답 46 ③ 47 ③ 48 ③ 49 ① 50 ③ 51 ④

해설 보툴리누스균
- 병조림, 통조림, 소시지, 훈연제품에서 발아·증식
- 뉴로특신이라는 신경독을 가지고 있다.
- 구토, 설사, 호흡곤란, 신경마비의 증세를 나타낸다.
- 식중독중 치사율이 70%로 높다
- 균은 100℃에서 6시간 가열시 살균되고, 뉴로톡신은 80℃에서 30분 가열로 파괴된다.

52 인수공통 감염병의 예방조치로 바림직한 것은?

① 우유의 소독처리를 철저히 한다.
② 이환된 동물의 고기를 익혀서 먹는다.
③ 가축의 예방접종을 한다.
④ 해외에서 유입되는 가축은 해외에서 발급된 검역서류를 철저히 관리한다.

해설 인수공통감염볍의 예방조치
- 가축의 예방접종을 실시한다.
- 감염된 동물은 격리한다.
- 외국에서 유입되는 가축은 항구·공항에서 철저히 검역한다.
- 우유의 멸균은 철저히 한다.
- 이환된 동물의 고기는 먹지 않고 폐기한다.

53 유당불내증의 원인은?

① 대사과정 중 비타민 B 군의 부족
② 변질된 유당의 섭취
③ 우유 섭취량의 절대적인 부족
④ 소화액 중 락타아제의 결여

해설 유당불내증
- 체내에 유당을 분해하는 효소인 락타아제가 결여되어 우유 중 유당을 소화하지 못하는 증상이다.
- 복부경련 및 설사, 메스꺼움을 동반한다.
- 우유나

54 쌀과 콩단백질에서 부족한 아미노산을 제한아미노산이라 한다. 이때 쌀에 부족한 아미노산은?

① 라이신
② 메티오닌
③ 크립토판
④ 히스티딘

해설 제한아미노산
사람의 몸 속에서 합성할 수 없는 필수 아미노산의 표준필요량에 있어서 가장 부족해서 영양가를 제한하는 아미노산을 말한다.

55 페디스토마의 제1중간 숙주는?

① 돼지고기
② 소고기
③ 참붕어
④ 다슬기

해설 폐디스토마 → 다슬기 → 민물게, 가재 → 사람에게 넘어간다.

56 수육을 통하여 감염될 수 있는 기생충 연결이 잘못된 것은?

① 소고기(무구조충)
② 소고기(갈고리촌충)
③ 돼지고기(선모충)
④ 돼지고기(유구조충)

해설 • 소고기 : 무구조충(민촌충)
- 돼지고기 : 유구조충(갈고리촌충), 선모충
- 고양이 : 톡소플라즈마

정답 52 ③ 53 ④ 54 ① 55 ④ 56 ②

57 **조리사의 면호를 받으려는 자는 조리사 면허증 발급 신청서를 누구에게 제출하여야 하는가?**

① 고용노동부 장관
② 보건복지부 장관
③ 식품의약품안전처장
④ 특별자치도지사시장, 군수

해설 조리사가 되려는 자는 국가기술자격법에 따라 해당 분야의 자격증을 얻은 후 특별자치도지사, 시장, 군수, 구청장의 면허를 받고 발급 신청서 또한 제출한다.

58 **주방 설계시 점검사항이 아닌 것은?**

① 방충·방서용 금속망은 30메시(mesh)가 적당하다.
② 공장 배수관의 최소 내경은 10cm이다.
③ 종업원과 손님용 출입구는 별도로 한다.
④ 주방은 배수관의 위치에 따라 설계, 시공한다.

해설 주방 설계시 점검사항
- 작업의 동선을 고려하여 설계하고 시공한다.
- 작업테이블은 효율성을 높이기 위해 주방의 중앙부에 설치한다.
- 가스사용시 환기에 유의한다.
- 벽면은 매끄럽게, 바닥은 미끄럽지 않게 한다.
- 배수가 잘되도록 한다.

59 **유해 중금속으로 인하여 발병하는 경우, 이타이이타이병을 일으키는 중금속은?**

① 주석(Zn)
② 수은(Hg)
③ 카드뮴(Cd)
④ 납(Pb)

해설 카드뮴으로 인한 이타이이타이병은 구토, 경련, 설사, 골연화증의 증상을 나타낸다.

60 **다음 중 HACCP 적용의 7가지 원칙에 해당하지 않는 것은?**

① 위해요소 분석
② HACCP팀 구성
③ 한계기준 설정
④ 기록유지 및 문서관리

해설 HACCP7원칙
- 위해요소분석
- 중요관리점 결정
- 중요관리점 한계기준 설정
- 중요관리점 모니터링체계 확립
- 개선조치방법 수립
- 검증절차 및 방법 수립
- 문서화, 기록유지 방법 설정

정답 57 ④ 58 ④ 59 ③ 60 ②

제과기능사

2회 예상모의고사

01 우유의 살균법을 올바르지 않게 설명한 것은?

① 저온장시간 살균: 60~65℃, 30분 가열
② 고온단시간살균: 72~75℃, 15초 가열
③ 초고온순간살균: 100~110℃, 5초 가열
④ 초고온순간살균: 130~150℃, 3초 가열

해설 우유 살균법
- 저온장시간 : 60~65℃,30분 가열
- 고온단시간 : 71.7℃, 15초 가열
- 초고온순간 : 130~150℃, 3초 가열

02 우유나 그 밖의 유즙에 젖산균을 넣어 카제인을 응고시킨 후 발효, 숙성하여 만든 것은?

① 치즈
② 요구르트
③ 시유
④ 유청

해설 유당 분해효소인 락타아제가 결여되어 우유 중 유당을 소화하지 못하는 유당불내증인 경우에는 우유나 크림보다는 발효.숙성하여 만드는 요구르트를 먹는게 좋다.

03 베이킹소다 사용량이 과다할 경우 결과물이 아닌 것은?

① 밀도가 낮고 부피가 크다.
② 기공이 조밀하지 못하고 속결이 거칠다.
③ 오븐 스프링이 커서 주저앉기 쉽다.
④ 제품의 색상이 밝다.

해설 베이킹소다(탄산수소나트륨, 중조)를 과하게 사용하는 경우 제품의 색상이 어두워지고, 소다 맛이 난다.

04 달걀의 신선도를 측정하는 방법이 틀린 것은?

① 달걀껍질은 광택이 없고, 큐티클층이 있다.
② 6% 소금물에 가라앉는다.
③ 캔들검사에 속이 맑게 보인다.
④ 흔들었을 때 청량한 소리가 난다.

해설 신선한 계란을 구하는 방법
- 껍질에 큐티클층이 있어야 한다.
- 캔들 검사한다.
- 흔들어서 알끈의 고정을 확인한다.
- 소금물에 넣어 가라앉아야 한다.
- 난황·난백검사 한다.

05 감미제 중 전화당에 대한 설명으로 틀린 것은?

① 감미도가 75 이다.
② 포도당과 과당의 동량 혼합물이다.
③ 흡습성이 강하여 제품 보조기간을 지속한다.
④ 쿠키의 광택과 촉감을 위해 사용한다.

해설 전화당의 포도당과 과당이 동량으로 섞인 혼합물이다.
- 상대적 감미도는 자당이 100인 경우, 전화당은 125~130 이다.

정답 01 ③ 02 ② 03 ④ 04 ④ 05 ①

06 안정제의 종류와 특성이 알맞지 않은 것은?

① 한천 : 우뭇가사리 추출, 젤리 양갱 제조
② 젤라틴 : 식물의 열매 추출, 무스 제조
③ 펙틴 : 과일 껍질 추출, 잼 제조
④ 씨엠씨 : 식물의 뿌리 추출, 아이스크림 제조

해설 젤라틴은 동물성 안정제이다.

07 일반적으로 반죽의 비중이 가장 낮은 제품은?

① 옐로우 레이어 케이크
② 데블스 푸드 케이크
③ 엔젤 푸드 케이크
④ 화이트 레이어 케이크

해설 • 크림법 : 0.8±0.05/블렌딩법 : 0.85
공립법 : 0.55±0.05/별립법 : 0.4±0.055

08 일반적으로 파운드 케이크의 비용적은 얼마인가?(1g당 cm^3)

① $1.2m^3/g$ ② $2.4cm^3/g$
③ $3.6m^3/g$ ④ $4.8m^3/g$

해설 • 비용적 : 버터스펀지케이크 : 5.08/
• 엔젤푸드케이크 : 4.2/식빵 : 3.4/
• 레이어케이크 : 2.9/파운드케이크 : 2.4

09 젤리 롤 케이크를 말 때 표피가 터지는 경우에 조치할 사항으로 틀린 것은?

① 설탕(자당)의 일부를 물엿으로 대치
② 덱스트린의 점착성 이용
③ 팽창을 증가
④ 계란 중의 노른자비율 감소

해설 젤리롤의 터짐을 방지 조치
• 설탕의 일부를 물엿으로 대치한다.
• 덱스트린의 점착성을 이용한다.
• 팽창제를 감소하여 사용한다.
• 노른자 대신 전란의 사용량을 늘인다.
• 오븐에서 오래 굽지 않는다.

10 지름이 18cm, 높이가 5cm인 원형팬에 버터스펀지 반죽을 팬닝하려 한다. 반죽을 몇 g 채워야 하는가?

① 250g ② 300g
③ 350g ④ 400g

해설 • 반지름x반지름x3.14x높이=부피
• 부피÷비용적=분할량
• 버퍼스펀지의 비용적=5.08
→ 9x9x3.15x5=1,271.7
→ 1,271.7÷5.08=250.34
→ 분할량=250g

11 기본 스폰지 케이크의 제조시 달걀의 주된 역할이 맞는 것은?

① 결합제 ② 유화제
③ 팽창제 ④ 농후화제

해설 달걀의 기능과 예시품목
• 팽창제 : 버터스펀지
• 유화제 : 마요네즈
• 농후화제 : 커스터드크림, 푸딩
• 결합제

12 고급 스폰지 케이크용 밀가루의 단백질 함량과 회분 함량으로 적당한 것은?

① 5.5~7.5% : 0.3%
② 9.5~10.0% : 0.4%
③ 10.5~13.0% : 0.5%
④ 13.0 이상 : 0.6%

정답 06 ② 07 ③ 08 ② 09 ③ 10 ① 11 ③ 12 ①

해설 • 제과용 밀가루의 글루텐함람은 7~9%
• 제면용 밀가루의 글루텐함량은 10%
• 제방용 밀가루의 글루텐함량은 13% 이상
• 밀가루의 등급은 회분량을 기준으로 하며, 고급분은 회분함량이 작다.

13 고급 스폰지 케이크용 박력분의 회분 함량으로 적당한 것은?

① 0.3%　② 0.4%
③ 0.5%　④ 0.6%

해설 고급분은 제분시 껍질층을 제외하고 탄수화물층을 고운가루로 만들었다. 껍질층에 존재하는 회분과 단백질의 함량이 작아진다. 즉, 영양가와 반비례 관계에 있다.

14 스폰지 케이크 믹싱에 있어 덥게하는 방법을 쓸 때 계란과 설탕을 몇 ℃로 예열하는가?

① 18℃　② 27℃
③ 43℃　④ 53℃

해설 • 더운공립은 중탕을 하면서 계란의 점성이 풀어져 믹싱을 하게 되면 거품 생성이 빨리 되는것이다. 그러나, 그만큼 거품이 빨리 죽기 때문에 빠른 작업이 필요하다.
• 찬공립은 더운공립과 반대로 거품 생성은 비교적 느리지만 거품이 빨리 죽지 않는다는 장점이 있다.

15 반죽형법 제법과 특징이 올바르게 묶인 것은?

① 크림법 : 유연감이 좋다.
② 블랜딩법 : 부피감이 좋다.
③ 단단계법 : 노동력과 시간이 절약된다.
④ 설탕물법 : 속색 균일하고, 공장생산에 용이하다.

해설

크림법	부피가 큰 케이크 만듦
블랜딩법	제품 조직을 부드럽고 유연하게 만듦
단단계법	노동력,제조시간 절약함
설탕물법	계량편리 대량생산,껍질색균일,스크랩핑 없음

16 다음 중 오렌지를 리큐르의 원료로 사용하지 않는 것은?

① 마라스키노
② 그랑마니에르
③ 쿠엥트로
④ 크리플 섹

해설 • 오렌지리큐르 : 그랑마니에르, 쿠엥트로, 큐라소, 트리플섹
• 체리리큐르 : 마라스티노
• 커피리큐르 : 카루아

17 효소를 구성하는 주성분은?

① 탄수화물
② 지방
③ 단백질
④ 비타민

해설 효소의 주성분은 단백질이고, 조성분은 미량의 비타민으로 구성된다.

18 식품위생의 대상이 아닌 것은?

① 식품
② 식품첨가물
③ 용기
④ 건강기능성 식품

해설 식품위생의 법 제15조제1항에 따른 식품, 식품첨가물, 기구 또는 용기 · 포장(이하 "식품등"이라 한다)의 위해평가(이하 "위해평가"라 한다)

정답 13 ① 14 ③ 15 ④ 16 ① 17 ③ 18 ④

19 **엔젤 푸드 케이크의 배률이 밀가루=15%, 주석산크림=0.5%, 소금=0.5%, 계란흰자=45% 일때, 머랭 제조시 1단계에 투입되는 설탕 사용량은?**

① 6% ② 13%
③ 19% ④ 26%

해설 • 설탕=100-(밀가루+흰자+1)
설탕=100-(15+45+1)=39%
• 1단계의 설탕량 2/3, 2단계 1/3 넣으므로,
1단계 설탕량=39x2/3=26%
2단계 설탕량=39x1/3=13%

20 **엔젤 푸드 케이크 제조 시 1단계에 투입하는 설탕량은?**

① 전체 설탕의 30~40%
② 전체 설탕의 40~50%
③ 전체 설탕의 60~70%
④ 전체 설탕의 90~100%

해설 전체 설탕의 2/3는 1단계에서 설탕으로 넣고, 1/3은 2단계에서 분당으로 넣는다.

21 **다음 중 버터크림 당액 제조시 설탕에 대한 물 사용량으로 알맞은 것은?**

① 25% ② 50%
③ 800% ④ 100%

해설 버터크림
• 유지를 크림상태로 만든 뒤 설탕, 물, 물엿, 주석산크림 등을 끓여서 시럽으로 만들고, 조금씩 넣어 휘핑하며 만든다.
• 설탕에 대하여 물은 25~30% 넣고 114~118℃로 끓여서 시럽 만든다.

22 **다음 중 밀가루에 함유되어 있지 않은 색소는?**

① 카로틴
② 크산토필
③ 플라본
④ 멜라닌

해설 밀가루에 함유되어 있는 색소는 카로틴, 크산토필, 플라본이 이싸. 멜라닌은 페놀화합물의 산화중합에 의하여 생성되는 흑갈색의 색소이다.

23 **다음 중 탄산수소나트륨(중조) 반응에 의해 발생하는 물질이 아닌 것은?**

① CO_2 ② H_2O
③ $Na2CO_3$ ④ C_2H_5O

해설 탄산수소나트륨은 반응에 의해 탄산나트륨이 된다.
$2NaHCO_3$(탄산수소나트륨)→CO_2(이산화탄소)+H2O(물)+Na_2CO_3(탄산나트륨)

24 **다음 중 스크래핑을 가장 많이 해야 하는 제법은?**

① 크림법 ② 블랜딩법
③ 머랭법 ④ 공립법

해설 스크래핑이란 벽면을 긁어주는 작업이다. 크림법에서 스크래핑 작업을 가장 많이 해 주어야 하는 것이 단점이다.

25 **어떤 분유 100g의 질소 함량이 4g이라면 분유 100g은 약 몇 g의 단백질을 함유하고 있는가?**

① 5g ② 25g
③ 35g ④ 55g

해설 • 단백질중 질소함량은 16%이다.
• 일반적인 식품은 질소를 정량하여 단백계수 6.25를 곱한 것을 단백질 함량으로 본다. 그러므로, 4gx6.25=25g

정답 19 ④ 20 ③ 21 ① 22 ④ 23 ④ 24 ① 25 ②

26 **실내온도가 25℃, 밀가루 온도 25℃, 설탕온도 25℃, 유지온도 20℃, 달걀온도 20℃, 수돗물온도 23℃, 마찰계수 21℃, 반죽 희망온도 22℃라면 사용할 물의 온도는?**

① -10 ℃
② -4 ℃
③ 0 ℃
④ 5℃

해설 사용할 물 온도=(희망온도X6)-(실내온도+밀가루온도+설탕온도+달걀온도+유지온도+마찰계수)
=(22X6)-(25+25+25+20+20+21)
=-4℃

27 **에클레어와 파리브레스트는 어떤 반죽으로 만드는가?**

① 스펀지 반죽
② 다쿠와즈반죽
③ 슈 반죽
④ 페스츄리반죽

해설 에끌레어는 프랑스어로 번개라고 한다. 에끌레어는 슈 반죽을 이용하여 만든다.

28 **퍼프 페이스트리용 마가린에서 가장 중요한 성질은?**

① 유화성
② 가소성
③ 안정성
④ 쇼트닝성

해설 • 페이스트리는 가소성과 신장성 등이 좋은 충전용 유지를 사용한다.
• 가소성은 고체가 외부에서 탄성 한계 이상의 힘을 받아 형태가 바뀐 뒤 그 힘이 없어져도 본래의 모양으로 돌아가지 않는 성질을 말한다.

29 **퍼프 페이스트리의 기본 배합률은?**

① 밀가루=100%, 유지=100%, 물= 50%, 소금=1%
② 밀가루=100%, 유지=100%, 물=100%, 소금=1%
③ 밀가루=100%, 유지= 50%, 물=100%, 소금=1%
④ 밀가루=100%, 유지= 50%, 물= 50%, 소금=1%

해설 • 파운드케이크 : 밀가루=100, 유지=100, 설탕=100, 계란=100
• 스펀지케이크 : 밀가루=100, 설탕=166, 계란=166, 버터=2

30 **글루텐의 구성 물질 중 반죽을 질기고 탄력성 있게 하는 물질은?**

① 글리아딘
② 글루테닌
③ 알부민
④ 글로블린

해설 • 밀가루와 물을 섞어 반죽시 밀가루 단백질인 글리아딘과 글루테닌은 물에 녹지 않고 결합하여 글루텐을 만든다.
• 밀가루 단백질인 글리아딘은 신장성을, 글루테닌은 탄력성을 가지고 있다. 그러므로, 글루텐은 신장성과 탄력성 두가지 성질을 가진다.

정답 26 ② 27 ③ 28 ② 29 ① 30 ②

31 반죽으로 충전용 유지를 싸서 밀어펴는 퍼프 페이스트리에 대한 설명으로 틀린 것은?

① 결이 균일하다
② 불란서식
③ 롤-인법
④ 스코틀랜드식

해설 • 스코트랜드식 : 유지를 피복시킨다. (호두파이, 사과파이)
• 블란서식 : 유지의 결을이용한다. 결이 명확하다. (누네띄네)
• 프랑스에서는 풍부하고 섬세한 맛을 내는 층층이 겹이 쌓인 이 페이스트리를 pate feuilletee라고 부른다.

32 대장균에 대하여 가장 바르게 설명한 것은?

① 분변 세균의 오염 지표가 된다.
② 감염병을 일으킨다.
③ 독소형 식중독을 일으킨다.
④ 발효식품 제조에 유용한 세균이다.

해설 〈분변오염지표균〉
• 병원균의 대부분은 비교적 소량의 균으로 감염 발병하기 때문에 목적균을 직접 검출하는 것은 대개의 경우 곤란하다. 이 때문에 인간이나 온혈 동물의 분변 중에 상재하여 여러 가지 환경에서도 병원 세균과 마찬가지로 감수성을 가지며 또한 비교적 용이하게 검출할 수 있는 균이 선정되어 분변오염 지표균이라고 한다.
• 이 목적으로 사용되는 것으로 대장균군, 대장균, 장구균 등이 있다.

33 식품공장의 작업환경의 마무리 작업의 표준 조도는 몇 Lux인가?

① 50 ② 100
③ 200 ④ 500

해설

작업내용	표준조도	한계조도
마무리, 수작업	500	300~700
계량, 반죽, 정형	200	150~300
굽기, 포장, 기계작업	100	70~150
발효	50	30~70

34 다음 중 제과반죽용으로 사용할 수 있는 반죽기는?

① 수평형믹서, 에어믹서
② 에어믹서, 수직형믹서
③ 수평형믹서, 스파이럴믹서
④ 스파이럴믹서, 에어믹서

해설 수직형반죽기 : 제과, 제빵용(소규모제과점)
• 수평형반죽기 : 제빵용
• 스파이럴반죽기 : 제빵용(프랑스빵 독일빵)
• 에어믹스 : 제과용

35 인수공통감염병 세균성이 아닌 것은?

① 결핵 ② 리스테리아증
③ 광견병 ④ 탄저

해설 • 세균성 : 탄저, 결핵, 살모넬라증, 이질
• 바이러스성 : 광견병, 일본뇌염, 황열, 뉴케슬병

36 다음 중 1급 법정감염병이 아닌 것은?

① 디프테리아
② 코로나바이러스감염증-19
③ 신종인플루엔자
④ 중동호흡기증후군(MERS)

해설 〈법정감염법〉
• 1급 : 집단 발생의 우려가 큰 감염병, 즉시 신고하고 방역대책 수립해야 함

정답 31 ④ 32 ① 33 ④ 34 ② 35 ③ 36 ②

- 2급 : 예방접종으로 예빵 및 관리 가능 감염병. 국가 예방접종 사업의 대상. 24시간 이내 신고
- 3급 : 간헐적 유행 가능성있는 감염병. 계속 발생을 감시. 24시간 이내 신고
- 4급 : 국내 새롭게 발생 혹은 발생 우려있는 감엽병. 해외 유행 감염병. 7일이내신고
- 5급 : 기생충에 감염되어 발생하는 감염병. 정기적 조사를 통한 감시가 필요한 감염병

37 같은 조건일 때 초콜릿의 색상이 가장 진한 경우는?

① pH=5 ② pH=7
③ pH=9 ④ pH 와 무관

해설 초콜릿의 5/8 성분인 코코아는 중조로 알칼리처리 하면 색상이 진하게 된다.

38 안정제와 그 원료가 바르게 연결되지 않은 것은?

① 젤라틴(뼈)
② 한천(우뭇가사리)
③ 펙틴(동물가죽)
④ 카라기난(붉은해초)

해설 〈안정제〉
- 젤라틴 : 동물의 가죽, 뼈에서 추출, 무스케익 만듦
- 한천 : 우뭇가사리에서 추출, 양갱등 만듦
- 펙틴 : 과일껍질에서 추출, 잼, 마말레이드 등 만듦
- 카라기난 : 홍조류에서 추출, 아이스크림, 젤리 만듦

39 유지의 기능이 아닌 것은?

① 가소성 ② 농후화성
③ 유화성 ④ 크림성

해설 〈유지의 기능〉
- 가소성 : 유지가 고체 모양을 유지하는 성질
- 유화성 : 물을 흡수하여 보유하는 능력
- 안정성 : 지방으 산화와 산패를 억제하는 기능
- 크림성 : 유자가 믹싱중 공기를 포집하는 능력

40 다음 중 유해성 착색료가 아닌 것은?

① 실크스칼렛 ② 산화티타늄
③ 로다민 B ④ 아우라민

해설 〈유해 착색료〉
- 아우라민(황색 염기성타르색소, 단무지)
- 로다민B(핑크색 염기성타르색소)
- 실크스칼렛(적색 수용성타르색소)

※ 산화티타늄-허가된 흰색 착색료

41 단백질의 아미노산중 성인에게 필요한 아미노산 이외에 유아에게 필요한 필수 아미노산은?

① 히스티딘 ② 발린
③ 류신 ④ 트립토판

해설 성인에게 필요한 필수아미노산은 8가지이다. 트립토판, 발린, 트레오닌, 메치오닌, 류신, 이소류신, 페닐알라닌, 리신

42 지방의 필수지방산을 올바르게 설명하지 않는 것은?

① 이중결합은 1개 이상 있어야 한다.
② 성장과 피부에 관여하는 지방산이다.
③ 필수지방산은 불포화지방산에 포함된다.
④ 아라키돈산은 필수 지방산이다.

해설 지방은 지방산3개와 글리세롤1개의 구성으로 이루어진다. 그중 지방산은 포화지방산과 불포화지방산으로 나뉘고, 불포화지방산 중 이중결합이 2개 이상인 리놀레산, 리놀렌산, 아라키돈산 등은 필수지방산 이라 한다. 필수지방산은 피부와 성장에 관여한다.

정답 37 ③ 38 ③ 39 ② 40 ② 41 ① 42 ①

43 탄수화물중 상대적 감미도의 순서가 알맞게 찍지원진 것은?

① 과당 〉포도당 〉맥아당 〉유당
② 포도당 〉전화당 〉과당 〉유당
③ 과당 〉맥아당 〉유당 〉전화당
④ 과당 〉전화당 〉유당 〉포도당

해설 상대적 감미도의 기준은 자당(설탕)이다.
과당(175)〉전화당(130)〉자당(100)〉포도당(75)〉맥아당=갈락토오즈(32)〉유당(16)

44 단백질의 상호보조작용을 하고 있지 않은 연결은?

① 쌀과 콩
② 우유와 씨리얼
③ 빵과 우유
④ 쌀과 옥수수

해설 • 단백질의 상호보조작용은 부족한 제한아미노산을 서로 보완할 수 있도록 두가지를 함께 섭취하는 것이다.
• 제한아미노산은 필수아미노산의 표준 필요량에 비해서 상대적으로 부족한 아미노산이다. 옥수수는 리신과 트립토판이 부족하고, 쌀과 밀가루는 리신과 트레오닌이 부족하다. 콩류와 우유는 메치오닌이 부족하다.

45 영양소 무기질중 삼투압 조절 기능을 하지 않는 것은?

① 나트륨(Na)
② 칼륨(K)
③ 불소(F)
④ 염소(Cl)

해설 • 삼투압 조절 : 나트륨(Na), 칼륨(K), 염소(Cl)
• 충치예방 : 불소(F)

46 굳어버린 버터크림의 되기를 조절하기 위해 필요한 재료는?

① 분당 ② 초콜릿
③ 식용유 ④ 캐러멜색소

해설 버터 크림이 굳는 것을 방지하기 위하여 액체 상태인 식용유를 첨가하여 사용한다.

47 튀김 기름의 품질을 저하시키는 요인이 아닌 것은?

① 온도 ② 수분
③ 공기 ④ 항산화제

해설 〈튀김기름의 품질을 저하시키는 요인〉
• 온도(열), 물(수분), 공기(산소), 이물질 등

48 포장에 대한 설명 중 틀린 것은?

① 포장은 제품의 노화를 지연시킨다.
② 미생물에 오염되지 않는 환경에서 포장한다.
③ 충격 등에 대한 품질변화에 주의한다.
④ 뜨거울 때 포장하여 냉각손실을 방지한다.

해설 • 제품이 냉각되지 않은 뜨거운 상태에서 포장하면 포장지 안쪽에 수분이 응축되고 제품은 눅눅해진다. 또한 곰팡이가 발생할 수 있다.
• 낮은 온도에서의 포장하면 제품의 노화 가속되고, 껍질이 건조하기 쉽다.

49 쿠키에 사용하는 암모늄염 계열의 팽창제에 대한 설명으로 틀린 것은?

① 물만 있으면 단독으로 사용
② 반응 후 잔류물이 남지 않는다.
③ 쿠키의 퍼짐을 좋게 한다.
④ 제품의 향을 개선한다.

정답 43 ① 44 ④ 45 ③ 46 ③ 47 ④ 48 ④ 49 ④

해설 〈이스파타〉

- 암모늄 계열의 팽창제이다.
- 물이 있으면 단독으로 작용한다.
- 산성 산화물과 암모니아가스를 발생한다.
- 밀가루 단백질을 부드럽게 연화시킨다.

50 이탈리안 머랭의 설명으로 틀린 것은?

① 토치로 구워 착색하는 제품을 만들 수 있다.
② 흰자에 뜨거운 시럽을 넣어 머랭 만든다.
③ 뜨거운 물에 중탕하여 거품 낸다.
④ 사용되는 시럽은 114~118℃로 만든다.

해설 머랭은 달걀흰자를 차가운 상태에서 거품 내는 일반적인 프랜치 머랭, 뜨거운 물에 중탕한 상태로 거품 내는 스위스 머랭, 흰자 거품에 설탕 대신에 뜨거운 시럽을 넣으며 휘핑해 만드는 이탈리안 머랭으로 나눌 수 있다.

51 흰자 사용 제품에 주석산 크림 또는 식초를 첨가하는 이유가 아닌 것은?

① 흰자의 색을 희게 한다.
② 알칼리성인 흰자의 pH 낮춰 중화한다.
③ 달걀 흰자의 단백질을 약화시킨다.
④ 머랭을 단단하게 한다.

해설 흰자는 중성이나 약산성에서 기포력이 높아진다. 약알칼리성인 흰자에 레몬즙, 또는 구연산 등을 더하면 볼륨감 있는 머랭을 만들 수 있다.
머랭을 휘핑할 때 산(수소이온)을 첨가하면, 단백질끼리의 이황화결합을 방해하여 황화합물의 생성 반응을 억제한다. 그러므로 더 뽀얗게 보인다.

52 도넛에 묻힌 설탕이 녹는 발한현상을 억제하기 위한 조치가 아닌 것은?

① 도넛에 묻히는 설탕의 양을 증가한다.
② 충분히 냉각한다.
③ 냉각중 환기를 많이 시킨다.
④ 가급적 짧은 시간 동안 튀긴다.

해설 발한현상은 수분에 의해 도넛에 묻은 설탕이나 글레이즈가 녹는 현상을 말한다. 도넛은 튀김 시간을 증가 시켜 조치한다.

53 반죽에 레몬즙이나 식초를 첨가하여 굽기를 하였을 때 나타나는 제품의 현상은?

① 조직이 치밀하다.
② 껍질색이 진하다.
③ 향이 짙어진다.
④ 부피가 증가한다.

해설 레몬즙이나 식초는 산 성분으로 조직이 단단해지고, 껍질색이 밝아지며 부피가 작고, 조직이 치밀하다. 향은 약하다.

54 오븐의 실내 속에서 뜨거워진 공기를 강제 순환하는 방식으로 굽기하는 것은?

① 컨벡션오븐　② 데크오븐
③ 터널오븐　④ 릴 오븐

해설 데크오븐 : 일반적인 제과점, 입구와 출구가 같다.(전도열)

- 터널오븐 : 대규모 대량 생산 공장
- 컨벡션오븐 : 오븐속 뜨거운 공기 강제 순환(대류열)

55 지방의 산화를 지연시키는 첨가물은?

① 산소　② 온도
③ 자외선　④ 세사몰

해설 지방의 산화를 방지하기 위한 첨가물로는 토코페롤(비타민 E), 질소, 세사몰 등의 항산화제가 있다.

정답 50 ③　51 ③　52 ④　53 ①　54 ①　55 ④

56 사과파이 껍질의 결의 크기는 어떻게 조절되는가?

① 쇼트닝의 입자크기로 조절한다.
② 쇼트닝의 양으로 조절한다.
③ 접기 수로 조절한다.
④ 밀가루의 양으로 조절한다.

해설 파이나 페스츄리에서는 블랜딩법 등을 통하여 반죽시 유지의 크기를 결정하고 이에 의해 제품의 결의 크기가 결정된다.

57 다음 중 어패류의 생식과 관계 깊은 식중독 세균은?

① 포도상 구균
② 장염비브리오균
③ 살모넬라균
④ 보툴리누스균

해설 〈장염비브리오 균〉
- 해수(3% 소금물)에서 살 수 있다.
- 생선을 날로 먹는 여름철에 많이 발병한다.

58 첨가물이 LD50 값이 작다는 것은 무엇을 의미하는가?

① 독성이 크다.
② 독성이 작다.
③ 안전성이 크다.
④ 저장성이 크다.

해설 〈LD50측정이란?〉
- 독성 정도를 측정하는 반수치사량이다. 측정 전체량의 반을 죽일 수 있는 독의 값을 말한다. LD50 값이 작다는 것은 작은 독의 값으로 전체의 반 이상을 죽일수 있다는 것이다. 독성이 크다는 의미이다.

59 산양, 돼지, 소 등에 감염되어 유산을 일으키고, 고열이 2~3주 주기적으로 일어나는 인축공통감염병은?

① 광우병
② 공수병
③ 파상열
④ 탄저병

해설 〈파상열〉
- 브루셀라증이라고도 한다.
- 주기적인 고열과 함께, 소에게는 유산을 일으킨다.
- 사람에게는 열성질환을 일으킨다.

60 위해요소중점관리기준(HACCP)을 식품별로 정하여 고시하는 사람은?

① 보건복지부장관
② 식품의약품안전청장
③ 시장, 군수, 구청장
④ 환경부장관

해설 식품의약품안전청장은 위해요소중점관리기준을 식품별로 정하여 고시한다.

정답 56 ① 57 ② 58 ① 59 ③ 60 ②

제과기능사

3회 예상모의고사

01 다음 중 푸딩에 대한 설명으로 맞는 것은?

① 달걀, 설탕, 우유등을 혼합하여 직화로 굽는다.
② 반죽을 푸딩컵에 70% 넣는다.
③ 달걀의 열변성을 이용한 제품이다.
④ 푸딩에 반죽을 넣고, 윗면에 캐러멜소스를 붓는다.

해설 〈푸딩〉
- 달걀의 흰자와 노른자를 풀어서 우유와 섞는다. 체에 내려서 찜통에서 약불에 쪄낸다.
- 달걀의 단백질이 열에 변성되는 성질을 이용한다.
- 푸딩컵에 캐러멜소스 넣고, 푸딩반죽은 95% 팬닝한다.

02 분당은 저장중 응고되기 쉬우므로, 이를 방지하기 위하여 넣는 재료는?

① 설탕
② 소금
③ 전분
④ 중조

해설 • 옥수수 전분 3%~5% 혼합하여 분당 덩어리지는 것을 방지한다.
- 설탕, 소금, 글리세린은 수분을 흡수하여 분당이 더 응고되기 쉽게 된다.

03 식품에 첨가하는 소금의 기능으로 틀린 것은?

① 탈수작용으로 식품 내 수분이 증가한다.
② 미생물의 발육을 억제한다.
③ 밀가루 반죽의 탄력성을 증가한다.
④ 짠맛을 내고, 설탕의 단맛을 더욱 좋게 한다.

해설 소금의 역할 : 짠맛을 내는 것 외의 소금의 역할

① 방부작용
 - 천연방부제로 미생물의 발육 억제.(각종염장품)
② 단백질에 작용
 - 열 응고성을 촉진
 - 밀가루 반죽의 탄력성 증진
③ 조직에 작용
 - 탈수 역할(침채류)
④ 효소에 작용
 - 산화효소 억제 : 채소, 과일의 갈변방지
 - 비타민C분해효소억제 : 과즙의 비타민C 보유
⑤ 기타 작용
 - 녹색의 보존

04 냉각하고 포장시 일반적인 빵, 과자의 냉각 온도로 가장 알맞은 것은?

① 38℃ ② 20℃
③ 15℃ ④ 0℃

해설 • 포장시 과자의 냉각 온도는 35~40℃가 알맞다.
- 냉각이 충분하지 못하면 제품에 곰팡이 등으로 변패되기 쉽게 된다.

정답 01 ③ 02 ③ 03 ① 04 ①

05 **옐로우 레이어 케이크에서 쇼트닝과 달걀의 사용량이 올바른 것은?**

① 계란=쇼트닝×1.5
② 계란=쇼트닝×1.43
③ 계란=쇼트닝×1.3
④ 계란=쇼트닝×1.1

해설 〈달걀 사용량〉
- 화이트레이어케이크 : 계란=쇼트닝x1.43
- 초콜릿 케이크 : 계란=쇼트닝x1.1
- 데블스푸드케이크 : 계란=쇼트닝x1.1

06 **옐로우 레이어 케이크에서 우유의 사용량 공식이 올바른 것은?**

① 우유=설탕+25-달걀
② 우유=설탕+30-달걀
③ 우유=설탕+30+(코코아×1.5)-달걀
④ 우유=설탕+30+(코코아×1.5)-흰자

해설 〈우유 사용량〉
- 화이트레이어케이크 : 우유=설탕+30-흰자
- 초콜릿 케이크 : 우유=설탕+30+(코코아x1.5)-달걀
- 데블스푸드케이크 : 우유=설탕+30+(코코아x1.5)-달걀

07 **다음 중 찜류에 사용하는 팽창제의 특성이 아닌 것은?**

① 암모니아 냄새가 난다.
② 중조, 산제제, 완충제로 구성되어 있다.
③ 팽창력이 강하다.
④ 제품의 색을 희게 만들어준다.

해설 • 찜류의 팽창제로 이스파타를 사용한다.
- 이스파타는 팽창력이 강하다.
- 제품의 색을 희게 만든다.
- 암모늄계열로 암모니아 냄새가 난다.

08 **밀가루를 체쳐서 사용하는 이유가 아닌 것은?**

① 공기를 혼입한다.
② 불순물 제거한다.
③ 가루재료를 섞는다.
④ 밀가루 색을 더 희게 한다.

해설 • 전처리 과정으로 가루를 모아 체친다.
- 불순물을 제거하고, 덩어리를 풀어준다.
- 공기혼입으로 흡수율을 증가한다.
- 재료를 고르게 분산시킨다.

09 **흰자를 거품내고 뜨거운 시럽을 흘려 넣으며 고속으로 믹싱하여 만드는 아이싱은?**

① 로얄아이싱
② 초콜릿아이싱
③ 마시멜로우아이싱
④ 콤비네이션아이싱

해설 〈아이싱〉
- 단순아이싱과 크림아이싱으로 구분한다.
- 크림아싱은 퍼지, 퐁당, 마시멜로, 콤비네이션, 초콜릿, 로얄아이싱으로 구분된다.

퍼지	설탕, 버터, 초콜릿, 우유넣고 크림화
퐁당	설탕시럽을 기포화
마시멜로	흰자에 뜨거운 시럽넣고 거품올림
콤비네이션	단순아이싱과 크림아이싱을 섞음
초콜릿	초콜릿을 녹여 물과 분당 섞는다.
로얄	흰자와 분당을 섞는다.

10 **다음 중 과자를 만드는 제법이 다른 반죽법은?**

① 드롭쿠기
② 스냅쿠키
③ 스펀지쿠기
④ 쇼트브레드쿠키

정답 05 ④ 06 ① 07 ② 08 ④ 09 ③ 10 ③

해설 〈반죽에 따른 쿠키 분류〉
- **반죽형쿠키** : 드롭쿠키, 스냅쿠키, 쇼트브레드쿠키
- **거품형쿠키** : 스펀지쿠키, 머랭쿠기

11 제조법에 따른 쿠키의 분류가 아닌 것은?

① 냉각후 밀대로 밀어펴기한다.
② 짤주머니에 넣어 짠다.
③ 반죽을 틀에 붓고 채운다.
④ 분할하고 중간발효 후 정형한다.

해설 〈쿠키 제조법〉
- 밀어펴서 정형하는 쿠키
- 짜는 형태의 쿠키
- 냉동 쿠키
- 손작업 쿠키
- 판에 등사하는 쿠키 등이 있다.

12 지방은 무엇이 결합하여 구성되는가?

① 지방산과 글리코겐
② 지방산과 글리세롤
③ 아미노산과 글리세린
④ 불포화지방산과 포화지방산

해설 지방은 3분자의 지방산과 1분자의 그리세린(글리세롤)의 에스테르 결합으로 구성된다.

13 육류제품이 미생물에 의해 악취가나고 인체에 유해하게 바뀌는 것을 무엇이라 하는가?

① 변패
② 산패
③ 부패
④ 발효

해설 〈식품의 변질〉

변패	탄수화물, 지방이 미생물로 유해하게 변함
부패	단백질이 미생물로 유해하게 변함
산패	지방이 공기중 산소로 유해하게 변함
발효	식품이 미생물에 의해 유익하게 변함

14 생산부서의 지난달 원가관련 자료가 아래와 같을 때 생산 가치율은 얼마인가?

- 근로자 : 100명
- 생산액 : 1,000,000,000원
- 생산가치 : 300,000,000원
- 인건비 : 170,000,000원
- 외부가치 : 700,000,000원
- 감가상각비 : 20,000,000원

① 25% ② 30%
③ 35% ④ 40%

해설 생산가치율%
=(생산가치/생산금액)x100
=(300,000,000/1,000,000,000)x100
=30%

15 초콜릿 템퍼링을 잘못 설명한 것은?

① 다크초콜릿은 처음에 50℃ 로 녹인다.
② 다크초콜릿은 50℃ 녹인후, 27℃로 내린다.
③ 다크초콜릿은 27℃로 내렸다 다시 40℃로 올린다.
④ 수냉법, 접종법, 대리석법 등으로 템퍼링한다.

해설 〈다크초콜릿 템퍼링(수냉법)〉
- 다크초콜릿은 중탕으로 45~50℃ 로 녹인다.
- 냉수에 용기를 담궈 온도를 27℃로 내린다.
- 중탕으로 30℃로 올려 작업서을 높인다.

정답 11 ④ 12 ② 13 ③ 14 ② 15 ③

16 우유의 단백질중 카제인이 차지하는 비율은?

① 20%　② 40%
③ 60%　④ 80%

해설 〈우유의 카제인〉
- 우유단백질인 카제인은 약 80%를 차지
- 20%의 대부분은 락토알부민과 락토글로블린
- 우유의 카제인은 영양학적으로 완전단백질이다.
- 카제인은 우유의 주요 단백질로 치즈 가공에 주로 사용되는 성분이다.

17 퐁당에 대한 설명으로 알맞은 것은?

① 시럽을 끓이고 20℃로 식혀서 저어준다.
② 유화제를 사용하여 부드럽게 만든다.
③ 퐁당이 굳으면 가열하여 녹인다.
④ 시럽을 114~118℃로 끓인다.

해설 〈퐁당 만들기〉
- 시럽을 114~118℃로 끓인다.
- 40℃로 식혀 휘젓기 한다.
- 물엿, 전화당, 시럽을 사용하여 부드럽게 한다.
- 굳으면 시럽(설탕:물=2:1) 넣어 풀어준다.

18 파운드케이크 반죽을 팬닝할때 팬의 부피를 구하고, 반죽 팬닝량을 구하시오.

- 가로 27cm/세로 11cm/높이 6cm
- 파운드 케이크의 비용적은 2.4cm^3/g

① 500g　② 550g
③ 620g　④ 740g

해설
- 부피=가로x세로x높이
=27×11×6=1782g
- 분할량=부피/비용적
=1782/2.4=742.5g

19 다음 중 제과용 믹서기로 적합하지 않은 것은?

① 수직형 믹서
② 에어 믹서
③ 수평형 믹서
④ 연속식 믹서

해설 〈제빵전용 믹서〉
- 수평형믹서 : 전체량의 60~70% 반죽이 적당하다.
- 스파이럴믹서 : 된반죽의 유럽빵에 알맞다.

20 달걀의 흰자의 수분:고형분의 비율이 알맞은 것은?

① 75:25　② 88:12
③ 50:50　④ 10:90

해설

	전란	노른자	흰자
고형분%	75	50	12
수분%	25	50	88

21 도넛의 발한현상 방지대책으로 맞는것은?

① 튀김시간을 줄인다.
② 뜨거울때 글레이즈 묻힌다.
③ 설탕량을 늘인다.
④ 설탕의 점착력이 낮은 기름을 사용한다.

해설 〈발한 현상〉
- 도우넛에 묻힌 설탕이나 글레이즈가 수분에 녹아 시럽처럼 변한다.

〈발한현상 방지법〉
- 설탕 사용량을 늘인다.
- 충분히 식힌 후 아이싱한다.
- 튀김시간을 늘인다.
- 스테아린을 첨가하여 설탕의 점착력을 높인다.

정답 16 ④　17 ④　18 ④　19 ③　20 ②　21 ③

22 데코레이션 케이크 하나를 완성하는 데 한 작업자가 5분이 걸린다면, 작업자 5명이 500개를 만드는 데 몇 시간이 걸리는가?

① 8시간 10분
② 8시간 15분
③ 8시간 20분
④ 8시간 25분

해설 500개/5명x5분÷60분
=8.3333=8시간(0.3333×60)분
=8시간 19.998분

23 옐로우 레이어 케이크 배합에 24% 초콜릿을 추가하여 초콜릿케이크를 만든다면, 원래 사용되는 쇼트닝 50%의 유화제는 어떻게 변경되어야 하는가?

① 50.5% ② 45.5%
③ 40.5% ④ 35.5%

해설 • 초콜릿의 5/8는 코코아, 3/8 카카오버터로 구성
24x5/8=15%=코코아
24x3/8=9%=카카오버터
• 초콜릿의 카카오버터는 유화쇼트닝 1/2 역할함
9%x1/2=4.5%
• 유화제 변경
50−4.5=45.5%

24 지방을 구성하는 글리세린에 대한 설명으로 옳은 것은?

① 지방을 가수분해하면 글리세롤 3분자와 지방산 1분자로 분해된다.
② 글리세린의 감미도가 자당과 같다.
③ 무색, 무취이다.
④ 흡습성이 낮다.

해설 • 글리세린은 글리세롤 이라고도 한다.
• 3개 지방산과 1개의 글리세롤은 지방을 구성한다.
• 글리세린은 무색, 무취, 감미가 있다.
• 감미도는 자당의 1/3정도 이다.
• 흡습성, 안전성이 있다.
• 용매, 유화제 작용을 한다.

25 혈당의 저하와 관계가 깊은 것은?

① 인슐린
② 글루카곤
③ 리파아제
④ 펩티다아제

해설 • 인슐린 : 혈당을 근육·간으로 보내 혈관의 혈당을 내린다.
• 글루카곤 : 축적된 당성분을 혈관으로 꺼낸다. 혈당을 올린다.

26 밀가루 손상전분 1% 증가에 대하여 흡수율은 어떻게 변화하는가?

① 2% 증가 ② 1.5% 증가
③ 1% 감소 ④ 2% 감소

해설 • 밀가루 단백질 1% 증가시 흡수율 1.5~2% 증가한다.
• 손상전분은 1%증가시 흡수율 2% 증가한다.

27 다음 중 중화가를 구하는 공식은?

① (중조의 양/산성제의 양)×100
② (산성제의 양/중조의 양)×100
③ 중조의 양×100
④ (산성제의 양×중조의 양)/산성제의 양×100

해설 〈중화가〉
• 산성제 100g을 중화시키는데 필요한 중조의 양
• 중화가=(중조의 양/산성제의 양)X100

정답 22 ③ 23 ② 24 ③ 25 ① 26 ① 27 ①

28 **커스터드크림을 만들기 위해 노른자가 500g 필요하다. 껍질을 포함 60g짜리 달걀을 몇 개 준비해야 하는가?**

① 9개 ② 10개
③ 14개 ④ 28개

해설 〈달걀의 구성〉
- 껍질 : 10%(6g)
- 노른자 : 30%(18g)
- 흰자 : 60%(36g)

→ 그러므로, 500g÷18g=27.77(개)

29 **반죽형 케이크의 굽기시 가운데가 솟는 이유로 맞는 것은?**

① 오븐 윗불이 약하다.
② 오븐 굽기시간이 길다.
③ 유지 사용량이 적다.
④ 달걀의 사용량이 많다.

해설 반죽형 케이크의 중심부가 솟는 이유
- 유지의 사용량이 적은 경우
- 오븐의 윗불이 높은 경우
- 달걀의 사용량이 적어 기포가 부족한 경우
- 반죽이 되기가 된 경우

30 **케이크에서 설탕의 역할과 거리가 먼 것은?**

① 제품의 형태를 유지시킨다.
② 껍질색을 진하게 한다.
③ 수분보유력이 있어 노화가 지연된다.
④ 감미를 준다.

해설 〈설탕의 특성〉
- 감미를 준다.
- 껍질색을 진하게 한다(캬라멜 반응)
- 수분보유력이 있어 노화가 지연된다.
- 전분의 노화를 방지한다.
- 기포 형성때 볼륨감을 좋게 한다.
- 달걀 거품을 안정시킨다.
- 구음색과 향을 결정한다.

※ 제품 형태를 유지하는 재료 : 밀가루, 달걀 등이다.

31 **파운드 케이크를 구운 직후 달걀 노른자에 설탕을 넣어 칠한다. 이때 설탕의 역할이 아닌 것은?**

① 맛의 개선
② 퍼짐현상 방지
③ 보존기간 연장
④ 광택제 효과

해설 〈설탕의 역할〉
- 맛의 개선(감미)
- 광택제 역할
- 보습효과(보존기간 연장)

32 **잼이나 젤리의 형성을 위해 필요한 3가지 요소가 아닌 것은?**

① 펙틴 ② 유기산
③ 설탕 ④ 젤라틴

해설 〈잼을 만들기 위한 3요소〉
- 당분(설탕) : 60~65%
- 펙틴(안정제) : 1~1.5%
- 유기산(pH 3.2)

33 **코코아에 대한 설명으로 맞는 것은?**

① 더취코코아는 색상이 약하다.
② 천연코코아는 색상이 진하다.
③ 더취는 천연코코아에 산성처리 한 것이다.
④ 더취코코아는 물에 잘 분산된다.

해설 • 코코아는 천연코코아와 더취코코아로 나눈다.
- 천연코코아에 알칼리 처리하여 더취코코아가 된다.
- 더취코코아는 색상이 진하고, 물에 잘 분산된다.

정답 28 ④ 29 ③ 30 ① 31 ② 32 ④ 33 ④

34 성형한 파이 반죽에 포크 등을 이용하여 구멍을 내주는 가장 주된 이유는?

① 제품을 부드럽게 한다.
② 제품의 팽창을 돕는다.
③ 제품의 수축을 막는다.
④ 제품의 기포가 생기는 것을 막는다.

해설 • 파이 반죽에 포크 등을 이용해 구멍을 내주는 이유
- 제품에 기포나 수포가 생기는 것을 방지한다.
- 충전물이 끓어 넘치지 않도록 한다.

35 물 100g에 설탕 50g을 녹이면 당도는 어떻게 되는가?

① 60% ② 50%
③ 40% ④ 30%

해설 농도% = (용매 + 용질) / 용질 x 100
= (100 + 50) / 50 x 100
= 150 / 50 x 100 = 30%

36 다음제품중 제조 공정시 표면을 건조하지 않는 제품은?

① 핑거쿠키
② 슈
③ 밤과자
④ 마카롱

해설 슈는 굽기전에 팬닝된 슈 반죽에 물을 분무하거나 침지하여 빠른 껍질의 형성을 막는다. 오븐에서 팽창이 더 커질수 있다.

37 전분을 덱스트린으로 변화시키는 효소는?

① β-아밀라제
② 찌마제
③ 말타제
④ α-아밀라아제

해설 〈전분 분해 효소〉
• β-아밀라아제 : 전분을 맥아당으로 분해
• α-아밀라아제 : 전분을 덱스트린으로 분해
• 말타아제 : 맥아당을 포도당과 포도당으로 분해
• 찌마아제 : 단당류를 알코올과 이산화탄소로 분해

38 굽기 과정중 굽기색이 가장 잘 일어나는 당은?

① 과당
② 포도당
③ 갈락토오즈
④ 만노오즈

해설 〈굽기색 나는 온도〉
• 과당 : 110℃
• 포도당, 갈락토오즈 : 160℃
• 맥아당 : 180℃

39 레이어 케이크의 결과 반죽온도로 마찰계수와 희망수의 온도를 구하려고 한다. 실내온도 25, 밀가루온도 25, 수돗물온도 23, 반죽 결과온도 25이다. 반죽희망온도는 23이다.

① 마찰계수 10, 희망수 온도 22℃
② 마찰계수 8, 희망수 온도 21℃
③ 마찰계수 4, 희망수 온도 20℃
④ 마찰계수 2, 희망수 온도 19℃

해설 • 마찰계수
=반죽결과온도x3-(실내온도+밀가루온도+수돗물온도)
=25x3-(25+25+23)=75-73=2
• 사용희망수 온도
=반죽희망온도x3-(실내온도+밀가루온도+마찰계수)
=23x3-(23+25+2)=69-50=19

정답 34 ④ 35 ④ 36 ② 37 ④ 38 ① 39 ④

40 **나가사끼 카스테라 제조 시 굽기 과정에서 휘젓기하는 이유가 아닌 것은?**

① 반죽의 온도를 균일하게 한다.
② 팽창을 크게하게 한다.
③ 내상을 균일하게 한다.
④ 껍질표면을 매끄럽게 한다.

해설 • 반죽온도를 균일하게 한다.
• 내상이 균일하게 한다.
• 껍질 표면은 매끄럽게 된다.

41 **퍼프 페이스트리용 밀가루의 단백질 함량으로 적당한 것은?**

① 5.5~7.5%
② 7~8%
③ 9~10%
④ 13~14%

해설 퍼프 페이스트리와 데니쉬 페이스트리는 강력분을 사용한다.
• **강력분** : 밀가루 단백질(글루텐) 13% 이상
• **중력분** : 밀가루 단백질(글루텐) 10~13%
• **박력분** : 밀가루 단백질(글루텐) 10% 이하

42 **완성된 쿠키의 크기가 작은 경우 원인이 아닌 것은?**

① 반죽이 산성이다.
② 과도한 반죽을 하였다.
③ 반죽이 묽다.
④ 오븐온도가 높다.

해설 〈쿠키의 퍼짐이 작은 이유〉
• 산성 반죽
• 된반죽
• 과도한 믹싱죽
• 높은 오븐 온도
• 입자가 곱거나 적은 양의 설탕 사용

〈쿠키의 퍼짐이 큰 이유〉
• 알칼리성 반죽
• 묽은 반죽
• 부족한 믹싱
• 낮은 오븐 온도
• 입자가 크거나 많은 양의 설탕 사용

43 **튀김시 과도한 흡유의 원인이 아닌 것은?**

① 반죽의 글루텐 형성이 부족하다.
② 반죽 시간이 짧았다.
③ 반죽의 수분 적었다.
④ 튀김기름의 온도가 낮았다.

해설 〈튀김시 과도한 흡유의 원인〉
• 반죽 시간이 짧았을 때
• 반죽의 글루텐 형성이 부족할 때
• 반죽의 수분이 과다할 때
• 팽창제를 과도하게 사용했을 때
• 튀김기름의 온도가 낮았을 때

44 **냉과의 종류가 아닌 것은?**

① 바비루아
② 푸딩
③ 무스
④ 양갱

해설 • **바비루아** : 커스터드에 생크림과 젤라틴을 넣고 과일 퓨레 넣은 제품이다.
• **무스** : 프랑스어로 거품을 말한다. 커스터드, 과일퓨레, 생크림, 젤라틴 넣는다.
• **푸딩** : 달걀, 우유, 설탕을 데우고, 달걀을 혼합하여 중탕하여 굽는다. 팬닝량은 95%이다.
• **블라망제** : 아몬드 넣은 희고 부드러운 냉과이다.

정답 40 ② 41 ④ 42 ③ 43 ③ 44 ④

45 다음 제품별 제법중 종류가 다른 것은

① 스펀지케이크
② 롤케이크
③ 쉬퐁케이크
④ 파운드케이크

해설 • 반죽형 케이크 : 파운드케이크, 레이어케이크
• 거품형 케이크 : 스펀지케이크, 롤케이크, 엔젤푸드케이크

46 산성 반죽으로 제품을 만들었을 때 특징은?

① 제품의 부피가 작다.
② 제품 기공이 크다.
③ 약한 단맛이 있다.
④ 껍질색이 진하게 나온다.

해설 〈산성반죽의 특징〉
• 작은 기공
• 조밀한 조직
• 작은 부피
• 여린 껍질색과 속색
• 약한 향과 신맛
• 산은 글루텐응 응고시켜 부피팽창을 방해
• 산은 당의 캐러멜화를 방해해여 껍질색 연하게 함

47 과자류 제품의 기계 설비와 거리가 먼 것은?

① 라운더 ② 데포지터
③ 데크오븐 ④ 에어믹서

해설 • 라운더 : 분할 반죽을 둥글리기 하는 제빵용 기계
• 데포지터 : 크림이나 과자반죽을 자동으로 모양 짜는 기계
• 에어믹서 : 제과전용 반죽기

48 필수아미노산 트립토판 60mg은 비타민으로 전환될수 있다. 다음 중 맞는 것은?

① 티아민, 60mg
② 리보플라빈, 20mg
③ 토코페롤, 10mg
④ 나이아신, 1mg

해설 • 트립토판은 체내에서 나이아신으로 전환된다.
• 60:1의 비율로 전환된다.

49 지용성 비타민의 특징이 맞는 것은?

① 결핍증이 느리게 나타난다.
② 몸에서 사용후 남은 비타민은 배설된다.
③ 물에 녹아 흡수.배설 된다.
④ 비타민C 지용성 비타민이다.

해설 〈지용성 비타민〉
• 몸에서 사용후 남은 비타민은 축적된다.
• 결핍증은 서서히 나타난다.
• 기름에 녹아서 몸에 흡수된다.
• 비타민 A, D, E, K는 지용성비타민이다.

50 다음 중 수용성 향료의 특징으로 옳지 않은 것은?

① 물에 녹는다
② 기름에 쉽게 용해된다.
③ 내열성이 약하다.
④ 고농도의 제품을 만들기 쉽다.

해설 〈수용성 향료의 특징〉
• 기름에 녹지 않고 물에 녹는다.
• 물에 잘 녹기 때문에 유화제가 필요 없다.
• 내열성이 약하다.
• 고동도의 제품을 만들기 어렵다.

정답 45 ④ 46 ① 47 ① 48 ④ 49 ① 50 ④

51 식품첨가물 중 보존료의 조건이 아닌 것은?

① 장기간 효력을 낼 것
② 변패를 일으키는 미생물의 증식을 억제할 것
③ 무미.무취하고 자극성 없을 것
④ 식품 성분과 반응하여 좋은 변화가 있을 것

해설 〈보존료의 조건〉
- 변패를 일으키는 미생물의 증식을 억제할 것
- 독성이 없거나 매우 적어 인체에 해가 없을 것
- 무미, 무취하고 자극성이 없을 것
- 공기, 광선, 열에 안정할 것
- 사용이 편리하고 저렴할 것
- 장기간 효력이 있을 것
- 식품의 성분과 반응하거나 성분 변화 없을 것

52 다음 중 감염형 식중독균이 아닌 것은?

① 장염비브리오균
② 살모넬라균
③ 보툴리누스균
④ 병원성대장균

해설 〈식중독〉
- 세균성 식중독
  감염형 : 살모넬라균, 장염비브리오균, 병원성대장균
  독소형 : 포도상구균, 보툴리누스균, 웰치균
- 자연독에 의한 식중독
  식물성 : 솔라닌, 고씨폴, 아미그달린, 무스카린 등
  동물성 : 테트로도톡신, 삭시톡신, 베네루핀 등
- 화학 물질에 의한 식중독
  유해첨가물 : 유해감미료, 유해착색제, 유해방부제등
  유해중금속 : Cd, Hg 등

53 다음 중 냉장 온도에서 증식가능하여 육류,가금류 외에도 열처리하지 않은 우유나 아이스크림 등을 통하여 식중독을 일으키며 태아나 임산부에게 치명적인 독은?

① 비브리오균
② 보툴리누스균
③ 탄저균
④ 리스테리아균

해설 〈리스테리아균〉
- 냉장 온도에서 증식이 가능한 저온균
- 적은 균량으로도 식중독 일으킴
- 임산부의 자궁내 패혈증 일으킴
- 태아에게 수막염일으킴

54 빵 및 케이크류에 사용이 허가된 보존료는?

① 안식향산
② 프로피온산
③ 롱가릿
④ 포름알데히드

해설 〈프로피온산〉
- 빵, 과자 및 케이크 류에 사용하는 보존료이다.
- 부패 원인균에 유효하고, 발효균인 효모에는 작용하지 않는다.

55 글리세린에 대한 설명으로 틀린 것은?

① 물보다 비중이 가볍고, 물에 녹지 않는다.
② 식품의 보습제로 이용한다.
③ 지방을 가수분해해 지방산과 글리세린을 얻는다.
④ 무색, 무취로 시럽과 같은 액체이다.

정답 51 ④ 52 ③ 53 ④ 54 ② 55 ①

해설 • 지방을 가수분해해 글리세린을 얻는다.
• 무색, 무취, 감미를 가진다.
• 물보다 비중이 무겁고, 물에 잘 녹는다.
• 식품보습제로 이용한다.

56 **신선도가 저하된 고등어등 등푸른 생선을 먹고 식중독이 발생하였다면 그 원인은 무엇인가?**

① 트리메틸아민
② 히스타민
③ 테트로도톡신
④ 삭시토신

해설 〈알러지성 식중독〉
• 원인 : 어육에 다량 함유된 히스타민
꼬치, 고등어, 가다랑어 등 등푸른 생선 섭취
• 증세 : 안면홍조, 발진 등

57 **영양소 중 열량영양소의 설명으로 옳은 것은?**

① 탄수화물은 단백질보다 칼로리가 많다.
② 탄수화물은 단백질보다 칼로리가 적다
③ 탄수화물은 지방보다 칼로리가 많다.
④ 탄수화물은 지방보다 칼로리가 적다

해설 〈열량영양소〉
• 탄수화물 : 1g당 4kcal
• 단백질 : 1g당 4kcal
• 지방 : 1g당 9kcal

58 **손에 화농성 염증이 있는 조리사가 만든 음식을 먹고 감염될 수 있는 식중독은?**

① 장염비브리오 식중독
② 황색포도상구균 식중독
③ 살모넬라 식중독
④ 보툴리누스균 식중독

해설 〈세균성식중독〉
• 감염형
- 살모넬라
- 장염비브리오 : 해수에서 생존(어패류)
- 병원성 대장균 : 분변오염지표
• 독소형
- 보툴리누스균 : 뉴로톡신(신경독)
- 포도상구균 : 엔테로톡신(화농성질환)
- 웰치균 : 엔트로톡신

59 **다음 중 복어의 독성분은?**

① 뉴로톡신
② 무스카린
③ 엔테로특신
④ 테트로도톡신

해설 • 뉴로톡신 : 보툴리누스균(독소형식중독균), 캔식품
• 테트로도톡신 : (자연독식중독균), 복어생식기
• 엔테로톡신 : 포도상구균(감염형식중독균), 화농균
• 무스카린 : 독버섯(자연독식중독균)

60 **다음 중 HACCP 의 준비단계 5절차에 속하지 않는 것은?**

① HACCP팀 구성
② 사용용도 확인
③ 공정흐름도 작성
④ 기록유지 및 문서관리

해설 〈HACCP의 준비 5절차〉
1. HACCP팀 구성
2. 제품 설명서 작성
3. 사용 용도 확인
4. 공정 흐름도 작성
5. 공정 흐름도 현장 확인

정답 56 ② 57 ④ 58 ② 59 ④ 60 ④

제빵기능사

1회 예상모의고사

01 소금을 늦게 넣어 믹싱 시간을 단축하는 방법은?

① 염장법
② 염지법
③ 후염법
④ 훈제법

해설 〈후염법〉
- 소금을 클린업 단계 직후에 넣어 믹싱하는 방법
- 장점 : 반죽시간 단축, 흡수율 증가, 조직 연화

02 중간발효가 필요한 이유는?

① 반죽에 유연성을 부여하기 위하여
② 모양을 일정하게 하기 위하여
③ 반죽 온도를 낮게 하기 위하여
④ 탄력성을 약화시키기 위하여

해설 〈중간발효의 목적〉
- 분할과 둥글리기 공정에서 손상된 글루텐 구조의 재정비
- 가스 발생으로 반죽의 유연성 회복
- 중간발효를 거쳐 반죽 정형이 용이

03 제빵 반죽단계에서 믹싱을 가장 빠르게 완료해야 하는 제품은?

① 데니시 페이스트리
② 하스 브레드
③ 단과자빵
④ 햄버거빵

해설 • 발전 단계 종료 : 하스브레드
- 최종 단계 종료 : 단과자빵, 일반적인 식빵
- 렛 다운 단계 종료 : 햄버거빵, 비상법 제품

04 일반적으로 풀먼식빵의 굽기 손실은 얼마나 되는가?

① 약 2~3 %
② 약 4~6 %
③ 약 7~9 %
④ 약 11~13 %

해설 〈굽기 손실〉
- 굽기 공정을 거친 후 빵의 무게가 줄어드는 현상
- 식빵류 : 11~12 %
- 풀먼식빵 : 7~9 %
- 단과자빵 : 10~11 %
- 하스브레드(바게트) : 20~25 %

05 둥글리기의 목적이 아닌 것은?

① 글루텐의 구조와 방향 정돈
② 반죽 표면에 얇은 막 형성
③ 반죽의 기공을 고르게 유지
④ 수분 흡수력 증가

해설 〈둥글리기 목적〉
- 글루텐 구조와 방향을 재 정돈한다.
- 균일하게 가스를 분산하여 반죽의 기공을 고르게
- 반죽의 절단면의 점착성을 감소시킨다.
- 반죽 표면에 얇은 막을 형성하여 끈적거림 제거
- 가스를 보유할 수 있는 구조를 만든다.

06 발효 손실에 관한 설명으로 틀린 것은?

① 반죽 온도가 높으면 발효 손실이 크다.
② 발효시간이 길면 발효 손실이 크다.
③ 고배합률 일수록 발효 손실이 크다.
④ 발효 습도가 낮으면 발효 손실이 크다.

정답 01 ③ 02 ① 03 ① 04 ③ 05 ④ 06 ③

해설

구분	크다	작다
반죽 온도	높을수록	낮을수록
발효시간	길수록	짧을수록
배합률	저배합	고배합
발효실 온도	높을수록	낮을수록
발효실 습도	낮을수록	높을수록

07 팬 오일의 구비 조건이 아닌 것은?

① 높은 발연점
② 무색, 무미, 무취
③ 가소성
④ 항산화성

해설 〈팬 오일의 구비 조건〉
- 산패에 대한 안정성 높음(항산화성)
- 반죽 무게의 0.1~0.2%를 사용
- 발연점이 높음(210℃ 이상)
- 무색, 무미, 무취

08 소규모 베이커리용으로 가장 많이 사용되며 반죽을 넣는 입구와 제품을 꺼내는 출구가 같은 오븐은?

① 컨벡션 오븐
② 터널 오븐
③ 로터리 래크 오븐
④ 데크 오븐

해설

컨벡션 오븐	대류식 오븐
터널 오븐	공장에서 많이 사용 넓은 면적이 필요하고 열 손실이 큼
로터리 래크 오븐	래크가 회전하며 열 전달이 잘됨 대량 생산에 적합

09 굽기 중 전분의 호화 개시 온도와 이스트의 사멸 온도로 가장 적당한 것은?

① 20℃
② 30℃
③ 40℃
④ 60℃

해설 • 전분의 호화 : 60℃ 전후
- 이스트 사멸 온도 : 60~63℃

10 냉동반죽법의 냉동과 해동 방법으로 옳은 것은?

① 급속 냉동, 급속 해동
② 급속 냉동, 완만 해동
③ 완만 냉동, 급속 해동
④ 완만 냉동, 완만 해동

해설 〈냉동 반죽법〉
반죽을 -40℃에서 급속 냉동 시킨 후, -25~-18℃에 냉동 저장하여 한다. 냉동 반죽 제품은 냉장고(5~10℃)에서 15~16시간 완만하게 해동하여 사용한다.

11 밀가루 반죽을 끊어질 때까지 늘려서 반죽의 신장성을 알아보는 것은?

① 아밀로그래프
② 패리노그래프
③ 익스텐소그래프
④ 믹소그래프

해설 〈반죽의 물리적 시험〉
- 아밀로그래프 : 밀가루의 호화 온도, 호화 정도, 점도 변화를 파악
- 패리노그래프 : 글루텐 질을 측정
- 믹소그래프 : 반죽형성 및 글루텐 발달 정도 측정

정답 07 ③ 08 ④ 09 ④ 10 ② 11 ③

12 제빵용 밀가루의 적정 손상 전분의 함량은?

① 1% 이하 ② 1.5~4%
③ 4.5~8% ④ 7.5%~10%

해설 〈손상 전분(Damage starch)〉
- 제분 가공 중 고속으로 회전하는 두개의 롤(Roll: 구르기, 구름 장치, 타원형처럼 된 기구)에 의해 밀알이 분쇄될 때 전분립이 충격을 받아 전분의 입자가 손상을 받는 것을 말한다.
- 밀가루의 손상전분 함량은 밀의 경도와 관계가 있어 연질밀보다 경질밀에 손상전분의 함량이 많다.
- 제빵에 있어 손상전분은 효소작용을 쉽게 받고 흡수력이 크며, 반죽 및 빵의 성질에 영향을 준다.

13 식빵의 비용적이 알맞은 것은?

① $5.08cm^3/g$ ② $4.71cm^3/g$
③ $3.36cm^3/g$ ④ $2.40cm^3/g$

해설 〈비용적〉
- 반죽 1g당 필요로 하는 팬의 부피
- 비용적=팬의 부피/분할 중량

〈제품별 비용적〉
- 스펀지케이크 : $5.08cm^3/g$
- 엔젤푸드케이크 : $4.71cm^3/g$
- 레이어케이크 : $2.96cm^3/g$
- 파운드케이크 : $2.40cm^3/g$
- 식빵 : $3.36cm^3/g$

14 제빵에서 과도하게 부피가 커지는 제품의 원인이 될수 있는 것은?

① 높은 오븐 온도 ② 소금량의 부족
③ 이스트의 부족 ④ 계란의 부족

해설 〈소금의 기능〉
- 삼투압 작용으로 식품내 수분제거
- 부패되는 박테이라의 증식을 억제한다.
- 글루텐 생성 도움, 구조력 도움
- 음식의 쓴맛 완화, 단맛을 강화
- 음식의 향을 강화
- 소금량 과다하면, 삼투압에 의해 부피가 작아진다.
- 소금량이 부족하면, 부피가 과도하게 커지지만, 구조력이 나빠서 충격에 쉽게 꺼진다.

15 버터의 종류에 대한 설명으로 틀린 것은?

① 천연버터: 유지방 80%, 우유로 발효하여 만든다.
② 가공버터: 유지방 60%, 트랜스지방 함량 낮다.
③ 발효버터: 젖산균을 넣어, 풍미가 진하다.
④ 가염버터: 소금 2% 넣은 버터이다.

해설 가공버터 : 유지방은 50% 이상 차지한다. 기타 첨가물이 들어간 버터이다. 가격이 저렴하지만, 트랜스 지방의 함량이 높은 단점이 있다.

16 굽기시 빵의 껍질에 일어나는 갈변반응을 올바르게 설명한 것은?

① 설탕은 온도가 100℃가 되면 캬라멜 반응 한다.
② 이스트가 굽기중 사멸하고, 그로 인해 제품이 갈변한다.
③ 글루텐이 굽기중 오븐팽창하여 갈변반응 한다.
④ 환원당과 아미노산의 메일라이드 반응이다.

해설 〈굽기시 색나는 반응〉
- 캬라멜 반응 : 160~180℃에서 캐러멜 반응한다. (당+열=갈색)
- 메일라이드반응 : 환원당과 아미노산의 반응에 의해 갈변한다. (당+열+아미노산=갈색)

정답 12 ③ 13 ③ 14 ② 15 ② 16 ④

17 전분의 아밀로오즈와 아밀로펙틴에 대한 설명이 틀린 것은?

① 찰옥수수는 아밀로오즈가 10%, 아밀로펙틴이 90%로 구성된다.
② 아밀로오즈는 요오드 반응에 청색으로 반응한다.
③ 아밀로펙틴은 이중결합이 존재한다.
④ 아밀로오즈는 직쇄결합을 한다.

해설 • 전분은 아밀로오즈 20%와 아밀로펙틴 80%로 구성
• 아밀로오즈 : 직쇄결합
α-1.4결합
노화가 빠르게 진행한다.
요오드에 청색반응
• 아밀로펙틴 : 측쇄결합, 직쇄결합
α-1.4결합, α-1.6결합
노화가 천천히 진행된다.
요오드에 적색반응

18 이스트를 2% 사용하였더니 발효시키는 데 90분이 걸렸다. 이스트를 4% 사용하면 발효시간은 얼마로 조정되는가?

① 30분 ② 45분
③ 50분 ④ 55분

해설 • 새로운 발효시간=(현재이스트양×현재발효시간)/새로운이스트양=2×90/4=45분

19 액체 발효법(액종법)에 대한 설명으로 옳은 것은?

① 균일한 제품생산이 어렵다.
② 발효 손실에 따른 생산 손실을 줄일 수 있다.
③ 공간 확보와 설비비가 많이 든다.
④ 한 번에 많은 양을 발효시킬 수 없다.

해설 〈액제 발효법〉
• 균일한 제품 생산이 가능
• 시간, 노력, 공간, 설비가 감소
• 한 번에 많은 양을 발효시킬 수 있음
• 빵의 용적이 크고 노화가 느림

20 냉동반죽법의 장점이 아닌 것은?

① 계획 생산 가능
② 다품종 생산 가능
③ 시설면적 축소
④ 풍부한 발효향

해설 〈냉동반죽법의 장점〉
• 야간 또는 휴일에 작업이 편하다.
• 소비자에게 신선한 빵 제공한다.
• 보관과 운반이 편하다.
• 다품종 소량생산 가능하다.
• 작업장 설비면적 줄어든다.
• 계획 생산이 가능하다.

21 주로 소매점에서 자주 사용하는 믹서로써 거품형 케이크 및 빵 반죽이 모두 가능한 믹서는?

① 수직 믹서(vertical mixer)
② 스파이럴 믹서(spiral mixer)
③ 수평 믹서(horizontal mixer)
④ 에어 믹서(air mixer)

해설 〈믹서의 종류〉

수직형 믹서	소규모 제과점에서 케이크 및 빵 반죽을 만들 때 사용
수평형 믹서	대량 생산
스파이럴믹서	S형 훅이 고정되어 있는 제빵 전용
에어 믹서	제과 전용

정답 17 ① 18 ② 19 ② 20 ④ 21 ①

22 일반적인 빵류 제품 제조 시 2차 발효실의 가장 적합한 온도는?

① 25~30℃ ② 30~35℃
③ 35~40℃ ④ 45~50℃

해설 2차 발효에서 사용되는 온도는 33~54℃정도. 일반적으로 사용되는 적합온도는 35~40℃이다.

23 다음 재료 중 발효에 미치는 영향이 가장 적은 것은?

① 이스트 양 ② 온도
③ 소금 ④ 유지

해설 〈발효에 영향을 주는 요인〉
이스트의 양과 질, 당의 양, 반죽 온도, 반죽의 pH, 소금의 양, 이스트 푸드

24 굽기 과정 중 당류의 캐러멜화가 개시되는 온도로 가장 적합한 것은?

① 100℃ ② 120℃
③ 150℃ ④ 185℃

해설 굽기 중 표피 부분이 150~160℃에 도달하면 캐러멜화 반응과 마이야르 반응이 일어남

25 이스트에 함유되어 있지 않은 효소는?

① 인버타제 ② 말타제
③ 찌마제 ④ 락타제

26 일반적으로 반죽을 강화시키는 재료는?

① 유지, 탈지분유, 달걀
② 소금, 산화제, 탈지분유
③ 유지, 환원제, 설탕
④ 소금, 산화제, 설탕

해설 유지, 환원제 : 연화작용

27 건포도 식빵에서 건포도를 전처리 하는 이유가 맞는 것은?

① 건포도의 향을 줄여 빵과 어울리도록 한다.
② 빵속에서 수분의 이동을 돕는다.
③ 건포도의 수율을 높여 저장성을 높인다.
④ 건포도의 텍스춰를 줄인다.

해설 〈건과일 전처리 목적〉
- 수율과 저장성증가
- 빵속 수분이동 방지
- 건과일 본래의 향과 맛을 살리기 위해

28 다음 중 작업공간의 살균에 가장 적당한 것은?

① 자외선 살균 ② 적외선 살균
③ 가시광선 살균 ④ 자비 살균

해설 〈자외선 살균〉
- 무가열 살균법으로, 살균력이 높은 2,500~2,800 Å의 자외선을 이용하여 살균하는 방법
- 집단 급식 시설이나 식품 공장의 실내 공기 소독, 조리대의 소독 등 작업 공간의 살균에 적합

29 빵류, 과자류 제품에 사용하는 분유의 기능이 아닌 것은?

① 영양소 공급
② 맛과 향 개선
③ 글루텐 강화
④ 반죽의 흐름성 증가

해설 〈제빵에서 분유의 역할〉
- 글루텐을 강화
- 탈지분유의 유당은 껍질색 개선
- 칼슘과 라이신 등의 영양 강화
- 맛과 향, 색을 좋게한다.

정답 22 ③ 23 ④ 24 ③ 25 ④ 26 ② 27 ③ 28 ① 29 ④

30 **보통 반죽에서 이스트를 2.5% 사용했다면, 냉동반죽에서 이스트 사용량은?**

① 10%
② 7.5%
③ 5%
④ 1.5%

해설 냉동반죽에서는 보통 반죽보다 이스트의 량을 2배로 사용한다.
→2.5%x2배=5%

31 **다음 식품을 섞어서 음식을 만들 때 단백질의 상호보조효력이 가장 큰 것은?**

① 밀가루와 쌀가루
② 시리얼과 우유
③ 쌀과 보리
④ 밀가루와 건포도

해설 〈단백질의 상호 보조〉

- 부족한 제한아미노산을 서로 보완할 수 있는 2가지 이상의 식품을 함께 섭취하여 영양을 보완하는 것을 말하며 쌀과 콩, 빵과 우유, 시리얼과 우유 등이다.

〈단백질 영양학적 분류〉

- 완전단백질 : 우유(카제인), 달걀(알부민), 대두(글리시닌)
- 부분적완전 : 보리(호르데인), 쌀(오리제닌), 밀가루(글리아딘)
- 불완전단백질 : 찰옥수수(제인), 뼈(젤라틴)

32 **제빵공정에서 오븐라이즈에 대한 설명이 맞는 것은?**

① 발효하는 동안 생긴 가스세포가 열을 받으면 압력이 터져 세포벽이 팽창한다.
② 용해 탄산가스와 알코올이 기화(79℃)되면서 가스압이 증가하여 팽창한다.
③ 반죽온도가 49℃에 도달하면 반죽이 짧은 시간에 급격하게 부풀어 오른다.
④ 반죽의 내부 온도가 60℃에 이르지 않은 상태에서 이스트의 활동과 효소의 활성으로 반죽 속에 가스가 만들어지며 조금씩 팽창한다.

해설 〈오븐스프링〉

- 반죽 온도 49℃에서 처음 크기의 1/3 정도 급격히 팽창한다.
- 발효중 생긴 가스가 오븐열에 의해 압력이 증가되어 세포벽의 팽창을 일으킨다.
- 용해 이산화탄소와 알코올이 기화하여 가스압이 증가한다.

33 **화학적팽창제중 암모늄계 팽창제에 대한 설명이 아닌 것은?**

① 물만 있으면 단독으로 작용한다.
② 제품에 색을 내며, 소다 맛을 줄수 있다.
③ 굽기중 분해되어 잔류물이 남지 않는다.
④ 쿠키의 퍼짐성이 좋다.

해설 탄산수소나트륨(중조, 소다)을 사용하는 경우 사용량이 많으면 소다맛이 나며 제품을 누렇게 변색시킨다.

〈이스파타〉

- 암모니아계의 합성팽창제이다.
- 탄산수소나트륨에 염화암모늄을 1:0.2~0.3의 비율로 혼합한 산성제이다.
- 반응이 서서히 진행하여 100℃에 달할 때까지 지속된다.
- 볶음보다 찐 것에 적합하다.
- 흡습성이 강하다.

정답 30 ③ 31 ② 32 ④ 33 ②

34 생이스트의 설명으로 틀린 것은?

① 생이스트는 -10℃ 이하에서 완전히 사멸한다.
② 60℃에서 세포가 파괴되기 시작한다.
③ 이스트 포자는 69℃에서 사멸한다.
④ 굽기중 빵속 온도 99℃에서 이스트 완전히 파괴된다.

해설 생이스트는 -10℃에서 활동이 정지한다.

35 다음 중 체리 리큐르가 바르게 연결된 것은?

① 큐라소, 마라스키노
② 마라스키노, 키르슈
③ 키르슈, 쿠엥트로
④ 쿠엥트로, 그랑마니에

해설 • 오렌지 리큐르 : 큐라소, 트리플 섹, 그랑마니에, 쿠엥트로
• 체리 리큐르 : 마라스키노, 키르슈
• 커피 리큐르 : 칼루아

36 영양소중 열량 영양소로 묶인 것은?

① 물, 비타민, 무기질
② 지방, 단백질, 탄수화물
③ 단백질, 무기질, 물
④ 비타민, 단백질, 탄수화물

해설 〈열량영양소〉
• 지방 : 1g 9kcal
• 단백질 : 1g 4kcal
• 탄수화물 : 1g 4Kcal

37 지방의 소화 · 흡수 과정을 올바르게 설명한 것은?

① 췌장→소장→혈액→심장→림프관→전신
② 췌장→소장→림프관→혈액→심장→전신
③ 췌장→소장→림프관→심장→혈액→전신
④ 췌장→소장→혈액→림프관→심장→전신

해설 • 췌장→소장→림프관→혈액→심장→전신
• 위와 췌장에서 리파아제에 의해 글리세린과 지방산으로 분해된다.
• 담즙으로 유화된 지방을 소장에서 대부분 흡수된다.

38 무기질의 특성으로 올바르지 않은 것은?

① 뼈와 치아의 구성성분이다.
② 효소의 반응을 활성화시킨다.
③ 성인 체중의 20%를 차지한다.
④ 체네에서 합성되지 않으므로 음식물로 공급한다.

해설 • 신체를 구성하는 탄소,수소,산소,질소 이외의 원소이다.
• 성인 체중의 4%에 해당한다.
• 체내 합성되지 않는다.
• 효소나 호르몬과 합성하여 체작용 조절한다.

39 비타민A의 전구체는 무었인가?

① 카로틴색소
② 에르고스테롤
③ 트립신
④ 콜레스테롤

해설 〈전구체〉
• 비타민A : 카로틴색소
• 비타민D2 : 에르고스테롤
• 비타민D3 : 콜레스테롤
• 나이아신 : 트립토판

정답 34 ① 35 ② 36 ② 37 ② 38 ③ 39 ①

40 언더베이킹과 오버베이킹에 대한 설명으로 틀린 것은?

① 오버 베이킹은 낮은 온도에서 장시간 굽기이다.
② 오버 베이킹은 고율배합에 적합하다.
③ 언더 베이킹은 높은 온도에서 단시간 굽기이다.
④ 언더 베이킹은 다량의 반죽에 적합하다.

해설 〈언더베이킹〉
• 높은 온도에서 짧게 굽기하는 굽기이다.
• 저율 배합의 소량 반죽에 적합하다.

41 튀김의 황화현상을 올바르게 설명한 것은?

① 온도가 219℃ 이상이면 푸른 연기가 난다.
② 기름이 도넛의 설탕을 녹인다.
③ 수분이 설탕을 녹인다.
④ 튀김 온도가 높아 수분이 많이 남았을 때 발생한다.

해설 • 발연현상 : 온도가 219℃이상이면 푸른 연기가 난다
• 발한현상 : 수분이 설탕을 녹인다

42 머랭중 구웠을 때 광택이 나고, 안정성이 커서 하루쯤 두었다가 사용해도 좋은 것은?

① 스위스머랭 ② 프랜치머랭
③ 이탈리아머랭 ④ 온제머랭

해설 • 스위스머랭은 흰자와 설탕을 가온하여 휘핑하고 레몬즙을 첨가한다. 굽기시 광택이 좋고, 안정성이 크다.
• 이탈리아머랭은 흰자 거품에 뜨겁게 끓인 시럽(114~118℃)을 조금씩 넣고 만든 머랭이다.

43 달걀과 설탕,전분 등을 섞은 크림에 80℃로 끓인 우유를 넣고 풀 같은 상태로 만드는 크림은?

① 휘핑 크림
② 디플로메트 크림
③ 가나슈 크림
④ 커스터드 크림

해설 • 디플로메트 크림은 커스터드 크림과 생크림을 혼합하여 만든다.

44 재료의 전처리 과정이 올바르지 않은 것은?

① 박력분과 분유는 체 쳐서 전처리 한다.
② 건포도는 찬물에 씻어서 전처리 한다.
③ 견과류는 오븐에서 로스팅하여 사용한다.
④ 드라이이스트는 따듯한 물로 수화한다.

해설 • 건포도의 전처리는 건포도 무게의 12%의 물로 27℃에서 4시간 동안 밀폐시켜서 진행한다.

45 버터스펀지 케이크 제조에 대한 설명 중 올바르지 않은 것은?

① 달걀, 설탕, 소금은 43℃로 중탕하여 휘핑한다.
② 용해버터는 20℃로 식혀서 넣어야 한다.
③ 팬닝은 틀의 60%로 넣는다.
④ 굽기를 마치고 바닥에 충격주어 수축을 방지한다.

해설 • 용해버터는 70℃온도로 넣어야 버터와 반죽이 잘섞여 기름띠가 생기지 않는다.

정답 40 ④ 41 ② 42 ① 43 ④ 44 ② 45 ②

46 페스츄리 제조시 냉장 휴지를 주는 목적이 올바르지 않은 것은?

① 재료를 수화한다.
② 유지는 단단해지고, 반죽을 부드럽게 한다.
③ 밀어펴기 쉽게한다.
④ 끈적임이 없어서 잘 밀리도록 한다.

해설 〈휴지의 목적〉
- 재료를 수화한다.
- 유지와 반죽의 굳은 정도를 같게 한다.
- 밀어펴기가 용이하게 한다.
- 끈적거림을 방지하여 작업성을 높인다.

47 다음 공식중 올바르지 않은 공식은?

① 마찰계수=(결과반죽온도×3)-(실내온도+밀가루온도+수돗물온도)
② 희망수 온도=(희망반죽온도×3)-(실내온도+밀가루온도+마찰계수)
③ 얼음 사용량=물사용량×(수돗물온도-희망수온도)÷(80-수돗물온도)
④ 반죽 물량= 물사용량-얼음량

해설 • 얼음 사용량=물사용량x(수돗물온도-희망수온도)÷(80+수돗물온도)

48 제빵공정 중 분유의 사용량이 많을 때 나타나는 현상이 아닌 것은?

① 껍질이 두껍다
② 굽기색이 진하다.
③ 브레이크와 슈레드가 작다.
④ 부피 팽창이 크다.

해설 〈분유 사용이 많을때 나타나는 현상〉
- 껍질색이 진하다.
- 껍질이 두껍다.
- 브레이크와 슈레드가 작다.
- 모서리가 예민하다.

49 작업장 시설에 대한 설명으로 틀린 것은?

① 작업실의 적정 온도는 30℃, 습도는 85%이다.
② 작업 효율성을 고려 작업 테이블은 작업장 한가운데 둔다.
③ 제조 공장 배수관의 내경은 최소 10cm은 되어야 한다.
④ 작업장의 판매장소와 제조공장의 이상적 면적은 1:1 이다.

해설 작업실의 적정 온도는 25~28℃, 습도는 70~75%이다.

50 소독 및 살균의 화학적 방법에 대한 설명으로 맞는 것은?

① 크레졸 3% 용액은 살균력 표시의 기준으로 사용된다.
② 과산화수소 70% 수용액은 상처소독에 사용된다.
③ 염소는 상하수도 소독에 사용된다.
④ 역성비는는 1% 수용액이 조리사의 손소독에 사용된다.

해설 • 염소는 음료수, 수영장, 상하수도 소독에 사용(잔류염료 0.1~0.2ppm)
- 포름알데히드 30~40% 수용액은 오물소득 사용
- 석탄산(페놀) 3~5% 수용액은 손, 의류, 기구소독 사용, 살균력 표시기준
- 역성비누 1%는 용기, 기구소독 사용
  5~10%는 손소독(조리사 손소독)사용
- 과산화수소 3% 수용액은 상처소독 사용
- 에틸알코올 70% 수용액은 금속, 유리, 손소독 사용

정답 46 ② 47 ③ 48 ④ 49 ① 50 ③

- 크레졸 1~3% 수용액은 오물, 손소독 사용
- 승홍 0.1% 수용액은 손, 피부 소독 사용

51 **살균의 정의로 알맞은 것은?**

① 오염물질을 제거하는 것
② 비병원균을 사멸시키는 것
③ 모든 미생물을 사멸시키는 것
④ 유해한 미생물을 사멸하는 것

해설 • 살균 : 일반적으로 유해한 미생물을 사멸
- 제균 : 목적에 따른 특정화된 미생물의 제거
- 멸균 : 배양법에 검출되는 모든 미생물의 제거
- 소독 : 병원성 미생물의 허용기준 이하 감소
- 정균 : 미생물의 증식 억제

52 **부패 방지법 중 설명이 틀린 것은?**

① 염장법은 소금에 절여 삼투압을 이용한다.
② 당장법은 설탕물에 담가 삼투압을 이용한다.
③ 산저장은 식초에 저장한 오이피클등이다.
④ 가스저장은 산소가스에 보관한다.

해설 • 염장법10% 소금물에 절인다(해산물, 젓갈).
- 당장법 : 50% 설탕물에 담근다(잼, 콩피, 정과).
- 산저장 : 3~4% 식초산, 구연산, 젖산을 이용한다(피클).
- 가스저장 : 탄산가스, 질소가스에 저장(채소, 과일)

53 **다음 미생물중 크기가 가장 작은 것은?**

① 곰팡이
② 효모류
③ 바이러스
④ 세균류

해설 〈미생물의 크기〉
곰팡이〉효모〉세균〉리케치아〉바이러스

54 **교차오염에 대한 설명 중 맞지 않는 것은?**

① 바닥으로부터 오염 방지를 위해 식품 취급 작업은 바닥에서 60cm 이상 높이에서 실시한다.
② 조리 완료된 식품과 세척·소독된 배식기구 등도 위생관리 한다.
③ 색재료나 조리 과정 중 교차 오염을 방지하기 위해 특성 또는 구역을 구분하여 수시로 세척·소독한다.
④ 고무장갑은 한 개만 사용하여 모든 작업을 진행하여 오염을 방지한다.

해설 칼,도마,고무장갑 등은 교차오염을 방지하기 위해 식재료의 특성 또는 구역별로 구분해서 사용하고, 수시로 세척하고 소독해야 한다.

55 **다음 중 생산관리에서 3요소에 해당하지 않는 것은?**

① Man(사람)
② Material(재료)
③ Momey(자금)
④ Market(시장)

해설 기업활동의 구성요소 (7M)
① Man(사람)
② Material(재료)
③ Momey(자금)
④ Market(시장)
⑤ Method(방법)
⑥ Minute(시간)
⑦ Machine(기계, 설비)

정답 51 ④ 52 ④ 53 ③ 54 ④ 55 ④

56 베이킹파우더가 20Kg 있다. 전분 10%, 중화가가 65일 때 탄산수소나트륨의 (중조) 양과 산 작용제(산중화제)의 양은?(소수점 아래 한자리까지)

① 중조=12, 산중화제=5.9
② 중조= 11.5, 산중화제=6.5
③ 중조= 10.9, 산중화제=7.1
④ 중조= 9.5, 산중화제=8.5

해설 〈중화가 공식〉
- 중화가=(중조의 양/산성제의 양)x100
- 중화가=65%, 전분=2Kg, 중조+산=18Kg
  중화가=(중조의 양/산성제의 양)x100
  65%=중조의 양/산성제의 양)x100
- 중조의 양=65%x산/100
  = 0.65×산
- 중조의 양+산성제의 양=18Kg
  =(0.65x산)+산
  =(0.65+1)산
  =1.65x산
- 산성제의 양=18KG/1.65=10.9
- 중조의 양=18Kg-산=18-10.9=7.1

57 다음과 같은 조건에서 필요한 밀가루의 양으로 알맞은 것은?

- 우유식빵 500g • 100개
- 발효, 굽기 총 손실률 20%
- 총배합률 180%

① 28kg ② 30kg
③ 32kg ④ 35kg

해설 • 우유식빵 완제품 전체 무게
=500g×100개=50,000g
- 식빵 반죽 무게
  =50,000x(1-(20/100))50,000x(1-0.2)
  =50,000x0.8
  =62,500g
- 밀가루 무게
  =밀가루비율x총반죽무게/총배합률
  100x62,500/180=34,722.22g

58 빈혈 예방과 관계가 가장 먼 영양소는?

① 철(Fe) ② 칼슘(Ca)
③ 비타민 B_{12} ④코발트(Co)

해설 칼슘(Ca) : 혈액응고, 근육 수축

59 식중독 발생 현황에서 발생 빈도가 높은 우리나라 3대 식중독 원인 세균이 아닌 것은?

① 살모넬라균
② 포도상구균
③ 장염 비브리오균
④ 보툴리누스균

해설 〈우리나라 3대 식중독 원인 세균〉
살모넬라균, 포도상구균, 장염 비브리오균
- 보툴리누스균 : 병조림, 통조림, 소시지, 훈제품 등에 발아·증식. 세균성 식중독 중 치사율 가장 높음

60 다음 중 HACCP(해썹) 적용의 7가지 원칙에 해당하지 않는 것은?

① 위해요소분석
② HACCP 팀 구성
③ 한계기준설정
④ 기록유지 및 문서관리

해설

HACCP 7원칙
위해 요소 분석과 위해 평가
CCP(중요 관리점) 결정
CCP에 대한 한계 기준 설정
CCP 모니터링 체계 확립
개선 조치 방법 수립
검증 절차 및 방법 수립
문서화, 기록 유지 방법 설정

정답 56 ③ 57 ④ 58 ② 59 ④ 60 ②

제빵기능사

2회 예상모의고사

01 빵 발효에 관련되는 효소로서 포도당을 분해하는 효소는?

① 아밀라제 ② 말타베
③ 찌마제 ④ 리파제

해설 〈찌마제(치마제)〉
- 당류를 알코올과 이산화탄소로 산화시키는 효소
- 빵용 이스트에 들어 있어 발효에 관여함

02 빵제품의 껍질색이 여리고, 부스러지기 쉬운 껍질이 되는 경우 가장 크게 영향을 미치는 요인은?

① 지나친 발효 ② 발효 부족
③ 지나친 반죽 ④ 반죽 부족

해설 〈발효가 지나친 경우(지친 반죽)〉
- 당의 부족으로 껍질색이 여림
- 빵이 주저앉기 쉬움
- 산이 많이 생겨 향이 좋지 않음

03 성형공정의 방법이 순서대로 옳게 나열된 것은?

① 반죽 → 중간발효 → 분할 → 둥글리기 → 정형
② 분할 → 둥글리기 → 중간발효 → 정형 → 팬닝
③ 둥글리기 → 중간발효 → 정형 → 팬닝 → 2차 발효
④ 중간발효 → 정형 → 팬닝 → 2차 발효→굽기

해설 〈성형(make-up)〉
분할 → 둥글리기 → 중간발효 → 정형 → 팬닝

04 분할된 반죽을 둥그렇게 말아 하나의 피막을 형성토록 하는 기계는?

① 믹서(mixer)
② 오버헤드 프루퍼(overhead proofer)
③ 정형기(moulder)
④ 라운더(rounder)

해설
- 믹서 : 반죽을 만들 때 사용하는 기계
- 오버헤드프루퍼 : 정형전 중간발효를 위한 기계
- 정형기 : 밀어펴기, 말기 등 정형을 위한 기계

05 같은 조건의 반죽에 설탕, 포도당, 과당을 같은 농도로 첨가했다고 가정할 때 마이야르 반응속도를 촉진시키는 순서대로 나열된 것은?

① 설탕 – 포도당 – 과당
② 과당 – 설탕 – 포도당
③ 과당 – 포도당 – 설탕
④ 포도당 – 과당 – 설탕

해설 단당류가 이당류보다 빠름
- 감미도가 높은 당이 반응속도가 빠름
  과당〉포도당〉설탕

06 빵에서 탈지분유의 역할이 아닌 것은?

① 흡수율 감소
② 조직 개선
③ 완충제 역할
④ 껍질색 개선

해설 〈분유의 역할〉
- 조직 개선, 완충제 역할, 껍질색 개선, 수분 흡수율 증가, 영양 강화와 단맛

정답 01 ③ 02 ① 03 ② 04 ④ 05 ③ 06 ①

07 **아밀로오스(amylose)의 특징이 아닌 것은?**

① 일반 곡물 전분 속에 약 17~28% 존재한다.
② 비교적 적은 분자량을 가졌다.
③ 퇴화의 경향이 적다.
④ 요오드 용액에 청색 반응을 일으킨다.

해설 • 아밀로오스는 아밀로펙틴에 비하여 호화, 노화 및 퇴화가 빠르게 일어남

08 **필수아미노산이 아닌 것은?**

① 라이신 ② 메티오닌
③ 페닐알라닌 ④ 아라키돈산

해설 〈필수아미노산〉
이소류신, 류신, 리신, 페닐알라닌, 메티오닌, 트레오닌, 트립토판, 발린

09 **굽기 손실이 가장 큰 제품은?**

① 식빵 ② 바게트
③ 단팥빵 ④ 버터롤

해설 〈제품별 굽기 손실률〉
- 풀먼식빵 : 7~9%
- 단과자빵 : 10~11%
- 일반 식빵류 : 11~13%
- 하스 브레드(바게트) : 20~25%

10 **건조이스트는 같은 중량을 사용할 생이스트보다 활성이 약 몇 배 더 강한가?**

① 2배 ② 5배
③ 7배 ④ 10배

해설 • 생이스트 고형질 : 30%
- 건조이스트 고형질 : 90%→건조, 유통, 수화 과정 중 죽은 세포가 생기므로 생이스트의 40~50% 사용. 2배 정도 활성을 함

11 **밀가루 중에 가장 많이 함유된 물질은?**

① 단백질
② 지방
③ 전분
④ 회분

해설 〈밀가루 성분〉
- 탄수화물 : 65~78%(대부분 전분으로 구성)
- 단백질 : 6~15%
- 지방 : 1~2% 이하
- 수분 : 10~14%

12 **빵 발효과정 중 전분을 맥아당으로 분해하는 효소는?**

① 아밀라제
② 찌마제
③ 말타제
④ 인벌타제

해설 • 찌마제 : 포도당과 과당을 분해한다.
- 말타제 : 맥아당을 포도당 2분자로 분해한다.
- 인벌타제 : 자당을 포도당과 과당으로 분해한다.

13 **다음 중 냉동 반죽을 저장할 때의 적정 온도로 옳은 것은?**

① -30 ~ -45℃
② -18 ~ -25℃
③ -10 ~ -17℃
④ 0 ~ -15℃

해설 〈냉동반죽법〉
- 냉동반죽법은 1차반죽을 끝낸 반죽을 -35~-40℃로 급속냉동시켜 -18~-25℃에서 냉동저장하면서 필요할 때 마다 꺼내어 해동·발효시킨 뒤 굽기하도록 반죽하는 방법이다.
- 냉동단계에 따라 반죽냉동, 발효후냉동, 성형후냉동, 반제품냉동, 완제품냉동으로 분류된다.

정답 07 ③ 08 ④ 09 ② 10 ① 11 ③ 12 ① 13 ② 14 ③

14 **바게트 제조시에 스팀을 하는 목적이 아닌 것은?**

① 바게트 껍질을 얇게 한다.
② 바게트의 칼집이 불규칙하게 터짐을 방지 한다.
③ 바게트 껍질을 쫄깃하게 한다.
④ 버터트 껍질에 딱딱한 크러스트가 형성되도록 한다.

해설 〈바게트에 스팀을 주는 목적〉
• 바게트에 물을 뿌리는 것은 수분이 증발하며 겉에는 딱딱한 크러스트가 형성되도록 하기 위함이다. 굽기 도중에도 오븐 안에 뜨거운 증기를 뿌려 빵 표면에 바게트 특유의 바삭한 질감이 나오도록 한다.

15 **마가린은 용도에 따라 분류된다. 분류에 속하지 않는 것은?**

① 테이블마가린 ② 제빵용마가린
③ 튀김용마가린 ④ 퍼프용마가린

해설 〈마가린 분류와 특징〉
• **테이블마가린** : 입안에서 용해성이 좋아야 한다.
• **제빵용마가린** : 빵반죽에 사용하기 적합한 조밀도와 넓은 가소성 영역이 있어야 한다.
• **데니쉬용마가린** : 융점이 높고, 가소성 영역이 넓어야 한다.
• **퍼프용마가린** : 반죽사이의 지방층에서 수분에 의해 부피가 팽창되므로, 오븐열에 견딜수 있는 융점이 높아야 한다.
• 튀김용 유지는 대두유나 옥배유 같은 식물성 유지 및 경화 쇼트닝 등을 주로 사용한다.

16 **빵을 포장할 때의 온도와 습도가 알맞게 묶인 것은?**

① 25℃, 30% ② 35℃, 38%
③ 40℃, 40% ④ 45℃, 45%

해설 • 빵의 중심 온도 : 35~40℃
• 수분 함량 : 38%

17 **액종법(액체발효법)에 대한 설명으로 옳지 않은 것은?**

① 액종의 발효 완료점은 pH로 확인한다.
② pH7 중성이 최적의 상태이다.
③ 분유 등을 pH완충제로 사용한다.
④ 스펀지 반죽법의 변형이다.

해설 • 스펀지도우법에서 스펀지 발효에 미치는 여러 가지 결함을 제거하기 위하여 스펀지 대신 액종을 제조하여 제품을 만드는 것이다.
〈액종법의 장점〉
• 균일한 제품의 생산이 가능하다
• 발효 손실에 따른 생산 손실이 감소한다.
• 공간과 설비가 감소한다.
• 한번에 많은 양의 발효가 가능하다.
〈액종법의 재료〉
• 기본 재료: ① 물, ② 이스트, ③ 발효 가능한 탄수화물(밀가루, 당)
• 선택적 재료: ① 완충제, ② 소금, ③ 유지(fat & oil), ④ 분유, ⑤ 반죽 강화제, 유화제, ⑥ 소포제, ⑦ 영양 강화제

18 **베이커스 %에 대한 설명으로 맞는 것은?**

① 전체 재료의 양을 100%로 한다.
② 물의 양을 100%로 한다.
③ 물과 밀가루의 합을 100%로 한다.
④ 밀가루의 양을 100%로 한다.

해설 〈Baker's %(베이커스 %)〉
• 밀가루의 양을 100%로 보고, 각 재료가 차지하는 양을 %로 표시한 것
〈True's %(트루%)〉
• 전 재료의 합을 100%로 보고 각 재료가 차지하는 양을 %로 표시한 것을 말한다.

정답 15 ③ 16 ② 17 ② 18 ④

19 **제빵에서 소금의 역할이 아닌 것은?**

① 글루텐을 강화한다.
② 빵의 내상을 희게 한다.
③ 맛을 조절한다.
④ 유해균의 번식을 억제한다.

해설 〈소금의 역할〉
• 감미의 조절과 향미 제공
• 껍질색 조절
• 발효의 지연과 유해균 번식 억제
• 글루텐 강화
• 빵의 내상을 다소 탁하고 어둡게 한다.

20 **반죽을 팬에 놓기 전에 팬에서 제품이 잘 떨어지게 하기 위하여 이형제를 사용하는데 그 설명으로 맞지 않는 것은?**

① 이형유는 발연점이 높은 것을 사용해야 한다.
② 이형유의 사용량이 많으면 튀김현상이 나타날 수 있다.
③ 이형유의 사용량은 반죽 무게의 10%를 사용한다.
④ 천연 이형제는 물을 사용한다.

해설 • 발연점이 높은 것을 사용한다.
• 고온이나 산패에 안정해야 한다.
• 사용량은 반죽 무게의 0.1~0.2% 사용한다.
• 사용량이 많으면 튀김현상이 나타난다.

21 **비상법의 필수 조치가 틀린 것은?**

① 굽기색을 조절하기 위해 설탕을 1% 줄인다.
② 발효 속도를 높이기 위해 이스트 2배 늘인다.
③ 반죽 신장성을 위해 렛다운단계까지 한다.
④ 공정시간 단축을 위해 1차발효는 하지 않는다.

해설 〈비상법의 필수조치〉
• 이스트는 2배 넣는다.
• 물 1% 늘인다
• 설탕 1% 줄인다.
• 반죽은 렛다운단계로 한다.
• 반죽온도 30℃로 한다.
• 1차 발효는 15~30분 사이로 마친다.

22 **건포도 식빵을 만들 때 주의할 점으로 맞는 것은?**

① 굽기 색을 위해 윗불을 약하게 한다.
② 2차 발효는 팬 아래 1cm에서 마친다.
③ 반죽시 건포도는 맨처음부터 넣는다.
④ 건포도는 전처리 하지 않아도 된다.

해설 건포도에 함유된 당의 영향으로 색이 진하게 나기 때문에 윗불을 약하게 하여 굽기한다.

23 **롤인 유지와 접기 횟수에 따른 부피 변화에 대하여 틀린 설명은?**

① 같은 롤인 유지 함량이면 접기 횟수가 증가할수록 부피가 증가한다.
② 롤인유지 함량이 증가하면 부피는 증가한다.
③ 롤인 유지 함량이 적어지고, 같은 회수 접기라면 부피는 감소한다.
④ 접기 횟수가 증가하면 할수록 부피의 증가는 비례해서 증가한다.

해설 롤인 유지 함량이 같은 경우에는 횟수가 증가할수록 부피가 증가하지만, 최고점을 지나면 부피는 감소한다.

정답
19 ② 20 ③ 21 ④ 22 ① 23 ④

24 식빵에서 발생되는 결함 중 껍질색이 약한 경우 원인이 아닌 것은?

① 설탕 사용량 부족
② 굽기시간 부족
③ 연수 사용
④ 소금 사용량이 많은 경우

해설 〈옅은 껍질색의 원인〉
- 설탕 사용량 부족
- 오븐 속 습도와 온도가 낮은 경우
- 오랜된 밀가루 사용
- 연수 사용
- 효소제 과다 사용
- 굽기시간 부족
- 1차 발효 시간 초과
- 2차 발효실 낮은 온도

25 제빵 공정중 성형에 해당하지 않는 것은?

① 패닝 ② 반죽
③ 정형 ④ 중간발효

해설 〈제빵공정〉
- 반죽→1차발효→분할→둥글리기→ 중간발효→정형→패닝→2차 발효→굽기

26 제빵시 일반적인 1차 발효의 온도, 습도가 맞는 것은?

① 27℃, 75~80%
② 27℃, 85~90%
③ 35℃, 75~80%
④ 35℃, 85~90%

해설 • 1차발효 : 27℃, 75~80%
- 2차발효 : 35~40℃, 85~90%

27 물의 구분에서 연수에 대한 특징으로 맞는 것은?

① 제빵에 가장 적합한 물이다.
② 일시적연수와 영구적 연수로 나뉜다.
③ 글루텐을 연화시켜 끈적이게 한다.
④ 반죽이 단단해지고 발효시간이 길어진다.

해설 〈연수의 특징〉
- 단물이라 한며, 증류수, 빗물이 해당한다.
- 글루텐을 연화시켜 반죽을 끈적이게 하고,
- 완제품에서 촉촉함을 느끼게 한다.
- 가스 보유력이 떨어지고
- 오븐스프링이 나쁘다.

28 화학적 팽창제중 일본식 팽창제로 찜류나 화과자에 많이 쓰이는 팽창제는?

① 중조
② 이스파타
③ 소다
④ 탄산수소나트륨

해설 〈이스파타〉
- 염화암모늄에 탄산수소나트륨, 주석산수소칼륨, 소명반, 전분 등이 혼합된 팽창제이다.
- 일본식의 독특한 팽창제로 이스트 파우더라 한다.
- 주로 찜류와 화과자에 많이 쓰인다.
- 옆으로 팽창하는 경향이 있다.

29 안정제에 대한 설명으로 틀린 것은?

① 한천은 해초인 우뭇가사리에서 추출한다.
② 젤란틴은 동물성 안정제이다.
③ CMC는 온수에서만 팽윤된다.
④ 펙틴은 탄수화물 다당류의 일종이다.

해설 • CMC는 냉수에 쉽게 팽윤되어 진한 용액이 된다.
- CMC는 셀룰로오스로부터 만든 제품으로 산에 대한 저항력이 약하다.

정답
24 ④ 25 ② 26 ① 27 ③ 28 ② 29 ③

30 제빵에서 우유와 분유의 기능이 아닌 것은?

① 보습력이 있어 촉촉함을 지속시킨다.
② 분유가 1% 증가하면 수분흡수율도 2% 증가한다.
③ 유당은 껍질색을 좋게 한다.
④ 완충제로 글루텐을 강화한다.

해설 〈제빵에서 우유와 분유의 기능〉
• 완충제로 글루텐을 강화한다.
• 보습력이 있어 촉촉함을 지속시킨다.
• 유당은 껍질색을 좋게 한다.
• 영양 강화 한다.
• 풍미를 개선 한다.
• 분유가 1% 증가하면 수분흡수율도 1% 증가한다.

31 다음 중 기름의 발연점이 가장 높은 것은?

① 면실유
② 올리브유
③ 땅콩기름
④ 라드

해설 • 땅콩기름 162℃
• 올리브유175℃
• 라드 194℃
• 면실유 223℃

32 튀김기름의 요건이 아닌 것은?

① 산패에 대한 안정성,저항성이 작아야 한다.
② 포장 뒤에도 불쾌한 냄새 없어야 한다.
③ 흡수된 지방은 냉각시 충분히 응결되어야 한다.
④ 튀김시 구조형성에 필요한 열을 잘 전달해야 한다.

해설 튀김 기름은 구조형성에 필요한 열을 잘 전달하고, 튀김중이나 포장후 불쾌한 냄새가 없어야 한다. 흡수 지방은 냉각시 충분히 응결되어야 하며, 산패에 대해 안정성,저항성이 크고, 산가가 낮아야 한다.

33 빵의 노화를 방지하기 위하여 사용하는 첨가물은?

① 모노글리세리드
② 이스트푸드
③ 탄산수소나트륨
④ 젤라틴

해설 • 모노글리세리드는 유화제로, 노화를 지연시킨다.
• 이스트푸드는 발효를 촉진한다.
• 탄산수소나트륨은 화학적 팽창제로, 중조라 한다.
• 젤라틴은 안정제이다.

34 드라이이스트의 설명으로 맞지 않는 것은?

① 압착효모라 한다.
② 수분은 8% 차지한다.
③ 생이스트의 1/2 분량으로 같은 발효력을 가진다.
④ 드라이이스트는 이스트의 4배, 40℃의 물에 10분 정도 수화하여 사용한다.

해설 • 드라이이스트는 건조효모이다.
• 생이스트는 압착효모이다.

35 생이스트에 들어있지 않은 분해효소는?

① 리파제 : 지방 분해효소
② 락타제 : 유당 분해 효소
③ 말타데 : 맥아당 분해효소
④ 인버타제 : 자당 분해효소

정답 30 ② 31 ① 32 ① 33 ① 34 ① 35 ②

해설 유당 분해 효소인 락타제는 이스트에 들어 있지 않다.

36 **탄수화물 분해 효소중 단당류를 분해하는 효소가 맞는 것은?**

① 프티알린　② 찌마제
③ 프로테이나제　④ 슈크라제

해설 • 프티알린-타액아밀라아제(전분분해)
• 프로테이나제-단백질 분해 효소
• 슈크라아제-자당분해효소

37 **달걀의 흰자에 대한 설명으로 틀린 것은?**

① 흰자의 구성비는 시유와 가장 유사하다.
② 흰자는 고형분과 수분의 비율이 88:12이다
③ 달걀이 60g이 넘어가면 흰자의 비율이 높아진다.
④ 흰자는 알칼리이므로, 머랭제조시 산을 첨가하여 머랭을 안정화시킨다.

해설 흰자의 고형분과 수분의 비율은 12:88이다.

38 **냉동 달걀에 대한 설명으로 틀린 것은?**

① 달걀을 냉동(-25~-18℃) 저장한다.
② 흐르는 물에 5~6시간 담가 녹인후, 2주 이내 사용한다.
③ 용도에 따라 전란, 노른자, 흰자, 강화란 등의 제품 만든다.
④ 해동은 21~27℃에서 18~24시간 한다.

해설 냉동달걀은 21~27℃에서 18~24시간 해동하거나, 흐르는 물에 5~6시간 담가 녹인후 해동한다. 해동한 달걀은 2일 이내에 사용한다.

39 **우유의 성분중 제품의 껍질색을 개선시켜 주는 것은?**

① 수분　② 유당
③ 칼슘　④ 유지방

해설 유당은 우유의 아미노산과 유당의 환원당이 결합하여 메일라이드 반응을 일으킨다. 껍질색을 개선한다.

40 **화학적 팽창제에 대한 설명을 틀린 것은?**

① 베이킹파우더는 중조와 산성제와 전분으로 구성된다.
② 베이킹파우더는 암모니아 가스를 발생시켜 팽창한다.
③ 베이킹파우더 무게에 대하여 12% 이상의 유효가스가 발생되어야 한다.
④ 베이킹파우더의 산제 종류에 따라 가스 발생 속도와 상태를 조절한다.

해설 베이킹파우더는 중조와 산제와 전분으로 구성된다. 중조는 탄산수소나트륨으로 팽창제이다. 중조와 산성제가 화학반응을 일으켜 이산화탄소를 발생시키고 반죽을 부풀린다.

41 **초콜릿의 원료중 초콜릿의 풍미를 결정하는 가장 중요한 원료는?**

① 카카오버터
② 코코아
③ 유화제
④ 분유

해설 〈카카오 버터〉
• 카카오 매스에서 분리한 지방임
• 초콜릿의 풍미를 결정하는 가장 중요한 원료임
• 향이 뛰어나고, 입안에서 빨리 녹는다.
• 천연 식물 지방이다.

정답 36 ② 37 ② 38 ② 39 ② 40 ② 41 ①

42 초콜릿 템퍼링 방법 설명 중 틀린 것은?

① 수냉법 : 초콜릿을 45℃로 용해하고, 찬물에 담가 27℃로 낮추고, 다시 32℃로 온도를 올린다.
② 대리석법 : 초콜릿을 45℃로 용해하고, 전체의 1/4을 대리석 위에 부어 혼합하고, 점도 생기면 나머지 3/4와 섞어 온도 32℃로 맞춘다.
③ 접종법 : 용해 초콜릿을 36℃에 맞추고, 템퍼링한 초콜릿을 잘게 부수어 넣으며 32℃로 맞춘다.
④ 오버나이트법 : 전날 초콜릿을 36℃로 보존하여 다음날 32℃ 낮춘다.

해설 〈대리석법〉
초콜릿을 45℃로 용해하고, 전체의 1/2~2/3을 대리석 위에 부어 혼합하고, 점도 생기면 나머지와 섞어 온도 32℃로 맞춘다.

43 향신료에 대한 설명 중 틀린 것은?

① 계피는 녹나무과의 상록수 껍질을 벗겨 만드는 향신료 이다.
② 오레가노는 뿌리를 건조시킨 향신료로 독특한 매운맛과 쓴맛이 특징이다. 피자에 쓰인다.
③ 캐러웨이는 씨를 통째로 갈아 만들고, 상큼한 향기와 부드러운 단맛과 쓴맛을 가진다.
④ 넛메그는 육두구과의 열매를 건조하여 얻는다. 도넛에 쓰인다.

해설 • 오레가노는 잎을 건조시킨 향신료로, 독특한 매운맛과 쓴맛이 특징이다.
• 토마토 요리와 파스타, 피자의 향신료이다.

44 아몬드에 대한 설명으로 맞는 것은?

① 아몬드는 굽기하여야 더 고소하게 사용할 수 있다.
② 단단하고 굳은 껍데기와 각정이에 1개의 종자만이 싸여 있는 나무 열매의 총칭이다.
③ 설탕과 아몬드를 0.5:1 비율로 갈아 만든 페이스트 반죽을 공예용 마지팬이라 한다.
④ 설탕과 아몬드를 2:1 비율로 갈아 만든 페이스트 반죽을 로-마지팬이라 한다.

해설 설탕과 아몬드를 갈아 만든 페이스트 반죽을 마지팬이라 한다.

45 올리고당류의 특징으로 가장 거리가 먼 것은?

① 청량감이 있다.
② 감미도가 설탕보다 20~30% 낮다.
③ 설탕에 비해 항충치성이 있다.
④ 장내 비피더스균의 증식을 억제한다.

해설 〈올리고당〉
올리고당의 칼로리는 100g당 239kcal로, 설탕(100g당 387kcal)의 3분의 2수준으로 낮다. 당뇨병 환자 등의 설탕대용품으로 사용한다. 장에 사는 젖산균인 유산균이 올리고당을 먹이로 활용하므로 장의 연동 운동을 촉진하는 유산균의 수가 증가하여 변비 등을 막아주는 역할을 한다. 비피더스균의 증식 효과, 칼슘 흡수 증진 기능, 장기능 개선, 청량감 부여 등의 효과가 있다. 올리고당은 소화효소에 의해 분해되지 않고 대장까지 가서 장내 에 도달되어 유익균의 먹이로 사용된다.

정답 42 ② 43 ② 44 ① 45 ④

46 탄수화물의 소화·흡수·대사에 대한 설명 중 틀린 것은?

① 입에서 전분이 프티알린에 의해 분해된다.
② 위에서 말타아제만 분비되어 맥아당이 포도당으로 분해 된다.
③ 소장에서는 전분이 단당류로 분해된다.
④ 대장에서는 소화 작용이 일어나지 않는다.

해설 위에는 탄수화물 분해 효소가 없다.

47 다음 중 지방의 유화와 분해에 관여하지 않는 것은?

① 리파아제
② 스테압신
③ 에립신
④ 담즙

해설 • 지방분해효소 : 리파아제, 스테압신
• 담즙 : 효소는 아니지만, 지방유화 작용

48 다음 중 단백질의 영양학적 분류에 대한 설명이 맞지 않는 것은?

① 우유의 카제인은 완전 단백질이다.
② 밀가루의 글리시닌은 불완전 단백질이다.
③ 달걀의 알부민은 완전 단백질이다.
④ 옥수수의 제인은 불완전 단백질이다.

해설 • 완전단백질 : 우유(카제인), 달걀(알부민), 대두(글리시닌)
• 부분적완전단백질 : 밀(글루테닌), 쌀(오리제닌), 보리(호르데인)
• 불완전단백질 : 옥수수(제인), 뼈(젤라틴)

49 다음의 경우 손익 분기점의 판매량은 얼마인가?

• 단위당 판매가격 150원
• 단위당 변동비 70원
• 고정비 8,000원

① 50개
② 100개
③ 150개
④ 200개

해설

〈손익분기점〉
손익분기점은 이익과 손실이 같아지는 지점이다.

• 손익분기점
={(판매가격-변동비)x판매량}-고정비=0
={(150-70)x판매량}-8000=0
• 판매량=8000/(150-70)
=8000/80
=100개

50 제과·제빵 공장에서 생산관리시에 매일 점검해야 하는 사항이 아닌 것은?

① 출근률
② 원재료율
③ 설비 가동률
④ 제품당 평균 단가

해설 제품당 평균 단가는 제품을 제조할 때, 투입되는 요소들 중 변동이 발생할시 점검하면 되는 사항이다.

정답 46 ② 47 ③ 48 ② 49 ② 50 ③

51 **품질 개량을 위하여 첨가하는 첨가제중 설명이 틀린 것은?**

① 밀가루 개량제는 밀가루의 표백과 숙성 기간 단축을 목적으로 한다.
② 강화제는 식품에 영양소를 강화할 목적으로 사용한다.
③ 이형제는 제품을 틀에서 쉽게 분리할 목적으로 사용한다.
④ 유화제는 서로 혼합되는 것을 막아 격리할 목적으로 사용한다.

해설 〈유화제〉
- 계면활성제이다.
- 서로 혼합되지 않는 두 종류의 액체를 유화시킨다.
- 반죽에 첨가시 빵의 부피가 커지고 노화 느리다.
- 종류 : 대두인지질, 글리세린, 레시틴, 모노디글리세리드

52 **작업장 설비 관리에 대한 설명 중 방충·방서에 대한 올바른 설명은?**

① 모든 물품은 바닥에서 30cm 높은 위치에 둔다.
② 방충·방서용 금속망은 10mesh가 적당하다.
③ 방충망은 1년에 1회 이상 청소한다.
④ 주방 환기 시설은 대형시설 1개보다 소형시설물 여러개 설치하는 것이 효과적이다.

해설 • 모든 물품은 바닥 15cm, 벽 15cm 떨어지 곳에 보관한다.
- 방충, 방서용 금속망은 30mesh가 적당하다.
- 방충망은 2개월에 1회이상 청소한다.
- 환기시설은 대형1개 보다 소형 여러개 설치가 효과적이다.

53 **다음 중 채소를 통해 감염되는 기생충은?**

① 광절열두조충
② 선모충
③ 회충
④ 폐흡충

해설 〈채소를 통해 감염되는 기생충〉
- 회충, 요충, 구충, 편충, 동양모양선충 등
- 광절열두조충 : 물벼룩
- 선모충 : 돼지고기, 썩은 고기를 먹은 동물
- 폐흡충 : 다슬기

54 **다음 미생물의 설명으로 맞지 않는 것은?**

① 세균류는 세균성식중독의 원인이 된다.
② 곰팡이는 균사를 형성하고, 식품의 제조와 변질에 관여한다.
③ 효모류는 세균과 바이러스의 중간 형태이며, 식품과 큰 관련은 없다.
④ 바이러스는 미생물중 가장 작고, 살아있는 세포만 증식한다.

해설 효모는 출아법으로 번식하며, 비운동성,통성 혐기성 미생물이다. 주류 양조, 알코올 제조, 제빵 등에 활용된다.

55 **미생물의 수분 활성도에 대한 설명으로 올바르지 않은 것은?**

① 세균의 수분 활성도 0.95
② 바이러스의 수분 활성도 0.90
③ 효모의 수분 활성도 0.87
④ 곰팡이의 수분 활성도 0.80

해설 〈수분 활성도〉
- 수분활성도는 미생물 성장에 필요한 최소의 값
- 수분활성도는 0~1가지 범위이다.
- 수분활성도가 클수록 미생물이 서식하기 쉽다.
- 대부분 식품은 0.90 이상으로 부패가 쉽다.

정답 51 ④ 52 ④ 53 ③ 54 ③ 55 ②

56 **투베르쿨린 반응검사로 감염 여부를 알 수 있는 인수공통감염병은?**

① 야토병 ② 결핵
③ 돈단독 ④ Q열

해설 결핵은 병에 걸린 소의 젖으로 만든 유제품에 의해 사람에게 경구감염된다. BCG 예방 접종을 통해 예방해야 하며, 투베르쿨린 반응검사 및 X선 촬영으로 감염 여부를 조기에 알 수 있다.

57 **주기적으로 열이 반복되어 나타나므로 파상열이라고 불리는 인수공통감염병은?**

① Q열
② 결핵
③ 브루셀라병
④ 돈단독

해설

Q열	리케치아, 발열, 호흡기 증상
결핵	병에 걸린 소의 유즙이나 유제품을 거쳐 경구 감염
브루셀라병 (파상열)	소나 돼지 등 유산을 일으킴 인체 감염 시 2~3주 동안 고열
돈단독	돼지에 의한 세균성 감염 급성 패혈증과 만성 병변

58 **다음 세균성 식중독 중 일반적으로 치사율이 가장 높은 것은?**

① 살모넬라균
② 보툴리누스균
③ 장염 비브리오균
④ 포도상구균

해설 〈보툴리누스균〉
- 식중독 중 치사율이 70%로 가장 높음
- 증상 : 신경 마비, 시력 장애, 동공 확대 등

59 **다음 중 사용이 허가되지 않은 유해감미료는?**

① 사카린(saccharin)
② 아스파탐(aspartame)
③ 소르비톨(sorbitol)
④ 둘신(dulcin)

해설 〈둘신(dulcin)〉
- 설탕의 250배 감미, 무색 결정의 인공감미료
- 몸에서 분해되며 혈액독을 일으킴(1968년부터 사용을 금지함)

60 **HACCP의 위해요소에 해당하지 않는 것은**

① 화학적 위해 요소
② 생물적 위해 요소
③ 물리적 위해 요소
④ 공학적 위해 요소

해설
- 화학적 위해 요소 : 잔류농약, 중금속, 사용금지된 식품첨가물 등
- 생물적 위해 요소 : 식중독균, 바이러스, 기생충, 대장균 등
- 물리적 위해 요소 : 금속, 유리, 돌멩이 등

정답 56 ② 57 ③ 58 ② 59 ④ 60 ④

제빵기능사

3회 예상모의고사

01 1차 발효 중에 펀치를 하는 이유는?

① 반죽의 온도를 높이기 위해
② 이스트를 활성화시키기 위해
③ 효소를 불활성화시키기 위해
④ 탄산가스 축적을 증가시키기 위해

해설 가스 빼기(펀치) : 반죽 온도를 균일하게 하고, 산소를 공급함. 이스트의 활성과 산화, 숙성을 촉진시킴. 발효를 촉진 시켜 발효 시간을 단축, 발효 속도를 일정하게 함

02 다음 중 쇼트닝을 몇 % 정도 사용했을 때 빵 제품의 최대 부피를 얻을 수 있는가?

① 2% ② 4%
③ 8% ④ 12%

해설 빵에 쇼트닝 첨가 시 가스 보유력이 좋아 제품의 최대 부피를 얻을 수 있는 사용량은 4%가 적당하다.

03 건포도 식빵을 만들 때 건포도를 전처리하는 목적이 아닌 것은?

① 수분을 제거하여 건포도의 보존성을 높인다.
② 제품 내에서의 수분 이동을 억제한다.
③ 건포도의 풍미를 되살린다.
④ 씹는 촉감을 개선한다.

해설 〈건포도 전처리의 목적〉
- 건포도가 빵과 잘 결합하도록 함
- 건포도가 빵속 수분을 빼앗아 건조하지 않도록 함
- 건포도의 맛과 향을 살리고, 씹는 촉감 개선

04 최종 제품의 부피가 정상보다 클 경우의 원인이 아닌 것은?

① 2차 발효의 과다
② 소금 사용량 과다
③ 분할량 과다
④ 낮은 오븐 온도

해설 〈최종 제품의 부피가 정상보다 큰 원인〉
- 이스트 사용 과다
- 소금 사용량 부족
- 2차 발효 과다
- 낮은 오븐 온도
- 느슨한 정형
- 분할량 과다

05 빵의 제품평가에서 브레이크와 슈레드 부족현상의 이유가 아닌 것은?

① 발효시간이 짧거나 길었다.
② 오븐의 온도가 높았다.
③ 2차 발효실의 습도가 낮았다.
④ 오븐의 증기가 너무 많았다.

해설 〈브레이크(터짐)와 슈레드(찢어짐) 부족현상〉
- 발효 부족이나 과다
- 높은 오븐 온도
- 2차 발효실의 낮은 온도와 습도
- 오븐의 증기의 부족

06 빵류제품의 생산 시 고려해야 할 원가요소와 가장 거리가 먼 것은?

① 재료비
② 노무비
③ 경비
④ 학술비

해설 직접비 : 재료비, 노무비, 경비

정답 01 ② 02 ② 03 ① 04 ② 05 ④ 06 ④

07 콜레스테롤에 관한 설명 중 잘못된 것은?

① 담즙의 성분이다.
② 비타민 D_3의 전구체가 된다.
③ 탄수화물 중 다당류에 속한다.
④ 다량 섭취 시 동맥경화의 원인 물질이 된다.

해설 콜레스테롤 : 지방 중 유도지방에 속함

08 2차 발효의 상대습도를 가장 낮게 하는 제품은?

① 옥수수 식빵
② 팥앙금 빵
③ 우유 식빵
④ 데니시 페이스트리

해설 〈데니시 페이스트리〉
- 충전 유지가 녹지 않도록 2차 발효실의 온도와 습도를 낮게 유지해야 함
- 온도 32~35℃, 상대 습도 70~75℃ (일반적인 빵에 비해 낮음)

09 빵 반죽용 믹서의 부대 기구가 아닌 것은?

① 훅
② 스크래퍼
③ 비터
④ 휘퍼

해설 스크래퍼 : 반죽을 분할할 때 사용

10 제빵용 밀가루의 적정 손상전분의 함량은?

① 1.53%
② 4.5~8%
③ 11.5~14%
④ 15.5~17%

해설 〈손상 전분〉
- 제분 공정에서 전분립이 충격을 받아 전분 입자가 손상을 받은 것
- 손상 전분 입자는 발효가 진행되는 동안 가스 생산을 지원해 주는 발효성 탄수화물을 만듦
- 4.5~8% 손상전분 함량 권장

11 빵류 제품용 팬기름에 대한 설명으로 틀린 것은?

① 정제라드, 식물유, 혼합유도 사용된다.
② 백색 광유(mineral oil)도 사용된다.
③ 종류에 상관없이 발연점이 낮아야 한다.
④ 과다하게 칠하면 밑껍질이 두껍고 어둡게 된다.

해설 〈이형유의 조건〉
- 산패에 대한 안정성 높음(항산화성)
- 반죽 무게의 0.1~0.2%를 사용
- 발연점이 높음(210℃ 이상)
- 무색, 무취, 무미

12 우유 100g 중에 당질 5g, 단백질 3.5g, 지방 3.7g이 함유되어 있다면 이때 얻어지는 열량은?

① 약 47kcal
② 약 67kcal
③ 약 87kcal
④ 약 107kcal

해설 열량 계산 공식
- 단백질과 탄수화물은 1g당 4kcal, 지방은 9kcal의 열량을 냄

→ (5g+3.5g)×4kcal+(3.7g×9kcal)
=34+33.3
=67.3kcal

정답 07 ③ 08 ④ 09 ② 10 ② 11 ③ 12 ②

13 **다음 중 냉동, 냉장, 해동, 2차 발효를 컴퓨터 프로그래밍으로 자동적으로 조절할 수 있는 기계는?**

① 도우컨디셔너
② 데포지터
③ 로터리오븐
④ 디바이더 라운더

해설 〈도우컨디셔너〉
- 도우(반죽)와 컨디셔너(상태)의 합성어이다.
- 도우컨디셔너는 냉동, 해동, 냉장, 발효 기능을 모두 가지고 있다.
- 전날 밤에 준비된 반죽을 성형하고 도우컨에 넣어두면, 다음 날 아침까지 냉동보관, 해동, 발효 작업을 진행한다. 원하는 시간에 맞춰 굽기 할 수 있다.

14 **일반적인 생이스트에 대한 설명으로 맞지 않는 것은?**

① 생이스트는 압착효모이다.
② 생이스트는 수분이 70%, 고형분이 30% 이다.
③ 생이스트는 냉동실에 넣어 사용한다.
④ 생이스트 사용량은 드라이이스트 사용량의 2배를 사용한다.

해설 〈생이스트〉
- 압착효모이다.
- 수분 70%, 고형분 30%의 구성이다.
- 0~5℃의 냉장고 온도에서 보관한다.
- 높은 수분량으로 1~2주 정도 냉장보관으로 사용한다.

15 **유지에 대한 설명 중 틀린 것은?**

① 식물성유에 질소를 첨가하여 경화쇼트닝을 만든다.
② 마가린은 지방 함량이 80%이다.
③ 라드의 대용으로 마가린을 만들었다.
④ 쇼트닝에 모노글리세라이드를 첨가하여 유화쇼트닝으로 사용한다.

해설 〈경화쇼트닝〉
- 동, 식물성 기름에 수소를 첨가하여 만든 쇼트닝을 만든다. 산화방지제, 소포제 등 첨가물을 사용한다.

16 **다음 중 흰자의 설명으로 틀린 것은?**

① 오보알부민은 필수아미노산을 함유하고 있다.
② 오보뮤코이드는 트립신(단백질분해효소)방해한다.
③ 아비딘은 비타민 비오틴의 흡수를 돕는다.
④ 콘알부민은 철과 결합하는 항 세균 물질이다.

해설 〈비오틴〉
- 비오틴은 비타민 B7 또는 비타민 H로 부름
- 체내 단백질 및 포도당대사(에너지대사)에 필수적
- 에너지대사에 관여 신경계 작용 조효소
- 결핍증은 탈모, 피부트러블, 피로감, 불면증 등
- 생달걀 흰자는 비오틴 흡수를 방해하지만, 삶은 달걀흰자는 상관없음

정답 13 ① 14 ③ 15 ① 16 ③

17 **스트레이트법과 스펀지도우법을 비교하였을 때, 스펀지 도우법의 장점은?**

① 발효 손실이 적다.
② 공정 시간이 단축된다.
③ 노동력이 감소한다.
④ 노화가 느리다.

해설 〈스펀지 도우법〉
- 반죽을 두 번 하므로 중종법이라고 함
- 처음 반죽을 스펀지, 나중 반죽을 도우라 한다.
- 장점 : 작업의 융통성이 있다.
  발효내구성이 있다.
  노화가 지연되고, 저장성이 좋다.
  빵의 부피가 크고, 속결이 부드럽다.

18 **다음 중 액종을 만드는 방법으로 틀린 것은?**

① 이스트, 물 등을 넣고 액종을 만든다.
② 완충제로서 탈지분유, 탄산칼슘을 넣어 pH 4.2 ~ 5.0 의 액종을 만든다.
③ 액종을 섞은후 24 ℃에서 12~13시간 발효한다.
④ 본반죽은 28~32℃가 적당하다.

해설 이스트, 이스트푸드, 물, 설탕, 분유, 맥아 등을 섞고 완충제로서 탈지분유, 탄산칼슘을 넣어 pH 4.2~5.0의 액종을 섞은후 30℃에서 2~3시간 발효시켜 액종을 만든다.

19 **노타임법에 사용하는 산화제, 환원제에 대한 설명으로 맞지 않는 것은?**

① 노타임법에서는 발효에 의한 맛과 향이 좋다.
② 환원제 사용으로 글루텐을 연화한다.
③ 노타임법에서는 산화제, 환원제를 모두 사용한다.
④ 산화제 사용으로 글루텐을 강화한다.

해설 〈노타임법〉
- 오랜 시간 발효 과정을 거치지 않고 배합후 성형하여 2차 발효를 하는 제법이다.
- 발효에 의한 글루텐의 숙성을 산화제와 환원제를 사용한 화학적 숙성으로 대신하여 발효 시간을 단축한다.
- 산화제 : 반죽의 신장 저항성을 증대시킨다.
  글루텐을 강화하여, 가스포집력 높인다.
- 환원제 : 글루텐을 연화시킨다.

20 **제빵 공정에서 굽기중 일어나는 변화가 아닌 것은?**

① 오븐 스프링
② 오븐 라이징
③ 전분의 노화
④ 단백질 변성

해설 〈굽기 공정중 일어나는 변화〉
- 오븐 스프링
- 오븐 라이징
- 전분의 호화
- 단백질 변성
- 효소의 작용
- 향의 발달
- 껍질의 갈색변화

21 **일반 식빵에 비해 옥수수 식빵을 제조할 때의 조치로 맞는 것은?**

① 믹싱시간을 늘인다.
② 발효시간을 늘인다.
③ 이스트 양을 늘인다.
④ 활성글루텐 양을 늘인다.

해설 옥수수식빵은 밀가루에 옥수수가루를 섞어 만든다. 옥수수가루에는 글루텐의 함량이 적어서 쫄깃거림은 덜하고 건조한 편이고, 고소한 맛이 더 난다.

정답 17 ④ 18 ③ 19 ① 20 ③ 21 ④

22 제과제빵에서 유지의 기능이 틀린 것은?

① 껍질을 얇고 부드럽게한다.
② 밀가루 단백질을 단단하게 경화작용을 한다.
③ 반죽의 신장성을 높인다.
④ 유지 특유이 맛과 향을 준다.

해설 • 유지는 밀가루 단백질에 대하여 연화작용(부드럽게 하는 작용)을 한다.
• 유지는 밀가루의 단백질(글리아딘과 글루테닌)이 물과 만나 글루텐 형성함을 방해 한다.

23 계면 활성제인 사용할 수 없는 것은?

① 레시틴
② 모노디글리세리드
③ LES
④ 탄산수소나트륨

해설 탄산수소나트륨은 화학적 팽창제이다. 중조라고도 한다.

24 드라이이스트와 생이스트를 비교 할 때, 드라이이스트의 장점이 아닌 것은?

① 경제성 ② 발효력
③ 정확성 ④ 편리성

해설 드랑이이스트(활성 건조 효모)의 장점
• 균일성, 편리성, 정확성, 경제성

25 이스트의 사용량을 증가시켜야 하는 경우가 아닌 것은?

① 설탕 사용량이 많을 때
② 자연 효모와 병행 사용하는 때
③ 우유 사용량이 많을 때
④ 소금 사용량이 많을 때

해설 • 이스트를 대량 감소하여 사용해야 하는 경우 : 자연 호모와 병행 사용하는 경우
• 발효 시간을 지연시켜야 하는 경우 이다.

26 달걀 노른자에 대한 설명은 맞는 것은?

① 레시틴이 함유되어 유화제 역할을 한다.
② pH는 9로 알칼리성이며, 기포성을 가진다.
③ 수분과 고형분이 50:50의 비율로 구성된다.
④ 전란의 30%를 차지한다.

해설 〈달걀 흰자의 특성〉
• 전란 60%를 차지한다.
• pH9로 알칼리성이다.
• 기포력과 열 응고성이 있다.
• 수분 88%, 고형분 12%로 구성된다.

27 우유에 대한 설명으로 틀린 것은?

① 비중은 1.030으로 물보다 높다.
② 어는 점은 -0.55℃이다.
③ 끓는 점은 90℃로 물보다 낮다.
④ pH는 6.6이다.

해설 우유의 끓는 점은 100.17℃이다.

28 제빵 공정중 사용하는 물이 경수인 경우 조치사항으로 틀린 것은?

① 이스트 푸드의 사용량을 감소시킨다.
② 발효시간을 연장시킨다.
③ 이스트의 사용량을 감소시킨다.
④ 물의 양을 증가시킨다.

해설 〈경수의 처리방법〉
• 이스트의 사용량을 증가시킴
• 이스트 푸드의 양을 감소시킴
• 맥아를 첨가하여 효소 공급으로 발효촉진
• 물의 양을 증가시킴
• 발효 시간을 연장시킴

정답 22 ② 23 ④ 24 ② 25 ② 26 ② 27 ③ 28 ③

29 **초콜릿중 카카오 버터를 제거한 다음 식물성 유지와 설탕을 넣어 만든 것은?**

① 커버추어 초콜릿
② 코팅용 초콜릿
③ 가나슈용 초콜릿
④ 몰드 초콜릿

해설 〈코팅용 초콜릿〉
• 카카오 매스에서 카카오 버터를 제거한 다음 식물성 유지와 설탕을 넣어 만든다
• 템퍼링 작업 없이도 초콜릿을 사용한다.
• 코팅용으로 주로 쓰인다.

30 **영양소중 소화 흡수율이 큰 순서대로 나열된 것은?**

① 탄수화물〉지방〉단백질
② 탄수화물〉단백질〉지방
③ 지방〉탄수화물〉단백질
④ 지방〉단백질〉탄수화물

해설 〈소화흡수율〉
• 탄수화물(98%), 지방(95%), 단백질(93%)

31 **영양소중 탄수화물의 기능을 잘못 설명한 것은?**

① 에너지 공급원이다.
② 단백질 절약 작용을 한다.
③ 감미, 향미를 가진다.
④ 장기를 보호한다.

해설 〈탄수화물의 기능〉
• 에너지 공급원이다.
• 혈당을 0.1%유지 한다.
• 단백질 대신 에너지 원으로 사용된다.
• 지방 대사에 관여한다.
• 피로 회복에 효과적이다.
• 섬유질 섭취로 장운동에 관여한다.
• 감미, 향미를 가진다.

32 **비타민의 부족으로 생기는 결핍능을 올바르게 연결한 것은?**

① 비타민A : 야맹증
② 비타민B_2 : 설염
③ 비타민D : 구루병
④ 비타민C : 각기병

해설 • 비타민C 는 괴혈병이 결핍증이다.
• 비타민B_1은 각기병이 결핍증이다.

33 **소화시 담즙의 작용을 알맞게 설명한 것은?**

① 지방을 가수 분해한다.
② 지방산과 글리세롤을 합성한다.
③ 콜레스테롤을 합성한다.
④ 지방을 유화시킨다.

해설 담즙은 지방을 유화시키고, 지용성 비타민의 흡수를 돕는다.

34 **에너지 대사에 대한 설명으로 틀린 것은?**

① 기초대사는 사람의 생명 유지를 위해 필요한 최소한의 대사량이다.
② 에너지 대사율은 작업 강도를 알 수 있는 기준이다.
③ 기초대사는 성별 등 여러 요인에 영향을 받아 개인 차이가 크다
④ 기초 대사량은 체표면적, 근육량 등에 반비례한다.

해설 • 기초 대사량은 체표면적, 근육량 등에 비례한다.
• 기초 대사량은 나이에 반비례한다.

정답 29 ② 30 ① 31 ④ 32 ④ 33 ④ 34 ④

35 다음 중 포화지방산 함량이 가장 많은 것은?

① 콩기름　② 올리브유
③ 까놀라유　④ 버터

해설 〈포화지방산〉
- 포화지방산은 상온에서 굳기를 나타내는 고체 또는 반고체 상태의 기름이다.
- 종류 : 쇠기름, 돼지기름 등 모든 동물성 기름
버터, 쇼트닝, 라드 등에 다량 포함
〈불포화지방산〉
- 상온에서 흐름성이 있는 액체상태의 기름이다.
- 종류
- 단가 : 올리브유, 참기름, 땅콩기름, 카놀라유
- 다가 :
3계는 참치, 고등어, 들깨기름, 콩류
6계는 옥수수유, 면실유, 콩기름, 포도씨유
〈불포화지방산 효능〉
- 단가불포화지방산 : 혈액 내의 콜레스테롤수치를 낮추어 심장질환의 발병을 낮춘다.
- 오메가 3계지방산 : 핼액 내 중성지방과 혈액이 엉키는 성질을 감소시켜 심장질환의 발병위험을 낮춘다.
- 오메가 6계지방산 : 핼액내 콜레스테롤수치를 낮추어 심장질환 발병 위험을 낮춘다.

36 밀가루에 부족한 필수아미노산이 분유에 많은 것은?

① 트레오닌　② 라이신
③ 페닐알라닌　④ 트립토판

해설 〈성인에게 필요한 필수아미노산〉
- 라이신, 페닐알라닌, 트립토판, 트레오닌, 류신, 이소류신, 메치오닌, 발리
- 리이신 결핍증 : 피로가 쌓이고 집중력이 떨어지고, 눈이 충혈 되고 현기증 및 메스꺼움, 빈혈 등의 증상이 나타난다.

37 완제품 중량이 400g인 빵 200개를 만든다. 발효 손실이 2%이고 굽기 및 냉각손실이 12%라고 할 때 필요한 밀가루 중량은?(총 배합율은 180%이며, g 이하는 반올림한다)

① 52kg
② 50kg
③ 45kg
④ 40kg

해설 • 완제품 중량 = 400g × 200개 = 80,000g
- 총반죽중량
= 완제품 중량 ÷ (1 - 발효손실률) ÷ (1 - 냉각손실률)
= 80,000g ÷ (1 - 0.02) ÷ (1 - 0.12)
= 92,764g
- 총배합율=180g, 밀가루 비율 = 100%
- 밀가루 중량(g)
= (밀가루 비율 × 총 반죽 중량)/총배합율
= (100% × 92,764g)/180%
= 51,535.5555555556g
→ 51,536g

38 제과점에서 5명의 작업자가 8시간동안 식빵 500개, 파운드케이크 300개를 만들고자 한다. 1시간에 직원 1인에게 시간당 지급되는 비용이 1,000원이라 할 때 평균적으로 제품의 개당 노무비는 얼마인가?

① 35원
② 40원
③ 45원
④ 50원

해설 〈개당 노무비 공식〉
= 노무비 × 시간 × 인원/제품수
= 1000원 × 8시간 × 5명/800개
= 50원

정답 35 ④　36 ②　37 ①　38 ④

39 **다음 중, 비타민 D의 전구물질인 것은?**

① 트립토판
② 카로틴
③ 라이신
④ 콜레스테롤

해설 • 콜레스테롤 : 비타민 D3의 전구체
• 에르고스테롤 : 비타민 D2의 전구체
• 트립토판 : 나이아신의 전구체
• 카로틴색소 : 비타민 A

40 **섬유소를 분해하는 분해효소는?**

① 말타제
② 셀루라제
③ 리파제
④ 락타제

해설 〈탄수화물 분해효소〉
• 단당류 분해효소 : 과당, 포도당(찌마제)
• 이당류 분해효소 : 맥아당(말타제), 유당(락타제), 자당(인벌타제)
• 다당류 분해효소 : 전분(아밀라제), 이눌린(이눌라제), 섬유소(셀룰라제)

41 **다음 중 수용성 비타민에 대한 설명 중 잘못된 것은?**

① 결핍증세가 천천히 나타난다.
② 필요 이상 섭취된 것은 몸에 축적된다.
③ 소변으로 녹아서 배출된다.
④ 열에 의해 쉽게 파괴된다.

해설 〈수용성비타민〉
• 결핍증세가 빠르게 나타난다.
• 필요이상 섭취된 것은 배출된다.
• 소변으로 녹아서 배출된다.
• 열과 알칼리에 의해 쉽게 파괴된다.

42 **전밀가루는 일반 밀가루 보다 저장성이 나쁘다. 어떤 성분 때문인가?**

① 탄수화물
② 지방
③ 단백질
④ 무기질

해설 전밀가루(whole wheat flour)는 껍질과 배아부분을 포함하고 있다. 배아에는 지방이 많으므로 저장성이 떨어진다.

43 **호밀빵 제조시 호밀 함유량이 많을 수록 이스트 사용량은?**

① 감소시킨다.
② 증가시킨다.
③ 같게 한다.
④ 관계가 없다.

해설 호밀가루는 사워종에 의해 독특한 풍미를 준다. 사워종은 이스트의 역할을 하므로, 첨가되는 이스트의 양은 감소시킨다.

44 **다음 중 빵의 발효산물이라 할 수 없는 것은?**

① 이산화탄소
② 알코올
③ 산
④ 질소

해설 〈빵 발효의 결과물〉
• 탄수화물이 발효되어 탄산가스와 알코올이 된다.
• 이스트 등에 의해 알코올, 유기산, 에스테르, 알데히드 등 특유의 향을 생성한다.

정답 39 ④ 40 ② 41 ② 42 ② 43 ① 44 ④

45 **제빵에서 후염법 사용에 대한 설명으로 틀린 것은?**

① 믹싱시간의 감소
② 수분 흡수가 빠르다.
③ 클린업 단계 이후에 소금 첨가
④ 반죽의 유동성을 증대

해설 후염법은 제빵 공정에서 소금을 나중에 넣어, 글루텐을 강화시키는 방법이다. 발효 효율성이 증되대고, 밀가루 수분흡수율이 증가하고, 반죽 시간이 20% 정도 줄어든다.

46 **다음 중 제과 제빵에서 이형제로 허가된 첨가물은?**

① 유동 파라핀
② 안식향산
③ 초산비닐수지
④ 글리세린

해설 • 천연 이형제는 물을 사용한다.
• 안식향산 : 간장, 청량음료의 보존료 이다.
• 초산비닐수지 : 과일, 채소의 피막제이다.
• 글리세린 : 유화제로 사용한다.

47 **다음 중 제품에서 생기는 거품을 제거하거나 생성을 방지하기 위해 사용하는 허용 첨가제는?**

① 유화제
② 소포제
③ 피막제
④ 증점제

해설 • 유화제 : 서로 혼합되지 않는 두종류 액체를 유화시킨다.
• 피막제 : 과일, 채소등의 표면에 피막을 형성하여 외관상 좋게하고, 신선도를 유지한다.
• 증점제 : 식품의 점착성을 증가, 형체 보존에 도움주며, 촉감을 좋게 한다.

48 **다음 중 제2급 법정감염병은?**

① 결핵
② 페스트
③ 말라리아
④ 야토병

해설 〈법정 감염병〉
• 1급 : 페스트, 탄저, 야토병
• 2급 : 결핵, 홍역, 콜레라
• 3급 : 파상풍, 말라리아, 공수병

49 **경구 감염병과 세균성 식중독의 비교중 틀린 것은?**

① 경구 감염병은 잠복기가 일반적으로 길다.
② 경구 감염병은 면역력이 생긴다.
③ 세균성 식중독은 잠복기가 짧다.
④ 세균성 식중독은 세균수가 소량일 때도 발생한다.

해설

구분	경구감염볍	세균성식중독
세균수	소량 발생	대량 발생
2차감염	많다	거의 없다
잠복기	일반적으로 길다	비교적 짧다
예방	어렵다	예방가능
면역	면역됨	일반적으로 안됨
음용수	음용수감염	거의 없음

50 **감염병 중 바이러스에 의해 전염되어 발병되는 것이 아닌 것은?**

① 홍역
② 폴리오
③ A형간염
④ 아메바성 이질

정답 45 ④ 46 ① 47 ② 48 ① 49 ④ 50 ④

해설 〈감염병 병원체에 따른 분류〉

- **세균성 감염병** : 콜레라, 장티푸스, 파라티푸스, 세균성이질, 성홍열, 디프테리아, 탄저, 결핵, 브루셀라증 등
- **바이러스성 감염병** : A형간염, 소아마비(폴리오, 급성 회백수염), 홍역
- **리케차성 감염병** : 발진티푸스, 쯔쯔가무시증, Q열 등
- **원생동물 감염병** : 아메바성 이질 등

51 페디스토마의 제1중간숙주로 알맞은 것은?

① 외우렁이
② 게
③ 가재
④ 다슬기

해설 페디스토마는 제1중간 숙주인 다슬기 → 제2중간숙주인 게, 가재 → 사람에게 전파된다.

52 식품의 변질에 관여하는 요인과 거리가 먼 것은?

① 수분
② 토코페롤
③ 산소
④ 영양소

해설 〈식품의 변질에 영향을 미치는 요인〉

- 영양소, 수분, 온도, 산소, pH

53 식품첨가물의 구비 조건이 아닌 것은?

① 인체에 유해한 영향을 미치지 않을 것
② 식품의 영양가를 유지할 것
③ 식품에 나쁜 이화학적 변화를 주지 않을 것
④ 소량으로는 충분한 효과가 나타나지 않을 것

해설 〈식품첨가물의 조건〉

- 인체에 무해
- 독성이 없거나 적어야 함
- 미량으로 효과가 있어야 함
- 이화학적 변화에 안정해야 함
- 사용법이 간편하고 가격이 저렴해야 함

54 대장균 O-157이 가지는 독성 물질은 무엇인가?

① 베로톡신
② 테트로도톡신
③ 삭시톡신
④ 베네루핀

해설 〈O-157균〉

- **독소** : 베로특신, 열에 약하고, 저온과 산에 강하다.
- **증상** : 복통, 설사, 구토, 발열 등이 있다.

55 다음 중 아플라톡신을 생산하는 미생물은?

① 효모 ② 세균
③ 바이러스 ④ 곰팡이

해설 〈아플라톡신〉

- 곰팡이독
- 쌀, 보리, 옥수수 등에서 간장독을 생성 간암 일으킴

56 식품 첨가물중 어육 연제품, 고추장, 팥앙금 등의 방부제로 사용되는 것은?

① 프로피온산칼슘
② 소르브산
③ 데히드로초산
④ 안식향산

해설 • 프로피온산칼슘(빵류 등)

- 프로피온산나트륨(과자 등)
- 안식향산(간장, 청량음료 등)
- 데히드로초산(버터, 마가린, 치즈 등)

정답 51 ④ 52 ② 53 ④ 54 ① 55 ④ 56 ②

57 클로스트리디움 보툴리늄 식중독과 관련 있는 것은?

① 화농성 질환의 대표균
② 저온살균 처리로 예방
③ 내열성 포자 형성
④ 감염형 식중독

해설 〈보툴리누스균 식중독〉
- 독소형 식중독
- 신경독소인 뉴로톡신을 생성
- 균과 포자는 내열성이 강함

58 다음 중 감염형 식중독이 아닌 것은?

① 살모넬라 식중독
② 병원성 대장균 식중독
③ 장염 비브리오 식중독
④ 포도상구균 식중독

해설

감염형 식중독	살모넬라균
	장염 비브리오균
	병원성 대장균
독소형 식중독	포도상구균
	보툴리누스균

59 작업장 설비중 창문에 대한 설명이 맞지 않는 것은?

① 창문의 면적은 벽 면적의 30%로 한다.
② 창문의 면적은 바닥 면적의 30%로 한다.
③ 창문틀은 45°이하의 각도로 설치 한다.
④ 창에 설치된 방충망은 중성세제로 세척후, 마른 행주로 닦아 관리한다.

해설 창문의 면적은 벽면적의 70%로 한다.

60 다음 중 식품 위생법에서 정하는 식품접객업에 속하지 않는 것은?

① 식품소분업
② 유흥주점
③ 제과점
④ 휴게음식점

해설 • 식품접객업 : 휴게음식점, 일반음식점, 단란주점, 유흥주점, 위탁급식점, 제과점 등
- 식품소분, 판매업(식품 또는 식품첨가물의 완제품을 나누어 유통을 목적으로 재포장 · 판매하는 영업) : 식품소분업, 식품운반업, 식품판매업 등

정답 57 ③ 58 ④ 59 ① 60 ①

PASS
제과제빵기능사 필기

초 판 인 쇄 | 2024년 2월 5일
초 판 발 행 | 2024년 2월 15일

지 은 이 | 마이티 팡
발 행 인 | 정옥자
임프린트 | HJ골든벨타임
등 록 | 제 3-618호(95. 5. 11)
I S B N | 979-11-91977-41-7
가 격 | 20,000원

표지 및 디자인 | 조경미 · 박은경 · 권정숙
웹매니지먼트 | 안재명 · 서수진 · 김경희
공급관리 | 오민석 · 정복순 · 김봉식
제작 진행 | 최병석
오프 마케팅 | 우병춘 · 이대권 · 이강연
회계관리 | 김경아

(우)04316 서울특별시 용산구 원효로 245(원효로 1가 53-1) 골든벨 빌딩 5~6F
• TEL : 도서 주문 및 발송 02-713-4135 / 회계 경리 02-713-4137
편집·디자인 02-713-7452 / 해외 오퍼 및 광고 02-713-7453
• FAX : 02-718-5510 • http : //www.gbbook.co.kr • E-mail : 7134135@naver.com